中等职业学校规划教材

冲压模具结构与制造

陈 为 陶 勇 主编
肖 孟 何华坚 主审

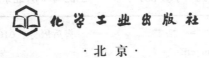
·北京·

本书内容包括冲压工艺与设备，冲压模具结构（含冲裁模具、弯曲模具、拉深模具、其他冲压模具等），模具拆装、调试、测绘（含 CAD），模具设计，模具制造等，其中模具结构采用实例来讲述，模具测绘与模具制造采用课题指导式讲述，既有理论教学又有实训教学，适合一体化教学。

　　本书中除了一些模具的零、部件图形外，还介绍了几十套典型冲压模具详细的结构与制造技术，与企业生产实际结合，有很强的实用性。书中每章后面还有练习和思考题。

　　本书可作为职业院校的教材和有关企事业单位的培训教材，也可作为模具设计与制造技术人员的参考资料。

图书在版编目（CIP）数据

　　冲压模具结构与制造/陈为，陶勇主编. —北京：化学工业出版社，2008.6（2022.4 重印）
　　中等职业学校规划教材
　　ISBN 978-7-122-02904-1

　　Ⅰ. 冲…　Ⅱ. ①陈…②陶…　Ⅲ. ①冲模-结构-专业学校-教材②冲模-制模工艺-专业学校-教材　Ⅳ. TG385.2

　　中国版本图书馆 CIP 数据核字（2008）第 071256 号

责任编辑：韩庆利　　　　　　　　　装帧设计：史利平
责任校对：陈　静

出版发行：化学工业出版社（北京市东城区青年湖南街 13 号　邮政编码 100011）
印　　装：涿州市般润文化传播有限公司
787mm×1092mm　1/16　印张 15　字数 391 千字　2022 年 4 月北京第 1 版第 5 次印刷

购书咨询：010-64518888　　　　　　　售后服务：010-64518899
网　　址：http://www.cip.com.cn
凡购买本书，如有缺损质量问题，本社销售中心负责调换。

定　价：38.00 元　　　　　　　　　　　　　　　　　　　　　版权所有　违者必究

前 言

本书是一本实用性的教材，面向中等职业学校、（高级）技工学校等职业类院校模具设计与制造、机械制造、数控加工等专业的学生，以及在生产一线从事冲压模具设计和冲压模具制造等相关技术人员。

本书主要特色如下。

（1）按一体化教学的需要，合理地编排教材内容，增加了大量的模具实例，特别是书中介绍了几十套典型冲压模具详细的结构与制造技术，能够充分培养学生的应用能力。

（2）根据模具专业实践性强的特点，从职业类院校学生的培养目标出发，本书在模具结构章节中删减了某些高深理论的讲述与计算，突出理论的够用性、必需性与技术的实用性、操作性。

用大量图例与精简说明讲述冲压工艺与冲压模具结构，以课题指导串联模具测绘（含模具CAD）以及模具制造等内容，以求系统地培养学生冲压模具的结构与制造两方面的能力。

专门的模具设计章节作为中职学生的选学内容，集中讲述了冲压模具设计中典型零件尺寸的确定、冲压典型工艺数据的经验值选取等，并以详细的全过程实例讲述冲裁模、弯曲模、拉深模及相关级进、复合工序模具的设计过程，使得本书的层次非常分明，实用性更强。

（3）理论章节后均配有练习和思考题。

书中带＊号内容，为选学内容。

本书由广州市花都区理工职业技术学校陈为和四川建筑职业技术学院陶勇主编，黄元勤、陆元三、郑平平、欧阳波仪、龙满秀和谢玉书等参加了本书的编写，全书由广州市花都区理工职业技术学校肖孟与何华坚主审。本书在编写过程中，曾参考了有关资料，特向有关作者致谢。

由于编者水平所限，书中难免存在不妥之处，恳请广大读者提出宝贵意见。

编　者
2008 年 5 月

目　录

第一章　冲压工艺与设备 …………………… 1

第一节　冲压工艺与冲压模简介 …………… 1
　一、冲压工艺 ……………………………… 1
　二、冲压模简介 …………………………… 5
第二节　冲压主要设备 ……………………… 5
　一、曲柄压力机 …………………………… 6
　二、剪板机 ……………………………… 12
思考与练习 ………………………………… 13

第二章　冲压模具结构 …………………… 17

第一节　冲裁模具 ………………………… 17
　一、基本知识 …………………………… 17
　二、模具结构 …………………………… 24
第二节　弯曲模具 ………………………… 50
　一、基本知识 …………………………… 50
　二、模具结构 …………………………… 57
第三节　拉深模具 ………………………… 67
　一、基本知识 …………………………… 67
　二、模具结构 …………………………… 73
第四节　其他冲压模具 …………………… 79
　一、胀形模具 …………………………… 79
　二、翻边模具 …………………………… 80
　三、缩口模具 …………………………… 81
　四、旋压模具 …………………………… 81
　五、校形模具 …………………………… 83
　*六、多工位级进模 ……………………… 84
练习、思考与测试 ………………………… 107

第三章　冲压模具拆装、调试与测绘 … 124

第一节　拆装与调试 ……………………… 124
　一、模具拆装 …………………………… 124
　二、模具安装与调试 …………………… 124
第二节　测绘 ……………………………… 125
　一、装配体测绘 ………………………… 125
　二、零件测绘 …………………………… 129
第三节　模具 CAD ……………………… 135
　一、模具 CAD 指导 …………………… 135
　二、课题训练 …………………………… 141
*第四节　模具设计 ………………………… 143
　一、数据确定与尺寸计算 ……………… 143
　二、课题指导 …………………………… 171
　三、课题训练 …………………………… 177

第四章　冲压模具制造 …………………… 179

第一节　模具制造指导 …………………… 179
　一、冲压模具典型零件加工 …………… 179
　二、冲压模具装配 ……………………… 192
　三、设计与制造全程实例 ……………… 203
第二节　实训课题 ………………………… 217
　一、实训课题 1——冲裁模制造 ……… 217
　二、实训课题 2——弯曲模制造 ……… 226
　三、实训课题 3——拉深模制造 ……… 230

参考文献 …………………………………… 233

第一章 冲压工艺与设备

第一节 冲压工艺与冲压模简介

一、冲压工艺

所谓冲压工艺是指冲压加工的具体方法和技术经验,是各种冲压工序的总和。冲压加工是利用安装在压力机上的模具对板料施加压力,使板料在模具里产生变形或分离,从而获得一定形状、尺寸和性能的产品零件的生产技术。

由于冲压加工经常在常温状态下进行,因此也称冷冲压。冲压是金属压力加工方法之一,它是建立在金属塑性变形理论基础上的材料成形工程技术,冲压加工的原材料一般为板料,故也称板料冲压。

所以冲压模具又叫冷冲模,是将板料加工成冲压零件的专用工具。它以其特定的形状,通过一定的方式使原材料成形。它是现代工业生产中,生产各种工业产品的重要工艺装备,广泛应用于各行各业。目前模具技术已成为衡量一个国家产品制造水平的重要标志之一。

（一）冲压工艺分类

生产中为满足冲压零件形状、尺寸、精度、批量大小、原材料性能的要求,冲压加工的方法是多种多样的。但是,概括起来可以分为分离工序与变形工序两大类。

1. 分离工序

分离工序又可分为落料、冲孔和剪切等,目的是在冲压过程中使冲压件与废料沿一定的轮廓线分离,见表1-1。

表 1-1 分离工序

工序名称	简 图	特点及应用范围
落料	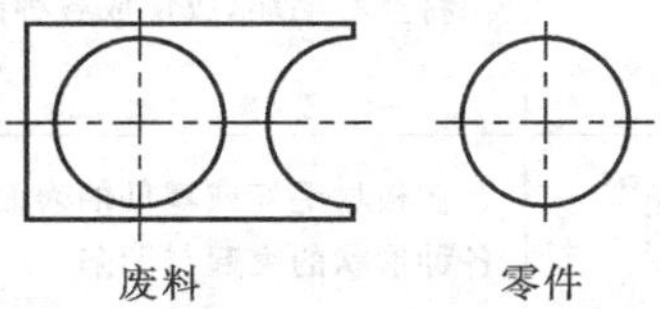	用冲模沿封闭轮廓曲线冲切,封闭线内是制件,封闭线外是废料。用于制造各种形状的平板零件
冲孔	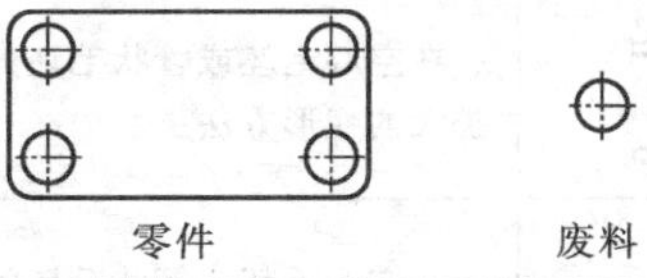	用冲模沿封闭轮廓曲线冲切,封闭线内是废料,封闭线外是制件。用于零件上去除废料
切断	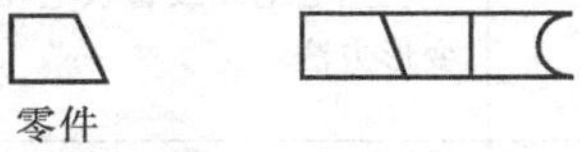	用剪刀或冲模沿不封闭曲线切断,多用于加工形状简单的平板零件
切边	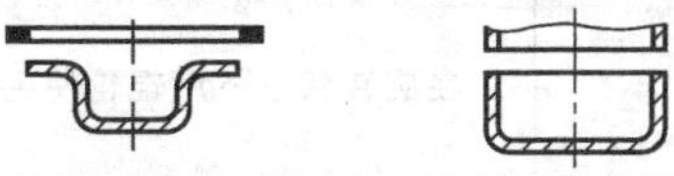	将成形零件的边缘修切整齐或切成一定形状
剖切	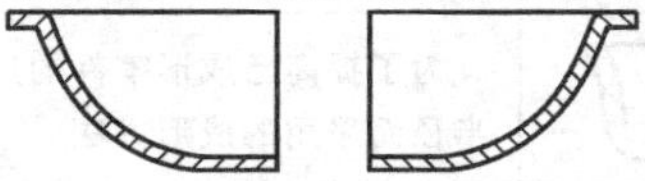	把冲压加工后的半成品切开成为两个或数个零件,多用于不对称零件的成双或成组冲压成形之后

2. 变形工序

变形工序可分为弯曲、拉深、翻孔、翻边、胀形、缩口等，目的是使冲压件在不破坏的条件下发生塑性变形，转化成所要求的制件形状，见表1-2。

表1-2 变形工序

工序名称	简图	特点及应用范围
弯曲	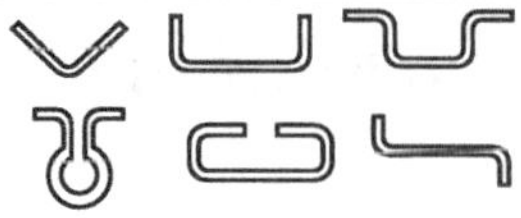	把板材料沿直线弯成各种形状，可以加工形状较复杂的零件
卷圆		把板材料端部卷成接近封闭的圆头，用以加工类似铰链的零件
扭曲	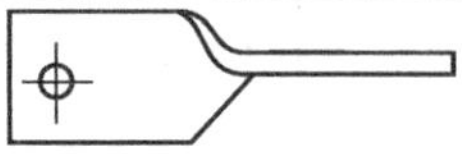	把冲裁后的半成品扭转成一定角度
拉深		把板材料毛坯成形成各种开口空心的零件
变薄拉深	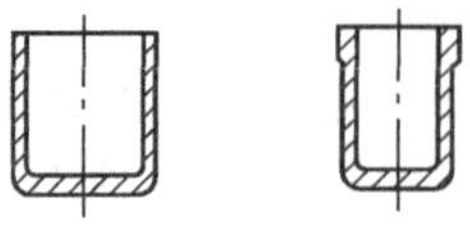	把拉深加工后的空心半成品进一步加工成为底部厚度大于侧壁厚度的制件
翻孔	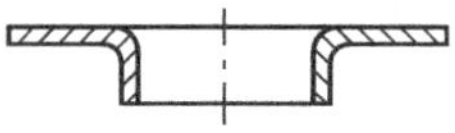	在板材或半成品上冲制成具有一定高度开口的直壁孔部
翻边	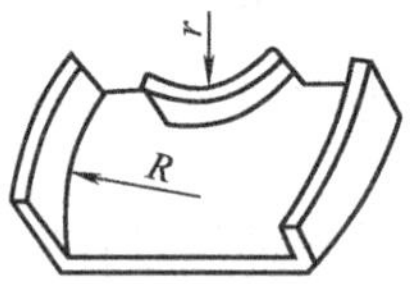	在板材料或半成品的边缘按曲线或圆弧开成竖立的边缘
拉弯		在拉力与弯矩共同作用下实现弯曲变形，可得精度较好的制件
胀形	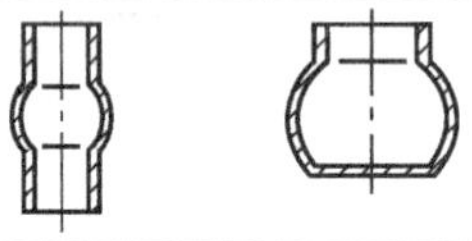	将空心毛坯，成形成各种凸肚曲面形状的制件
起伏		在板材毛坯或零件的表面上用局部成形的方法制成各种形状的突起与凹陷
扩口		在空心毛坯或管状毛坯的某个部位上使其径向尺寸扩大的变形方法
缩口	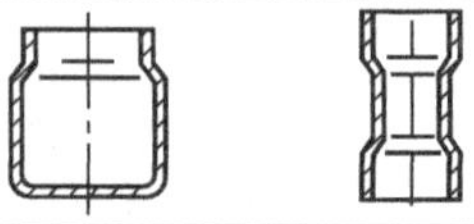	在空心毛坯或管状毛坯的口部使其径向尺寸减小的变形方法
旋压	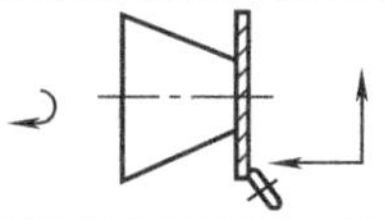	在旋转状态下用辊轮使毛坯逐步变形的方法
校形		为了提高已成形零件的尺寸精度或获得较小的圆角半径而采用的成形方法

(二) 冲压加工的特点及其应用

冲压生产靠模具和压力机完成加工过程，与其他加工方法相比，在技术和经济方面有如下特点。

① 冲压件的尺寸精度由模具来保证，所以质量稳定，互换性好。

② 由于利用模具加工，所以可获得其他加工方法所不能或难以制造的壁薄、重量轻、刚性好、表面质量高、形状复杂的零件。

③ 冲压加工一般不需要加热毛坯，也不像切削加工那样，大量切削金属，所以它不但节能，而且节约金属。

④ 对于普通压力机每分钟可生产几十件，而高速压力机每分钟可生产几百上千件。所以它是一种高效率的加工方法。

由于冲压工艺具有上述突出的特点，因此在国民经济各个领域广泛应用。例如，航空航天、机械、电子信息、交通、兵器、日用电器等产业都有冲压加工。不但产业界广泛用到它，而且每个人每天都直接与冲压产品发生联系。

冲压可制造钟表及仪器的小零件，也可制造汽车、拖拉机的大型覆盖件。冲压材料可使用黑色金属、有色金属以及某些非金属材料。

冲压也存在一些缺点，主要表现在冲压加工时的噪声、振动两种公害。这些问题并不完全是冲压工艺和模具本身带来的，而主要是由于传统的冲压设备落后所造的。随着科学技术的进步，这两种公害一定会得到解决。

(三) 冲压设备

进行冲压加工所需的压力机统称冲压设备。为了适应不同的冲压工艺要求，冲压设备有很多类型，其中应用最广泛的是机械压力机中的曲柄压力机。

由于采用现代化的冲压工艺生产工件，具有效率高，质量好，能源省和成本低等特点，所以，少无切削的冷冲压工艺越来越多地代替切削工艺和其他工艺，冲压设备在机床中所占的比例也越来越大。

随着科技的发展，冲压设备也愈来愈先进，不仅朝着大型和高速的方向发展，同时向着自动化、精密化、"宜人化"的方向发展。

大型压力机主要用于生产汽车大梁等大型冲压件，目前有 6000t 的闭式双点压力机，可冲裁 1830mm×8890mm 的钢板，冲裁件尺寸精度可达 ±0.254mm。

所谓"高速"压力机，根据现代的技术水平，对于 100t 以下的小型压力机，一般以滑块每分钟行程 500 次以上为高速，目前已有 2000 次/min 的高速压力机。

所谓自动化，即冲压生产不仅朝着单机自动化和半自动化生产线方向发展，而且朝着全自动生产的方向发展，并能实现计算机分级管理控制自动化冲压车间。如目前最先进的日本"冲压中心"设备，采用微机控制，可以人机对话，只需 5min 时间便完成自动换模、换料和调整工艺参数。

在精密冲压方面，目前采用精冲设备和模具可以代替铣削、滚齿、钻孔和铰孔等工序，最大板厚 25mm，尺寸精度相当于 IT6～IT7 级。

在"宜人化"方面，冲压设备朝着易控、易调、易修、安全，以及噪声低、振动小、造型和谐、色彩宜人等方向发展。国际标准化组织（ISO）推荐的噪声标准，要求工作者所感受的噪声不超过 85～95dB。冲压设备产生的噪声可望达到这个标准。

(四) 冲压技术的发展

随着科学技术的不断进步和工业生产的迅速发展，冲压工艺和冲模技术也在不断地革新和发展。冲压加工技术在 21 世纪发展方向和动向，主要有以下几个方面。

① 工艺分析计算的现代化。冲压技术与现代数学、计算机技术联姻，对复杂曲面零件（像覆盖件）进行计算机模拟和有限元分析，达到预测某一工艺方案对零件成形的可能性与成形过程中将会发生的问题，供设计人员进行修改和选择。这种设计方法是将传统的经验设计升华为优化设计，缩短了模具设计与制造周期，节省了模具试模费用等。

② 模具计算机辅助设计、制造与分析（CAD/CAM/CAE）的研究和应用，极大地提高模具制造效率，提高模具的质量，使模具设计与制造技术实现CAD/CAE/CAM一体化。

③ 冲压生产的自动化。为了满足大量生产的需要，冲压生产已向自动化、无人化方向发展。现已经实现了利用高速冲床和多工位精密级进模实现单机自动，冲压的速度可达每分钟几百上千次。大型零件的生产已实现了多机联合生产线，从板料的送进到冲压加工，最后检验可全由计算机控制，极大地减轻了工人的劳动强度，提高了生产率。目前已逐渐向无人

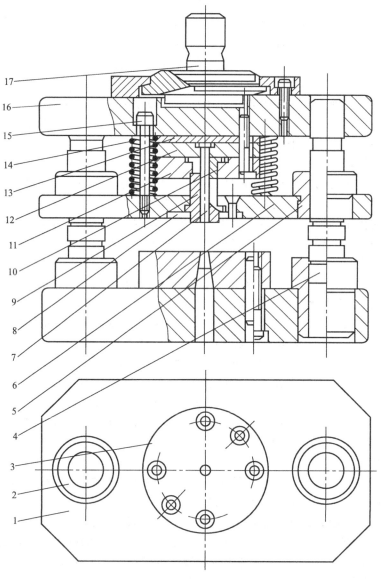

图1-1 冲孔模结构

1—下模座；2,5—导套；3—凹模；4—导柱；6—弹压卸料板；7—凸模；8—托板；9—凸模护套；10—扇形块；11—扇形块固定板；12—凸模固定板；13—垫板；14—弹簧；15—阶梯螺钉；16—上模座；17—模柄

化生产形成的柔性冲压加工中心发展。

④ 为适应市场经济需求，大批量与多品种小批量共存。发展适宜小批量生产的各种简易模具、经济模具和标准化且容易变换的模具系统。

⑤ 推广和发展冲压新工艺和新技术。如精密冲裁、液压拉深、电磁成形、超塑性成形等。

⑥ 与材料科学结合，不断改进板料性能，以提高其成形能力和使用效果。

二、冲压模简介

冲压模可以按两种标准分类：一是根据工艺性质分，有冲裁模、弯曲模、拉深模、成形模等；二是根据工序组合程度分，则有单工序模、复合模、级进模等。

下面以一套典型的冲裁模（见图1-1）为例来讲述冲压模具的基本结构与工作过程。

1. 冷冲模具基本结构

由图1-1可知，冷冲模通常由上模、下模两部分构成。组成模具的零件主要有两类。

（1）工艺零件　直接参与工艺过程的完成并和坯料有直接接触，包括：工作零件（如图1-1中3、7）、定位零件、卸料与压料零件（如图1-1中6、14）等。

（2）结构零件　不直接参与完成工艺过程，也不和坯料有直接接触，只对模具完成工艺过程起保证作用，或对模具功能起完善作用，包括：导向零件（如图1-1中2、4、5）、紧固零件（如图1-1中15）、支承零件（如图1-1中1、8、9、10、11、12、13、16、17）等。

2. 冷冲模工作过程

图1-2为图1-1所示冲孔模具的实物图（为观察方便对模具进行了剖切），图1-2（a）、(b)、(c) 为该模具工作过程的三个瞬间。

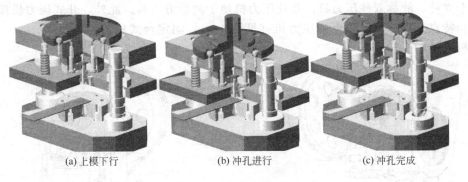

(a) 上模下行　　　　(b) 冲孔进行　　　　(c) 冲孔完成

图1-2　冲孔模工作原理

第二节　冲压主要设备

冲压设备属锻压机械。常见冷冲压设备有机械压力机（以J××表示其型号）和液压机（以Y××表示其型号）。

其中机械压力机可以按以下方式分类：

① 按驱动滑块机构的种类可分为曲柄式和摩擦式；

② 按滑块个数可分为单动和双动；

③ 按床身结构形式可分为开式（C型床身）和闭式（Ⅱ型床身）；

④ 按自动化程度可分为普通压力机和高速压力机等。

而液压机按工作介质可分为油压机和水压机。

冷冲压设备中应用最广泛的有曲柄压力机与剪板机。

一、曲柄压力机

曲柄压力机俗称冲床，是重要的冲压设备，它能进行各种冲压和模锻工艺，直接生产出零件或毛坯。因此，曲柄压力机在汽车、拖拉机、电器、仪表、电子、医疗器械、动力机构、国防以及日用品等工业部门得到了广泛的应用。

（一）曲柄压力机的分类

在生产中，为了适应不同的工艺要求，采用各种不同类型的曲柄压力机。这些压力机都具有自己的独特结构形式及作用特点。通常可以根据曲柄压力机的工艺用途及结构特点进行分类。

1. 按工艺用途

曲柄压力机可分为通用压力机和专用压力机两大类。通用压力机适用于多种工艺用途，如冲裁、弯曲、成形、浅拉深等。而专用压力机用途较单一，如拉深压力机、板料折弯机、剪切机、挤压机、冷镦自动机、高速压力机、板冲多工位自动机、精压机、热模锻压力机等，都属于专用压力机。

2. 按机身结构形式

曲柄压力机可分为开式压力机和闭式压力机。开式压力机的机身形状似英文字母C，如图1-3所示，其机身前面及左右三面敞开，操作空间大。但机身刚度差，压力机在工作负荷的作用下会产生角变形，影响精度。所以，这类压力机的吨位都比较小，一般在2000kN以下。开式压力机又可分为单柱压力机和双柱压力机两种。图1-4所示为单柱压力机，其机身也是前面及左右三向敞开，但后壁无开口。图1-2所示的双柱压力机，其机身后壁有开口，形成两个立柱，故称双柱压力机。双柱压力机便于向后方排料。此外，开式压力机按照工作台的结构特点又可分为可倾台式压力机（见图1-3）、固定台式压力机（见图1-4）、升降台式压力机（见图1-5）。

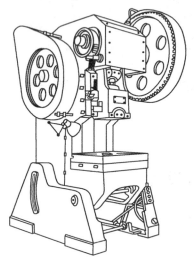

图1-3 开式双柱可倾式压力机

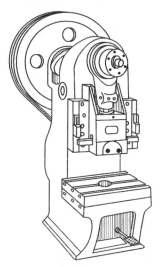

图1-4 单柱固定台式压力机

闭式压力机机身左右两侧是封闭的，如图1-6所示，只能从前后方向接近模具，且装模距离远，操作不太方便。但因为机身形状对称，刚性好，压力机精度高。所以，压力超过2500kN的大、中型压力机，几乎都采用此种形式，某些精度要求较高的小型压力机也采用此种形式。

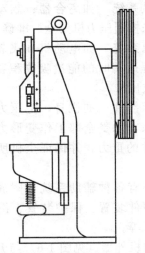

图1-5 升降台式压力机

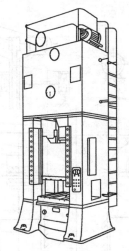

图1-6 闭式压力机

（二）曲柄压力机的工作原理与结构组成

1. 工作原理

尽管曲柄压力机有各种类型，但其工作原理和基本组成是相同的。图1-3所示的开式双柱可倾压力机的运动原理如图1-7所示，其工作原理如下：电动机1的能量和运动通过带传动传给中间传动轴4，再由齿轮传动传给曲轴9，连杆11上端套在曲轴上，下端与滑块12铰接，因此，曲轴的旋转运动通过连杆转变为滑块的往复直线运动。将上模13装在滑块上，下模14装在工作台垫板15上，压力机便能对置于上、下模间的材料实现冲压，将其制成工件，实现压力加工。由于工艺操作的需要，滑块有时运动，有时停止，因此装有离合器7和制动器10。压力机在整个工作周期内进行冲压的时间很短，即有负荷的工作时间很短，大部分时间为无负荷的空程运动。为了使电动机的负荷较均匀，有效地利用能量，因而装有飞轮，在该机上，大带轮3和大齿轮6均起飞轮的作用。

2. 基本结构

从上述的工作原理可以看出，曲柄压力机一般由以下几个基本部分组成。

（1）工作机构 一般为曲柄滑块机构，由曲柄、连杆、滑块、导轨等零件组成。其作用是将传动系统的旋转运动变成滑块的往复直线运动；承受和传递工作压力；在滑块上安装模具。

（2）传动系统 包括带传动和齿轮传动等机构。将电动机的能量和运动传递给工作机构；并对电动机的转速进行减速使滑块获得所需的行程次数。

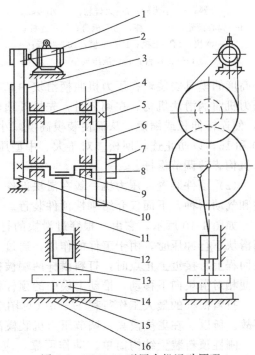

图1-7 JC23-63型压力机运动原理

1—电动机；2—小带轮；3—大带轮；4—中间传动轴；5—小齿轮；6—大齿轮；7—离合器；8—机身；9—曲轴；10—制动器；11—连杆；12—滑块；13—上模；14—下模；15—垫板；16—工作台

(3) 操纵系统 如离合器、制动器及其控制装置。用来控制压力机安全、准确地运转。

(4) 能源系统 如电动机和飞轮。飞轮能将电动机空程运转时的能量吸收积蓄起来,在冲压时再释放出来。

(5) 支承部件 如机身,把压力机所有的机构联结起来,承受全部工作变形力和各种装置的各个部件的重力,并保证全机所要求的精度和强度。

此外,还有各种辅助系统与附属装置,如润滑系统、顶件装置、保护装置、滑块平衡装置、安全装置等。

闭式压力机外形(见图 1-6)与开式压力机有很大差别。而它们的工作原理和结构基本组成是相同的。图 1-8 所示为 J31-315 型闭式压力机的运动原理图,与图 1-7 相比较,它只是在传动系统中多了一级齿轮传动;工作机构中曲柄的具体形式是偏心齿轮式,而不是曲轴式,即由偏心齿轮 9 带动连杆摆动,从而带动滑块作往复直线运动;此外,该压力机工作台下装有顶件装置,即液压气垫 18,可作为拉深时压料及顶出模内的工件用。

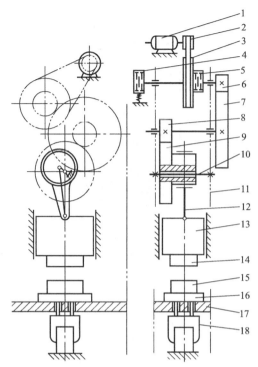

图 1-8 J31-315 型压力机运动原理
1—电动机;2—小带轮;3—大带轮;4—制动器;
5—离合器;6—小齿轮;7—大齿轮;8—小齿轮;
9—偏心齿轮;10—芯棒;11—机身;12—连杆;
13—滑块;14—上模;15—下模;16—垫板;
17—工作台;18—液压气垫

3. 开式压力机曲柄滑块上的常用结构

(1) 装模高度调节装置 为了适应不同闭合高度的模具安装,在压力机曲柄滑块中,有调节压力机装模高度的装置。如图 1-9 所示为压力机曲柄滑块机构,在调节时,先松开顶丝 15,再松开锁紧螺钉 10,然后旋转调节螺杆 6,使连杆伸长或缩短,从而使装模高度减小或增加。当模具安装调试好以后,应先后锁紧 10 和 15,以防止连杆回松。对于大、中型压力机,则由一个单独的电动机,通过齿轮或蜗轮机构旋转调节螺杆。

(2) 顶件装置 压力机一般在滑块部件上设置顶料装置,供上模顶料用。顶料装置有刚性和气动两种,下面仅介绍刚性顶件装置。

如图 1-10 所示,它由一根穿过滑块的打料横杆 4 及固定于机身上的挡头螺钉 3 等组成。当滑块下行冲压时,由于工件的作用,通过上模中的顶杆 7 使打料横杆在滑块中升起。当滑块回程上行接近上止点时,打料横杆两端被机身上的挡头螺钉挡住,滑块继续上升,打料横杆便相对滑块向下移动,推动上模中的顶杆将工件顶出。

打料横杆的最大工作行程 $H-h$(见图 1-10),如果过早与挡头螺钉相碰,会发生设备事故。所以,在更换模具、调节压力机装模高度时,必须相应地调节挡头螺钉的位置。

刚性顶料装置结构简单,动作可靠,应用广泛。其缺点是顶料力及顶料位置不能任意调节。

(3) 过载保护装置 曲柄压力机的工作负荷超过许用负荷称之为过载。引起过载的原因很多,如压力机选用不当,模具调整不正确,坯料厚度不均匀,两个坯料重叠或杂物落入模腔内等。过载会导致压力机损伤,如连杆螺纹破坏、螺杆弯曲、曲轴弯曲、扭曲或断裂,机

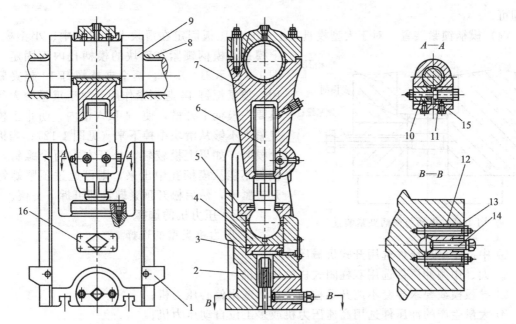

图 1-9　JC23-63 型压力机曲柄滑块结构
1—打料横杆索；2—滑块；3—压塌块；4—支承座；5—盖板；6—调节螺杆；7—连杆体；
8—轴瓦；9—曲轴；10—锁紧螺钉；11—锁块；12—模柄夹持块；13—夹持螺钉；
14—顶紧螺钉；15—顶丝；16—过载保护装置外盖

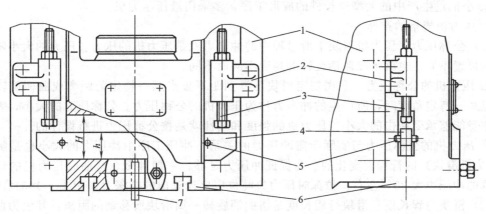

图 1-10　JC23-63 型压力机刚性顶料装置
1—机身；2—挡头座；3—挡头螺钉；4—打料横杆；5—挡销；6—滑块；7—顶杆

身变形或开裂等。而曲柄压力机是比较容易发生过载的机器。为了防止过载，现已开发了各种各样的过载保护装置，一般大型压力机多用油压式保护装置，中、小型压力机用油压式或压塌块式保护装置。

图 1-11 所示为压塌块式保护装置，位于连杆下方，固定于滑块中。当过载保护装置损坏后，滑块回到上死点，打开滑块上的过载保护装置外盖（见图 1-9），夹住孔内钢带把压塌块拖出，将新的压塌块用钢带包住塞入孔内，上好外

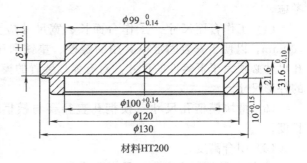

图 1-11　压塌块结构

盖即可。

（4）模柄锁紧装置　对于大型模具，上模是用压板固定在滑块上，对于中、小型模具，上模是用模柄锁紧在滑块的模柄孔内而固定。如图1-9所示 $B-B$ 中：两个夹持螺钉13起夹紧作用，顶紧螺钉14起顶紧作用，对于重量较大的模具要在模柄上开槽，使14顶入槽内，防止上模因夹紧力不够从滑块中掉下来（见图1-12）；当拆下上模时，如果上模较轻，松开左右两个螺钉，模柄仍不能从模柄孔中出来，则可通过顶紧螺钉顶开夹紧面，然后松开顶紧螺钉即可拆下上模。

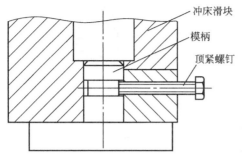

图1-12　模柄与模柄夹紧装置

（三）压力机的选择

1. 压力机类型的选择

① 中、小型冲压件选用开式机械压力机；
② 大、中型冲压件选用双柱闭式机械压力机；
③ 导板模或要求导套不离开导柱的模具，选用偏心压力机；
④ 大量生产的冲压件选用高速压力机或多工位自动压力机；
⑤ 校平、整形和温热挤压工序选用摩擦压力机；
⑥ 薄板冲裁、精密冲裁选用刚度高的精密压力机；
⑦ 大型、形状复杂的拉深件选用双动或三动压力机；
⑧ 小批量生产中的大型厚板件的成形工序，多采用液压压力机。

2. 压力机规格的选择

（1）公称压力　压力机滑块下滑过程中的冲击力就是压力机的压力。压力的大小随滑块下滑的位置不同，也就是随曲柄旋转的角度不同而不同。

① 压力机的公称压力：我国规定滑块下滑到距下极点某一特定的距离或曲柄旋转到距下极点某一特定角度时，所产生的冲击力称为压力机的公称压力。公称压力的大小，表示压力机本身能够承受冲击的大小。压力机的强度和刚性就是按公称压力进行设计的。

② 压力机的公称压力与实际所需冲压力的关系：冲压工序中冲压力的大小也是随凸模（或压力机滑块）的行程而变化的。为保证冲压力足够，一般冲裁、弯曲时压力机的吨位应比计算的冲压力大30%左右。拉深时压力机吨位应比计算出的拉深力大60%～100%。

（2）滑块行程长度　滑块行程长度是指曲柄旋转一周滑块所移动的距离，其值为曲柄半径的两倍。选择压力机时，滑块行程长度应保证毛坯能顺利地放入模具和冲压件能顺利地从模具中取出。特别是成形拉深件和弯曲件应使滑块行程长度大于制件高度的2.5～3.0倍。

（3）行程次数　行程次数即滑块每分钟冲击次数。应根据材料的变形要求和生产率来考虑。

（4）工作台面尺寸　工作台面长、宽尺寸应大于模具下模座尺寸，并每边留出60～100mm，以便于安装固定模具用的螺栓、垫铁和压板。当制件或废料需下落时，工作台面孔尺寸必须大于下落件的尺寸。对有弹顶装置的模具，工作台面孔尺寸还应大于下弹顶装置的外形尺寸。

（5）滑块模柄孔尺寸　模柄孔直径要与模柄直径相符，模柄孔的深度应大于模柄的长度。

（6）闭合高度

① 压力机的闭合高度：是指滑块在下止点时，滑块底面到工作台上平面（即垫板下平

面）之间的距离。压力机的闭合高度可通过调节连杆长度在一定范围内变化。当连杆调至最短（对偏心压力机的行程应调到最小），滑块底面到工作台上平面之间的距离，为压力机的最大闭合高度；当连杆调至最长（对偏心压力机的行程应调到最大），滑块处于下止点，滑块底面到工作台上平面之间的距离，为压力机的最小闭合高度。

② 压力机的装模高度：指压力机的闭合高度减去垫板厚度的差值。没有垫板的压力机，其装模高度等于压力机的闭合高度。

③ 模具的闭合高度：是指冲模在最低工作位置时，上模座上平面至下模座下平面之间的距离。模具闭合高度与压力机装模高度的关系，见图 1-13。

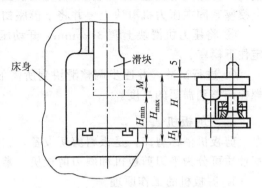

图 1-13　模具闭合高度与装模高度的关系

理论上为

$$H_{\min} - H_1 \leqslant H \leqslant H_{\max} - H_1$$

亦可写成

$$H_{\max} - M - H_1 \leqslant H \leqslant H_{\max} - H_1$$

式中　H——模具闭合高度；

$H_{\min}$——压力机的最小闭合高度；

$H_{\max}$——压力机的最大闭合高度；

H_1——垫板厚度；

M——连杆调节量；

$H_{\min} - H_1$——压力机的最小装模高度；

$H_{\max} - H_1$——压力机的最大装模高度。

由于缩短连杆对其刚度有利，同时在修模后，模具的闭合高度可能要减小。因此一般模具的闭合高度接近于压力机的最大装模高度。所以在实用上为：$H_{\min} - H_1 + 10 \leqslant H \leqslant H_{\max} - H_1 - 5$。

(7) 电动机功率的选择　必须保证压力机的电动机功率大于冲压时所需要的功率。

（四）在压力机上安装、调整模具

在压力机上安装与调整模具，是一件很重要的工作，它将直接影响制件质量和安全生产。因此，安装和调整冲模不但要熟悉压力机和模具的结构性能，而且要严格执行安全操作制度。

(1) 模具安装的一般注意事项　检查压力机上的打料装置，将其暂时调整到最高位置，以免在调整压力机闭合高度时被折弯；检查模具闭合高度与压力机闭合高度之间的关系是否合理；检查下模顶杆和上模打料杆是否符合压力机的除料装置的要求（大型压力机则应检查气垫装置）；模具安装前应将上下模板和滑块底面的油污揩拭干净，并检查有无遗物，防止影响正确安装和发生意外事故。

(2) 模具安装的一般顺序（指带有导柱导向的模具）

① 根据冲模的闭合高度调整压力机滑块的高度，使滑块在下止点时其底平面与工作台面之间的距离大于冲模的闭合高度。

② 先将滑块升到上止点，冲模放在压力机工作台面规定位置，再将滑块停在下止点，然后调节滑块的高度，使其底平面与冲模座上平面接触。带有模柄的冲模，应使模柄进入模

柄孔，并通过滑块上的压块和螺钉将模柄固定住。对于无模柄的大型冲模，一般用螺钉等将上模座紧固在压力机滑块上，并将下模座初步固定在压力机台面上（不拧紧螺钉）。

③ 将压力机滑块上调3～5mm，开动压力机，空行程1～2次，将滑块停于下止点，固定住下模座。

④ 进行试冲，并逐步调整滑块到所需的高度。如上模有顶杆，则应将压力机上的卸料螺栓调整到需要的高度。

二、剪板机

剪板机俗称剪床，是板料剪切设备，它的用途是把板料剪成一定宽度的长条坯料。按剪切性质可分为平刃剪板机和斜刃剪板机，常见的是斜刃剪板机。

1. 剪板机的工作原理

如图1-14所示为斜刃剪板机传动及外形图。电动机转动，通过皮带轮的减速装置，带动传动轴2转动。再经过齿轮减速装置和离合器3之后，带动偏心轴4转动，通过曲柄连杆机构，将回转运动改变为滑块6沿导轨上、下往复运动，也就带动装在滑块上的刀片作上下运动，从而进行剪切工作，采用斜刃目的是减少剪切力，以利于剪切较长的板料，但剪下的坯料会产生少量的弯曲变形。

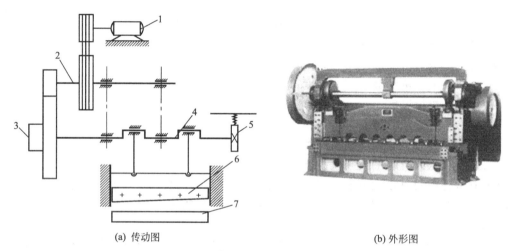

(a) 传动图　　　　　　　　(b) 外形图

图1-14　斜刃剪板机传动及外形图

1—电动机；2—传动轴；3—离合器；4—偏心轴；5—制动器；6—滑块；7—工作台

2. 剪板机的间隙调整

如图1-15所示为剪板机刀片间隙调节结构示意图。在调整时，首先，用手扳动飞轮，降下剪切滑块，当上刀片降至低于下刀片时，停止扳动。松开四个紧固螺钉4，然后调节1或2使刀口间隙增大或减少，注意间隙值一般取板料的7%，也可通过试剪确定，当间隙过大时，剪切面上有毛刺，如果间隙过小，断面不平整，刃口磨损太快，调好间隙后锁紧四个紧固螺钉4，用手扳动飞轮，使剪切滑块运行一周，观察上刀片与下刀片之间有无摩擦碰撞。如果有应分析原因并及时予以排除。

3. 压料和挡料装置

如图1-16所示，为了防止在剪切时板料发生转动和挤入刀口间隙中，需在剪切前将板料压紧。通过弹簧4、螺钉2，可使压料脚5对板料6进行压紧和松开。

为了保证得到规定剪切宽度，剪板机上有挡料装置，控制板料的送进距离，一般用手来调节，大型的剪板机上采用机动调节。

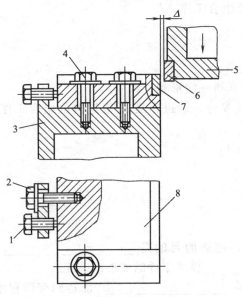
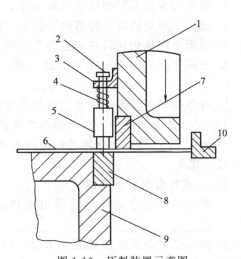

图 1-15　刀片间隙调节机构示意图

1—调进螺钉；2—调出螺钉；3—床身；4—紧固螺钉；
5—剪切滑块；6—上剪刀；7—下剪刀；8—工作台

图 1-16　压料装置示意图

1—上刀架；2—螺钉；3—支承架；4—弹簧；5—压料脚；
6—板料；7—上剪刀；8—下剪刀；9—工作台；10—挡料板

思考与练习

一、练习

（一）填空题

1. 冷冲模是利用安装在_____上的_____对材料_____，使_____，从而获得冲件的一种压力加工方法。

2. 因为冷冲压主要是用_____加工成零件，所以又叫板料冲压。

3. 冷冲压不仅可以加工_____材料，而且还可以加工_____材料。

4. 冲模是利用压力机对金属或非金属材料加压，使其_____而得到所需要冲件的工艺装备。

5. 冷冲压加工获得的零件一般无需进行_____加工，因而是一种节省原材料、能耗少、无_____的加工方法。

6. 冷冲模按工序组合形式可分为_____和_____，前一种模具在冲压过程中生产率低，当生产量大时，一般采用后一种模具，而这种模具又依组合方式分为_____、_____、_____等组合方式。

7. 冲模制造的主要特征是_____生产，技术要求_____，精度_____，是_____密集型生产。

8. 冲压生产过程的主要特征是，依靠_____完成加工，便于实现_____化，生产率很高，操作方便。

9. 冲压件的尺寸稳定，互换性好，是因为其尺寸公差由_____来保证。

（二）判断题（正确的打√，错误的打×）

1. 冲模的制造一般是单件小批量生产，因此冲压件也是单件小批量生产。（　　）

2. 落料和弯曲都属于分离工序，而拉深、翻边则属于变形工序。（　　）

3. 复合工序、连续工序、复合-连续工序都属于组合工序。(   )
4. 分离工序是指对工件的剪裁和冲裁工序。(   )
5. 所有的冲裁工序都属于分离工序。(   )
6. 成形工序是指对工件弯曲、拉深、成形等工序。(   )
7. 成形工序是指坯料在超过弹性极限条件下而获得一定形状。(   )
8. 把两个以上的单工序组合成一道工序,构成复合、级进、复合-级进模的组合工序。(   )
9. 冲压变形可分为伸长类和压缩类变形。(   )
10. 冲压加工只能加工形状简单的零件。(   )
11. 冲压生产的自动化就是冲模的自动化。(   )

二、思考

(一) 查找资料后再完成

1. 在冲压工艺中,有时也采用加热成形方法,加热的目的是_____,
_____;_____提高工件的成形准确度。
2. 冲压工艺中采用加热成形方法,以增加材料_____能达到变形程度的要求。
3. 冷冲压生产常用的材料有_____、_____、_____。
4. 材料的冲压性能好,就是说其便于冲压加工,一次冲压工序的_____和_____大,生产率高,容易得到高质量的冲压件,模具寿命长等。

(二) 说说图 1-17~图 1-24 所示零件中采用哪些冲压工艺加工而成

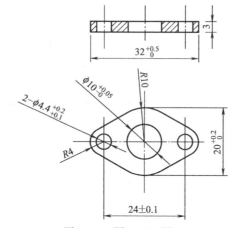

图 1-17 题(二)图 1

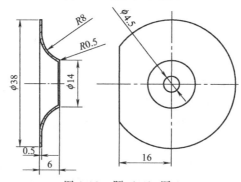

图 1-18 题(二)图 2

第一章 冲压工艺与设备 15

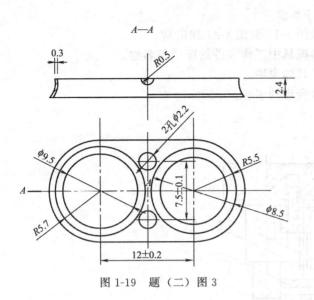

图 1-19 题（二）图 3

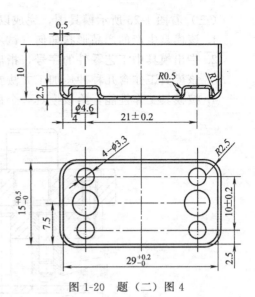

图 1-20 题（二）图 4

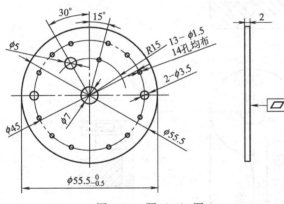

图 1-21 题（二）图 5

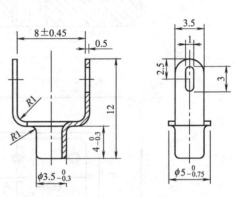

图 1-22 题（二）图 6

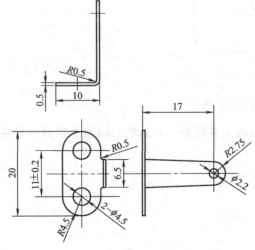

图 1-23 题（二）图 7

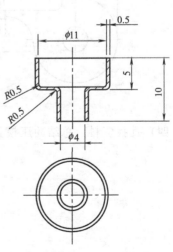

图 1-24 题（二）图 8

（三）看图 1-25 所示模具图，完成以下作业

1. 该模具生产的产品形状如何（试从图 1-17 至图 1-24 找出）？
2. 指出模具中工艺零件的序号，指出模具中工作零件的序号与名称。
3. 该模具工作含几种冲压加工方法？具体说明。
4. 按模具工作性能，给该模具一个最合理的名称。

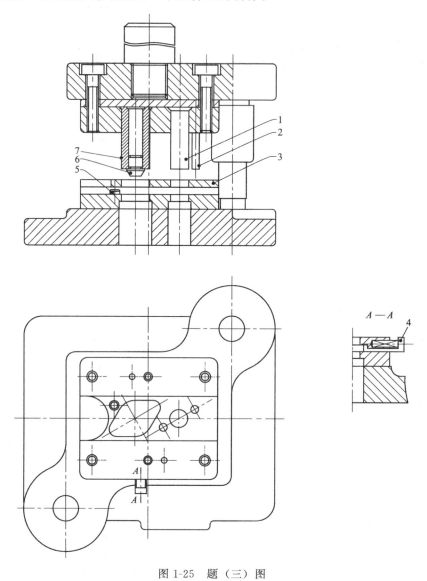

图 1-25 题（三）图

（四）查找资料，总结冲压模具与塑料模具的主要区别，并系统总结整个模具的种类

第二章 冲压模具结构

第一节 冲裁模具

一、基本知识

冲裁是利用模具使板料沿着一定的轮廓形状产生分离的一种冲压工序。它包括落料、冲孔、切断、修边、切舌、剖切等工序,其中落料和冲孔是最常见的两种工序。

落料——若使材料沿封闭曲线相互分离,封闭曲线以内的部分作为冲裁件时,称为落料;

冲孔——若使材料沿封闭曲线相互分离,封闭曲线以外的部分作为冲裁件时,则称为冲孔。

图 2-1 所示的垫圈即由落料和冲孔两道工序完成。

冲裁工艺在冲压加工中应用极广,它既可直接冲出成品零件,也可以为弯曲、拉深和挤压等其他工序准备坯料,还可以在已成形的工件上进行再加工(切边、切舌、冲孔等工序)。

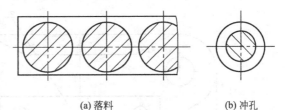

(a)落料　　　　(b)冲孔

图 2-1　垫圈的落料和冲孔

冲裁所使用的模具叫冲裁模,它是冲裁过程必不可少的工艺装备。图 2-2 为一副典型的落料冲孔复合模,冲模开始工作时,将条料放在卸料板 19 上,并由三个定位挡料销 22 定位。冲裁开始时,落料凹模 7 和推件块 8 首先接触条料。当压力机滑块下行时,凸凹模 18 的外形与落料凹模 7 共同作用冲出制件外形。与此同时,冲孔凸模 17 与凸凹模 18 的内孔共同作用冲出制件内孔。冲裁变形完成后,滑块回升时,在打杆 15 作用下,打下推件块 8,将制件排出落料凹模 7 外。而卸料板 19 在橡胶反弹力作用下,将条料刮出凸凹模,从而完成冲裁全部过程。

根据冲裁变形机理的不同,冲裁工艺可以分为普通冲裁和精密冲裁两大类。本书主要讨论普通冲裁。

(一)冲裁变形过程

为了正确控制冲裁件质量,必须认真分析冲裁变形过程,了解和掌握冲裁变形规律。

图 2-3 所示为无压边装置的模具对板料进行冲裁时的情形。凸模 1 与凹模 3 都具有与制件轮廓一样形状的锋利刃口,凸模与凹模之间存在一定间隙。当凸模下降至与板料接触时,板料就受到凸模、凹模的作用力。

从图中可看出,由于凸模、凹模之间存在间隙,F_1、F_2 不在同一垂直线上,故板料受到弯矩 M,使板料弯曲并从模具表面上翘起,模具表面和板料的接触面仅限在刃口附近的狭小区域。

1. 冲裁变形过程

图 2-4 所示为冲裁变形过程。如果模具间隙正常,冲裁变形过程大致可分为如下三个阶段。

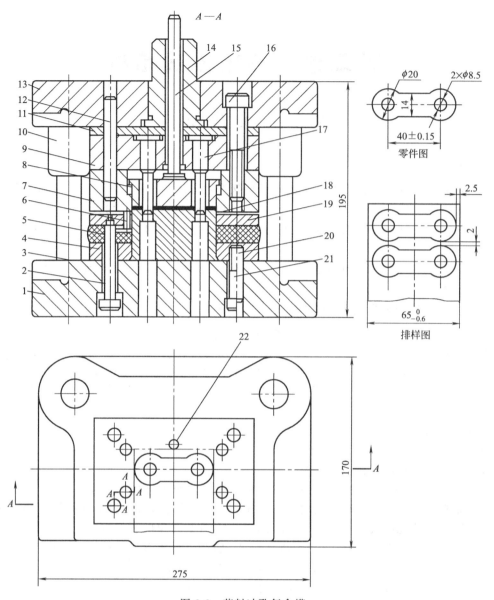

图 2-2 落料冲孔复合模

1—下模板；2—卸料螺钉；3—导柱；4—固定板；5—橡胶；6—导料销；7—落料凹模；8—推件块；9—固定板；10—导套；11—垫板；12,20—销钉；13—上模板；14—模柄；15—打杆；16,21—螺钉；17—冲孔凸模；18—凸凹模；19—卸料板；22—挡料销

(1) 弹性变形阶段 [见图 2-4 (a)] 在凸模压力下，材料产生弹性压缩、拉伸和弯曲变形，凹模上的板料则向上翘曲。同时，凸模稍许挤入板料上部，板料的下部则略挤入凹模洞口，但材料内的应力未超过材料的弹性极限。

(2) 塑性变形阶段 [见图 2-4 (b)] 因板料发生弯曲，凸模沿宽度为 b 的环形带继续加压，当材料内的应力达到屈服强度时便开始进入塑性变形阶段。间隙越大，弯曲和拉伸变形也越大。

(3) 断裂分离阶段 [见图 2-4 (c)、(d)、(e)] 材料内裂纹首先在凹模刃口附近的侧面产生，紧接着才在凸模刃口附近的侧面产生。

2. 冲裁件质量及其影响因素

冲裁件质量是指断面状况、尺寸精度和形状误差。断面状况尽可能垂直、光洁、毛刺小。尺寸精度应该保证在图纸规定的公差范围之内。零件外形应该满足图纸要求，表面尽可能平直，即拱弯小。

影响零件质量的因素有：材料性能、间隙大小及均匀性、刃口锋利程度、模具精度以及模具结构形式等。

（1）冲裁件断面质量 由于冲裁变形的特点，冲裁件的断面明显地分成四个特征区，即圆角带 a、光亮带 b、断裂带 c 与毛刺区 d，如图 2-5 所示。

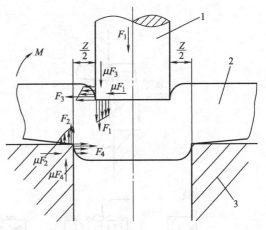

图 2-3 冲裁时作用于板料上的力
1—凸模；2—板材；3—凹模

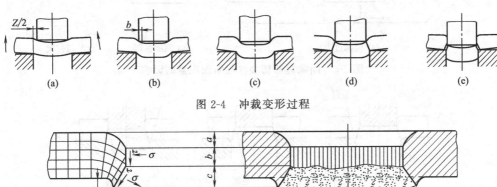

图 2-4 冲裁变形过程

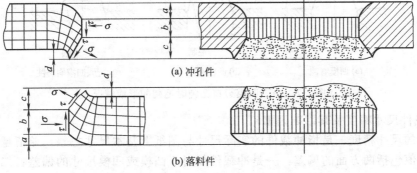

图 2-5 冲裁区应力、变形和冲裁件正常的断面状况

在四个特征区中，光亮带越宽，断面质量越好。但四个特征区域的大小和断面上所占的比例大小并非一成不变，而是随着材料性能、模具间隙、刃口状态等条件的不同而变化。

（2）影响断面质量的因素

① 材料性能的影响。材料塑性好，冲裁时裂纹出现得较迟，材料被剪切的深度较大，所得断面光亮带所占的比例就大，圆角也大。而塑性差的材料，容易拉断，材料被剪切不久就出现裂纹，使断面光亮带所占的比例小，圆角小，大部分是粗糙的断裂面。

② 模具间隙的影响。冲裁时，断裂面上下裂纹是否重合，与凸、凹模间隙值的大小有关。当凸、凹模间隙合适时，凸、凹模刃口附近沿最大切应力方向产生的裂纹在冲裁过程中能会合，此时尽管断面与材料表面不垂直，但还是比较平直、光滑，毛刺较小，制件的断面质量较好［见图 2-6（b）］。因此，模具设计、制造与安装时必须保证间隙均匀。

③ 模具刃口状态的影响。模具刃口状态对冲裁过程中的应力状态及制件的断面质量有较大影响。当刃口磨钝时，使冲裁断面上产生明显的毛刺（见图 2-7）。

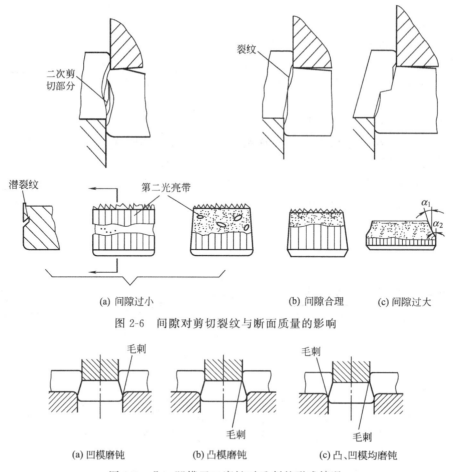

(a) 间隙过小　　　　　　　　　(b) 间隙合理　　(c) 间隙过大

图 2-6　间隙对剪切裂纹与断面质量的影响

(a) 凹模磨钝　　　(b) 凸模磨钝　　　(c) 凸、凹模均磨钝

图 2-7　凸、凹模刃口磨钝时毛刺的形成情况

3. 冲裁件尺寸精度及其影响因素

冲裁件的尺寸精度，是指冲裁件的实际尺寸与图纸上基本尺寸之差。差值越小，精度越高。这个差值包括两方面的偏差：一是冲裁件相对于凸模或凹模尺寸的偏差；二是模具本身的制造偏差。

冲裁件的尺寸精度与许多因素有关。如冲模的制造精度、材料性质、冲裁间隙等。

4. 冲裁件形状误差及其影响因素

冲裁件的形状误差是指翘曲、扭曲、变形等缺陷。冲裁件呈曲面不平现象称为翘曲。它是由于间隙过大、弯矩增大、变形拉伸和弯曲成分增多而造成的，另外材料的各向异性和卷料未矫正也会产生翘曲。冲裁件呈扭歪现象称为扭曲。它是由于材料的不平、间隙不均匀、凹模后角对材料摩擦不均匀等造成的。冲裁件的变形是由于坯料的边缘冲孔或孔距太小等原因，因胀形而产生的。

综上所述，用普通冲裁方法所能得到的冲裁件，其尺寸精度与断面质量都不太高。金属冲裁件所能达到的经济精度为 IT14~IT10，要求高的可达到 IT10~IT8 级。厚料比薄料更差。若要进一步提高冲裁件的质量要求，则要在冲裁后加整修工序或采用精密冲裁法。

（二）冲裁的工艺设计

冲裁工艺设计包括冲裁件的工艺性和冲裁工艺方案确定。良好的工艺性和合理的工艺方案，可以用最少的材料，最少的工序数和工时，使得模具结构简单且模具寿命长，能稳定地获得合格冲件。所以劳动量和冲裁件成本是衡量冲裁工艺设计合理性的主要指标。

1. 冲裁件的工艺性

冲裁件的工艺性是指冲裁件对冲裁工艺的适应性。所谓冲裁工艺性好是指用普通冲裁方法，在模具寿命和生产率较高、成本较低的条件下得到质量合格的冲裁件。因此，冲裁件的结构形状、尺寸大小、精度等级、材料及厚度等是否符合冲裁的工艺要求，对冲裁件质量、模具寿命和生产效率有很大影响。

(1) 冲裁件的结构工艺性

① 冲裁件的形状。冲裁件的形状应力求简单、对称，有利于材料的合理利用。

② 冲裁件内形及外形的转角。冲裁件内形及外形的转角处要尽量避免尖角，应以圆弧过渡，如图 2-8 所示，以便于模具加工，减少热处理开裂，减少冲裁时尖角处的崩刃和过快磨损。圆角半径 R 的最小值，参照表 2-1 选取。

③ 冲裁件上凸出的悬臂和凹槽。尽量避免冲裁件上过长的凸出悬臂和凹槽，悬臂和凹槽宽度也不宜过小，其许可值如图 2-9 (a) 所示。

④ 冲裁件的孔边距与孔间距。为避免工件变形和保证模具强度，孔边距和孔间距不能过小。其最小许可值如图 2-9 (a) 所示。在弯曲件或拉深件上冲孔时，孔边与直壁之间应保持一定距离，以免冲孔时凸模受水平推力而折断，如图 2-9 (b) 所示。

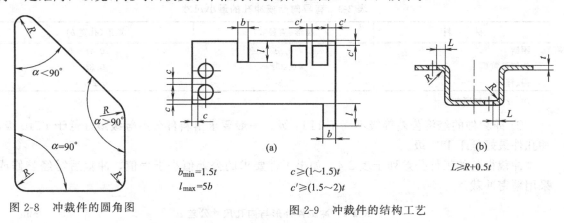

图 2-8　冲裁件的圆角图　　　　　　　图 2-9　冲裁件的结构工艺

表 2-1　冲裁最小圆角半径

零件种类		黄铜、铝	合金铜	软钢	备注/mm
落料	交角≥90°	0.18t	0.35t	0.25t	>0.25
	<90°	0.35t	0.70t	0.5t	>0.5
冲孔	交角≥90°	0.2t	0.45t	0.3t	>0.3
	<90°	0.4t	0.9t	0.6t	>0.6

注：t 为板料厚度。

⑤ 冲孔尺寸。冲孔时，因受凸模强度的限制，孔的尺寸不应太小，否则凸模易折断或压弯。用无导向凸模和有导向的凸模所能冲制的最小尺寸，分别见表 2-2 和表 2-3。

(2) 冲裁件的尺寸精度和表面粗糙度　冲裁件的精度一般可分为精密级与经济级两类。精密级是指冲压工艺在技术上所允许的最高精度，而经济级是指模具达到最大许可磨损时，其所完成的冲压加工在技术上可以实现而在经济上又最合理的精度，即所谓经济精度。为降低冲压成本，获得最佳的技术经济效果，在不影响冲裁件使用要求的前提下，应尽可能采用经济精度。

表 2-2 无导向凸模冲孔的最小尺寸

材料	圆形	正方形	长圆形	矩形
钢 $\tau \geqslant$ 685MPa	$d \geqslant 1.5t$	$a \geqslant 1.35t$	$a \geqslant 1.2t$	$a \geqslant 1.1t$
钢 $\tau \approx$ 390~695MPa	$d \geqslant 1.3t$	$a \geqslant 1.2t$	$a \geqslant 1.0t$	$a \geqslant 0.9t$
钢 $\approx$ 390MPa	$d \geqslant 1.0t$	$a \geqslant 0.9t$	$a \geqslant 0.8t$	$a \geqslant 0.7t$
黄铜、铜	$d \geqslant 0.9t$	$a \geqslant 0.8t$	$a \geqslant 0.7t$	$a \geqslant 0.6t$
铝、锌	$d \geqslant 0.8t$	$a \geqslant 0.7t$	$a \geqslant 0.6t$	$a \geqslant 0.5t$

注：t 为板料厚度，τ 为抗剪强度。

表 2-3 有导向凸模冲孔的最小尺寸

材料	圆形（直径 d）	矩形（孔宽 b）
硬钢	$0.5t$	$0.4t$
软钢及黄铜	$0.35t$	$0.3t$
铝、锌	$0.3t$	$0.28t$

注：t 为板料厚度。

① 冲裁件的经济公差等级不高于 IT11 级，一般要求落料件公差等级最好低于 IT10 级，冲孔件最好低于 IT9 级。

冲裁得到的工件公差列于表 2-4。如果工件要求的公差值小于表值，冲裁后需经整修或采用精密冲裁。

表 2-4 冲裁件外形与内孔尺寸公差 Δ mm

料厚 t/mm	工件尺寸							
	一般精度的工件				较高精度的工件			
	<10	10~50	50~150	150~300	<10	10~50	50~150	150~300
0.2~0.5	$\frac{0.08}{0.05}$	$\frac{0.10}{0.08}$	$\frac{0.14}{0.12}$	0.20	$\frac{0.025}{0.02}$	$\frac{0.03}{0.04}$	$\frac{0.05}{0.08}$	0.08
0.5~1	$\frac{0.12}{0.05}$	$\frac{0.16}{0.08}$	$\frac{0.22}{0.12}$	0.30	$\frac{0.03}{0.02}$	$\frac{0.04}{0.04}$	$\frac{0.06}{0.08}$	0.10
1~2	$\frac{0.18}{0.06}$	$\frac{0.22}{0.10}$	$\frac{0.30}{0.16}$	0.50	$\frac{0.03}{0.03}$	$\frac{0.06}{0.06}$	$\frac{0.08}{0.10}$	0.12
2~4	$\frac{0.24}{0.08}$	$\frac{0.28}{0.12}$	$\frac{0.40}{0.20}$	0.70	$\frac{0.06}{0.04}$	$\frac{0.08}{0.08}$	$\frac{0.10}{0.12}$	0.15
4~6	$\frac{0.30}{0.10}$	$\frac{0.31}{0.15}$	$\frac{0.50}{0.25}$	1.0	$\frac{0.08}{0.05}$	$\frac{0.12}{0.10}$	$\frac{0.15}{0.15}$	0.20

注：1. 分子为外形公差，分母为内孔公差。
2. 一般精度的工件采用 IT8~IT7 级精度的普通冲裁模；较高精度的工件采用 IT7~IT6 级精度的高级冲裁模。

② 冲裁件的断面粗糙度与材料塑性、材料厚度、冲裁模间隙、刃口锐钝以及冲模结构等有关。当冲裁厚度为 2mm 以下的金属板料时，其断面粗糙度 R_a 一般可达 $12.5 \sim 3.2 \mu m$。

(3) 冲裁件尺寸标注 冲裁件尺寸的基准应尽可能与其冲压时定位基准重合，并选择在冲裁过程中基本上下不变动的面或线上。如图 2-10（a）所示的尺寸标注，对孔距要求较高的冲裁件是不合理的。这是因为当两孔中心距要求较高时，尺寸 B 和 C 标注的公差等级高，而模具（同时冲孔与落料）的磨损，使尺寸 B 和 C 的精度难以达到要求。改用图

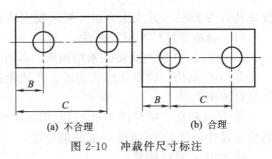

图 2-10 冲裁件尺寸标注

2-10（b）的标注方法就比较合理，这时孔中心距尺寸不再受模具磨损的影响。冲裁件两孔中心距所能达到的公差见表 2-5。

表 2-5 冲裁件孔中心距公差　　　　　　　　　　　　　　　　　　　mm

料厚 t /mm	普通冲裁			高级冲裁		
	孔距尺寸			孔距尺寸		
	<50	50~150	150~300	<50	50~150	150~300
<1	±0.10	±0.15	±0.20	±0.03	±0.05	±0.08
1~2	±0.12	±0.20	±0.30	±0.04	±0.06	±0.10
2~4	±0.15	±0.25	±0.35	±0.06	±0.08	±0.12
4~6	±0.20	±0.30	±0.40	±0.08	±0.10	±0.15

注：适用于本表数值所指的孔应同时冲出。

2. 冲裁工艺方案

在冲裁工艺性分析的基础上，根据冲件的特点确定冲裁工艺方案。确定工艺方案首先要考虑的问题是确定冲裁的工序数、冲裁工序的组合以及冲裁工序顺序的安排。冲裁工序数一般容易确定，关键是确定冲裁工序的组合与冲裁工序顺序。

(1) 冲裁工序的组合 冲裁工序的组合方式可分为单工序冲裁、复合冲裁和级进冲裁。所使用的模具对应为单工序模、级进模、复合模。一般组合冲裁工序比单工序冲裁生产效率高，加工的精度等级高。

(2) 冲裁顺序的安排

① 级进冲裁顺序的安排。先冲孔或冲缺口，最后落料或切断，将冲裁件与条料分离。首先冲出的孔可作后续工序的定位孔。当定位也要求较高时，则可冲裁专供定位用的工艺孔（一般为两个），如图 2-11 所示。

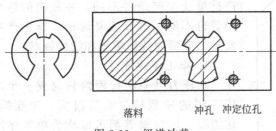

图 2-11 级进冲裁

② 多工序冲裁件用单工序冲裁时的顺序安排。先落料使坯料与条料分离，再冲孔或冲缺口。后继工序的定位基准要一致，以避免定位误差和尺寸链换算。如果冲裁大小不同、相距较近的孔时，为减少孔的变形，应先冲大孔后冲小孔。

工艺方案确定之后，需要进行必要的工艺计算和粗选设备，为模具设计提供必要的依据。

3. 举例

图 2-2 所示连接板冲裁零件，材料为 10 钢，厚度为 2mm，该零件年产量 20 万件，冲压

设备初选为250kN开式压力机,要求制定冲压工艺方案。

(1) 分析零件的冲压工艺性

① 材料:10钢是优质碳素结构钢,具有良好的冲压性能。

② 工件结构:该零件形状简单,孔边距远大于凸凹模允许的最小壁厚,故可以考虑采用复合冲压工序。

③ 尺寸精度:零件图上孔心距40mm±0.15mm,属于IT12级,其余尺寸未注公差,属自由尺寸,按IT14级确定工件的公差,一般冲压均能满足其尺寸精度要求。

④ 结论:可以冲裁。

(2) 确定冲压工艺方案 该零件包括落料、冲孔两个基本工序,可有以下三种工艺方案。

方案一:先落料,后冲孔。采用单工序模生产。

方案二:落料-冲孔复合冲压,采用复合模生产。

方案三:冲孔-落料连续冲压,采用级进模生产。

方案一模具结构简单,但需两道工序两副模具,生产率较低,难以满足该零件的年产量要求。方案二只需一副模具,冲压件的形位精度和尺寸精度容易保证,且生产率也高。尽管模具结构较方案一复杂,但由于零件的几何形状简单对称,模具制造并不困难。方案三也只需要一副模具,生产率也很高,但零件的冲压精度稍差。欲保证冲压件的形位精度,需要在模具上设置导正销导正,故模具制造、安装较复合模复杂。通过对上述三种方案的分析比较,该件的冲压生产采用方案二为佳。

二、模具结构

(一) 冲裁模的典型结构

冲裁模是冲压生产中不可缺少的工艺装备,良好的模具结构是实现工艺方案的可靠保证。冲压零件的质量好坏和精度高低,主要决定于冲裁模的质量和精度。冲裁模结构是否合理、先进,又直接影响到生产效率及冲裁模本身的使用寿命和操作的安全、方便性等。

由于冲裁件形状、尺寸、精度和生产批量及生产条件不同,冲裁模的结构类型也不同,本节主要讨论冲压生产中常见的典型冲裁模类型和结构特点。

1. 单工序冲裁模

在压力机一次行程内只完成一个冲压工序的冲裁模,如落料模、冲孔模、切边模、切口模等都可以称为单工序冲裁模。

(1) 落料模

① 无导向单工序落料模。图2-12是无导向简单落料模。工作零件为凸模2和凹模5,定位零件为两个导料板4和定位板7,导料板4对条料送进起导向作

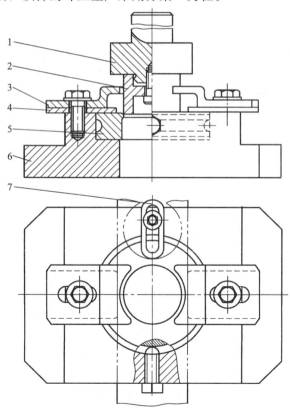

图2-12 无导向单工序落料模
1—上模座;2—凸模;3—卸料板;4—导料板;
5—凹模;6—下模座;7—定位板

用,定位板7是限制条料的送进距离;卸料零件为两个固定卸料板3;支承零件为上模座(带模柄)1和下模座6;此外还有紧固螺钉等。上、下模之间没有直接导向关系。分离后的冲件靠凸模直接从凹模洞口依次推出。箍在凸模上的废料由固定卸料板刮下。

该模具具有一定的通用性,通过更换凸模和凹模,调整导料板、定位板、卸料板位置,可以冲裁不同冲件。另外,改变定位零件和卸料零件的结构,还可用于冲孔,即成为冲孔模。

无导向冲裁模的特点是结构简单,制造容易,成本低。但安装和调整凸、凹模之间间隙较麻烦,冲裁件质量差,模具寿命低,操作不够安全。因而,无导向简单冲裁模适用于冲裁精度要求不高、形状简单、批量小的冲裁件。

② 导板式单工序落料模。图2-13为导板式简单落料模。其上、下模的导向是依靠导板9与凸模5的间隙配合(一般为H7/h6)进行的,故称导板模。

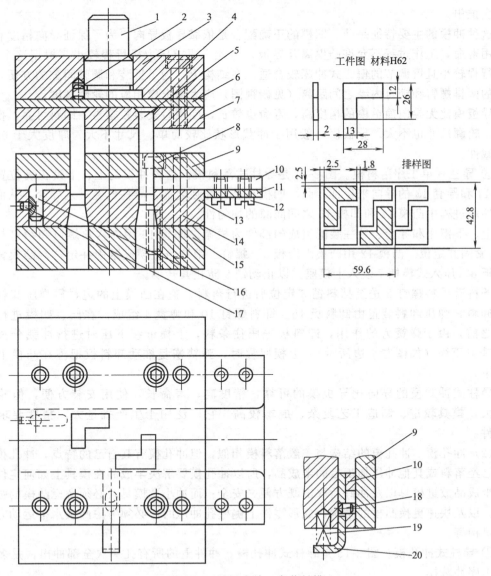

图2-13 导板式单工序落料模
1—模柄;2—止动销;3—上模座;4,8—内六角螺钉;5—凸模;6—垫板;7—凸模固定板;9—导板;10—导料板;11—承料板;12—螺钉;13—凹模;14—圆柱销;15—下模座;16—固定挡料销;17—止动螺钉;18—限位销;19—弹簧;20—始用挡料销

冲模的工作零件为凸模 5 和凹模 13；定位零件为导料板 10 和固定挡料销 16、始用挡料销 20；导向零件是导板 9（兼起固定卸料板作用）；支承零件是凸模固定板 7、垫板 6、上模座 3、模柄 1、下模座 15；此外还有紧固螺钉、销钉等。根据排样的需要，这副冲模的固定挡料销所设置的位置对首次冲裁起不到定位作用，为此采用了始用挡料销 20。在首件冲裁之前，用手将始用挡料销压入以限定条料的位置，在以后各次冲裁中，放开始用挡料销，始用挡料销被弹簧弹出，不再起挡料作用，而靠固定挡料销对条料定位。

这副冲模的冲裁过程如下：当条料沿导料板 10 送到始用挡料销 20 时，凸模 5 由导板 9 导向而进入凹模，完成了首次冲裁，冲下一个零件。条料继续送至固定挡料销 16 时，进行第二次冲裁，第二次冲裁时落下两个零件。此后，条料继续送进，其送进距离就由固定挡料销 16 来控制了，而且每一次冲压都是同时落下两个零件，分离后的零件靠凸模从凹模洞口中依次推出。

这种冲模的主要特征是凸、凹模的正确配合是依靠导板导向。为了保证导向精度和导板的使用寿命，工作过程不允许凸模离开导板，为此，要求压力机行程较小。根据这个要求，选用行程较小且可调节的偏心式冲床较合适。在结构上，为了拆装和调整间隙的方便，固定导板的两排螺钉和销钉内缘之间距离（见俯视图）应大于上模相应的轮廓宽度。

导板模比无导向简单模的精度高，寿命也较长，使用时安装较容易，卸料可靠，操作较安全，轮廓尺寸也不大。导板模一般用于冲裁形状比较简单、尺寸不大、厚度大于 0.3mm 的冲裁件。

③ 导柱式单工序落料模。图 2-14 是导柱式落料模。这种冲模的上、下模正确位置利用导柱 14 和导套 13 的导向来保证。凸、凹模在进行冲裁之前，导柱已经进入导套，从而保证了在冲裁过程中凸模 12 和凹模 16 之间间隙的均匀性。

上、下模座和导套、导柱装配组成的部件为模架。凹模 16 用内六角螺钉和销钉与下模座 18 紧固并定位。凸模 12 用凸模固定板 5、螺钉、销钉与上模座紧固并定位，凸模背面垫上垫板 8。压入式模柄 7 装入上模座并以止动销 9 防止其转动。

条料沿导料螺钉 2 送至挡料销 3 定位后进行落料。箍在凸模上的边料靠弹压卸料装置进行卸料，弹压卸料装置由卸料板 15、卸料螺钉 10 和弹簧 4 组成。在凸、凹模进行冲裁工作之前，由于弹簧力的作用，卸料板先压住条料，上模继续下压时进行冲裁分离，此时弹簧被压缩（如图左半边所示）。上模回程时，弹簧恢复推动卸料板把箍在凸模上的边料卸下。

导柱式冲裁模的导向比导板模的可靠，精度高，寿命长，使用安装方便，但轮廓尺寸较大，模具较重、制造工艺复杂、成本较高。它广泛用于生产批量大、精度要求高的冲裁件。

（2）冲孔模　冲孔模的结构与一般落料模相似，但冲孔模有其自己的特点，冲孔模的对象是已经落料或其他冲压加工后的半成品，所以冲孔模要解决半成品在模具上如何定位、如何使半成品放进模具以及冲好后取出既方便又安全；而冲小孔模具，必须考虑凸模的强度和刚度，以及快速更换凸模的结构；成形零件上侧壁孔冲压时，必须考虑凸模水平运动方向的转换机构等。

① 导柱式冲孔模。图 2-15 是导柱式冲孔模。冲件上的所有孔一次全部冲出，是多凸模的单工序冲裁模。

由于工序件是经过拉深的空心件，而且孔边与侧壁距离较近，因此采用工序件口部朝上，用定位圈 5 实行外形定位，以保证凹模有足够强度。但增加了凸模长度，设计时必须注意凸模的强度和稳定性问题。如果孔边与侧壁距离大，则可采用工序件口部朝下，利用凹模

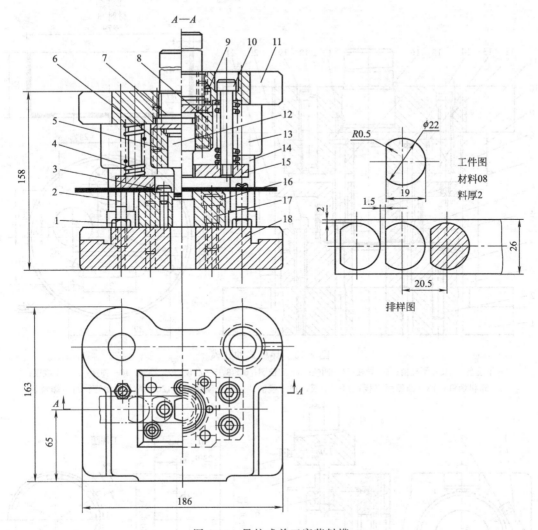

图 2-14 导柱式单工序落料模

1—螺母；2—导料螺钉；3—挡料销；4—弹簧；5—凸模固定板；6—销钉；7—模柄；8—垫板；9—止动销；10—卸料螺钉；11—上模座；12—凸模；13—导套；14—导柱；15—卸料板；16—凹模；17—内六角螺钉；18—下模座

实行内形定位。该模具采用弹性卸料装置，除卸料作用外，该装置还可保证冲孔零件的平整，提高零件的质量。

② 冲侧孔模。

a. 图 2-16 为导板式侧面冲孔模。采用的是悬臂式凹模结构，可用于圆筒形件的侧壁冲孔、冲槽等，毛坯套入凹模 6，由支架 8 控制轴向位置。此种结构可在侧壁上完成多个孔的冲制。在冲压多个孔时，结构上要考虑分度定位机构。

b. 图 2-17 为斜楔式水平冲孔模。它是靠固定在上模的斜楔 1 来推动滑块 4，使凸模 5 作水平方向移动，完成筒形件或 V 形件的侧壁冲孔、冲槽、切口等工序。

滑块的返回行程运动是靠橡皮或弹簧完成。斜楔的工作角度 α 以 40°～45°为宜，40°斜楔滑块机构的机械效率最高，45°时滑块的移动距离与斜楔的行程相等。需较大冲裁力的冲孔件，α 可采用 35°，以增大水平推力。此种结构凸模常对称布置，最适宜壁部有对称孔的冲裁。

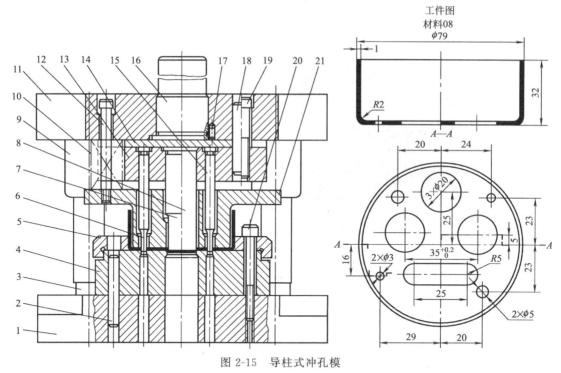

图 2-15 导柱式冲孔模

1—下模座；2,18—圆柱销；3—导柱；4—凹模；5—定位圈；6,7,8,15—凸模；9—导套；10—弹簧；11—上模座；12—卸料螺钉；13—凸模固定板；14—垫板；16—模柄；17—止动销；19,20—内六角螺钉；21—卸料板

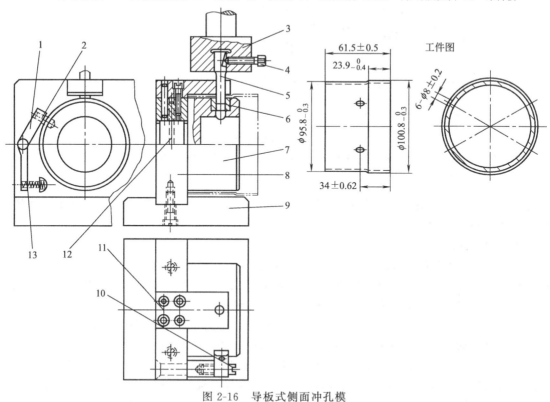

图 2-16 导板式侧面冲孔模

1—摇臂；2—定位销；3—上模座；4—螺钉；5—凸模；6—凹模；7—凹模体；8—支架；9—底座；10—螺钉；11—导板；12—销钉；13—压缩弹簧

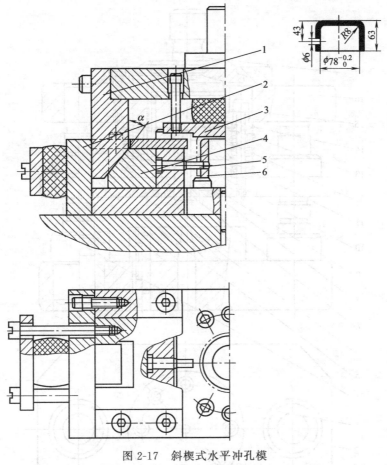

图 2-17 斜楔式水平冲孔模
1—斜楔；2—座板；3—压料板；4—滑块；5—凸模；6—凹模

③ 小孔冲模。

a. 图 2-18 是一副全长导向结构的小孔冲模，其与一般冲孔模的区别是：凸模在工作行程中除了进入被冲材料内的工作部分外，其余全部得到不间断的导向作用，因而大大提高凸模的稳定性和强度。

该模具的结构特点如下。

(a) 导向精度高。这副模具的导柱不但在上、下模座之间进行导向，而且对卸料板也导向。在冲压过程中，导柱装在上模座上，在工作行程中上模座、导柱、弹压卸料板一同运动，严格地保持与上、下模座平行装配的卸料板中的凸模护套精确地与凸模滑配，当凸模受侧向力时，卸料板通过凸模护套承受侧向力，保护凸模不致发生弯曲。为了提高导向精度，排除压力机导轨的干扰，这副模具采用了浮动模柄的结构。但必须保证在冲压过程中，导柱始终不脱离导套。

(b) 凸模全长导向。该模具采用凸模全长导向结构。冲裁时，凸模 7 由凸模护套 9 全长导向，伸出护套后，即冲出一个孔。

(c) 在所冲孔周围先对材料加压。从图中可见，凸模护套伸出于卸料板，冲压时，卸料板不接触材料。由于凸模护套与材料接触面积上的压力很大，使其产生了立体的压应力状态，改善了材料的塑性条件，有利于塑性变形过程。因而，在冲制的孔径小于材料厚度时，仍能获得断面光洁孔。

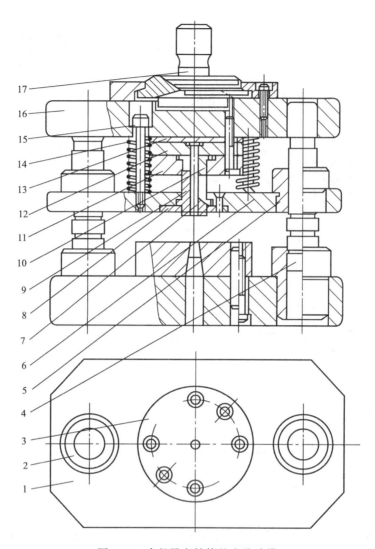

图 2-18 全长导向结构的小孔冲模
1—下模座；2,5—导套；3—凹模；4—导柱；6—弹压卸料板；7—凸模；8—托板；9—凸模护套；10—扇形块；
11—扇形块固定板；12—凸模固定板；13—垫板；14—弹簧；15—阶梯螺钉；16—上模座；17—模柄

b. 图 2-19 为超短凸模的小孔冲模。模具冲制的工件如图 2-19 右上角所示。工件板厚 4mm，最小孔径为 $0.5t$。模具结构采用缩短凸模长度的方法来防止其在冲裁过程中产生弯曲变形而折断。采用这种结构制造比较容易，凸模使用寿命也较长。这副模具采用冲击块 5 冲击凸模进行冲裁工作。小凸模由小压板 7 进行导向，而小压板由两个小导柱 6 进行导向。当上模下行时，大压板 8 与小压板 7 先后压紧工件，小凸模 2、3、4 的上端露出小压板 7 的上平面，上模压缩弹簧继续下行，冲击块 5 冲击小凸模 2、3、4 对工件进行冲孔。卸件工作由大压板 8 完成。厚料冲小孔模具的凹模洞口漏料必须通畅，防止废料堵塞，损坏凸模。冲裁件在凹模上由定位板 9 与 1 定位，并由后侧压块 10 使冲裁件紧贴定位面。

2. 级进模

级进模是一种工位多、效率高的冲模。整个冲件的成形是在连续过程中逐步完成的。连续成形是工序集中的工艺方法，可使切边、切口、切槽、冲孔、塑性成形、落料等多种工序在一副模具上完成。根据冲压件的实际需要，按一定顺序安排了多个冲压工序（在级进模中

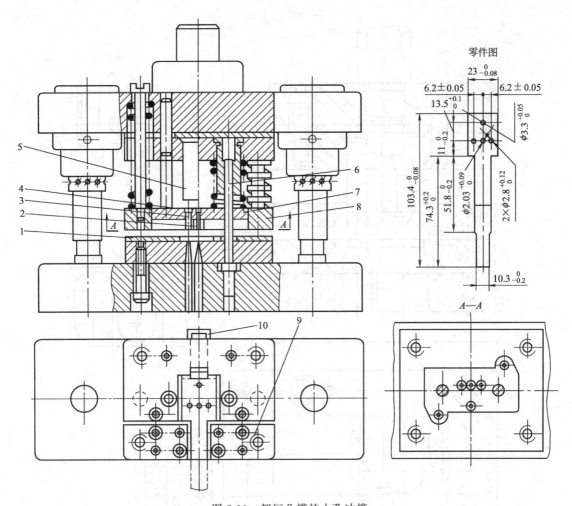

图 2-19 超短凸模的小孔冲模

1,9—定位板；2,3,4—小凸模；5—冲击块；6—小导柱；7—小压板；8—大压板；10—后侧压块

称为工位）进行连续冲压。它不但可以完成冲裁工序，还可以完成成形工序，甚至装配工序，许多需要多工序冲压的复杂冲压件可以在一副模具上完全成形，为高速自动冲压提供了有利条件。

由于级进模工位数较多，因而用级进模冲制零件，必须解决条料或带料的准确定位问题，才有可能保证冲压件的质量。根据级进模定位零件的特征，级进模有以下几种典型结构。

(1) 用导正销定位的级进模　图 2-20 为用导正销定距的冲孔落料连续模。上、下模用导板导向。冲孔凸模 3 与落料凸模 4 之间的距离就是送料步距 s。送料时由固定挡料销 6 进行初定位，由两个装在落料凸模上的导正销 5 进行精定位。导正销与落料凸模的配合为 H7/r6，其连接应保证在修磨凸模时的装拆方便，因此，落料凹模安装导正销的孔是个通孔。导正销头部的形状应有利于在导正时插入已冲的孔，它与孔的配合应略有间隙。为了保证首件的正确定距，在带导正销的级进模中，常采用始用挡料装置。它安装在导板下的导料板中间。在条料上冲制首件时，用手推始用挡料销 7，使它从导料板中伸出来抵住条料的前端即可冲第一件上的两个孔。以后各次冲裁时就都由固定挡料销 6 控制送料步距作粗定位。

这种定距方式多用于较厚板料，冲件上有孔，精度低于 IT12 级的冲件冲裁。它不适用

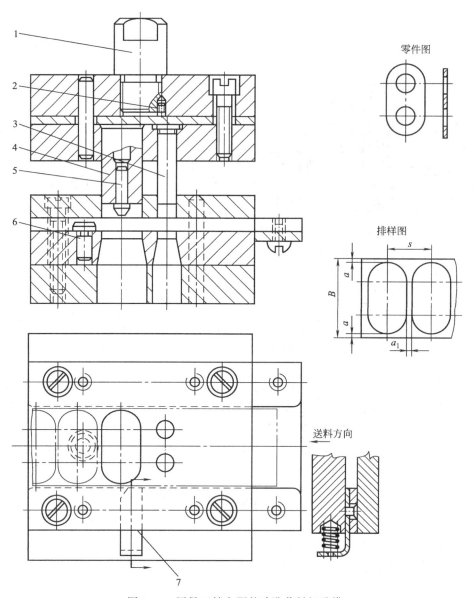

图 2-20 用导正销定距的冲孔落料级进模
1—模柄；2—螺钉；3—冲孔凸模；4—落料凸模；5—导正销；6—固定挡料销；7—始用挡料销

于软料或板厚 $t<0.3mm$ 的冲件，不适于孔径小于 1.5mm 或落料凸模较小的冲件。

（2）侧刃定距的级进模

① 图 2-21 是双侧刃定距的冲孔落料级进模。它以侧刃 16（侧刃一般安装在凸模固定板上，图 2-21 在上模上不方便指出，故在下模上指出；而侧刃挡块则安装在下模上）代替了始用挡料销、挡料销和导正销控制条料送进距离（进距或俗称步距）。侧刃是特殊功用的凸模，其作用是在压力机每次冲压行程中，沿条料边缘切下一块长度等于步距的料边。由于沿送料方向上，在侧刃前后，两导料板间距不同，前宽后窄形成一个凸肩，所以条料上只有切去料边的部分方能通过，通过的距离即等于步距。为了减少料尾损耗，尤其工位较多的级进模，可采用两个侧刃前后对角排列。由于该模具冲裁的板料较薄（0.3mm），所以选用弹压卸料方式。

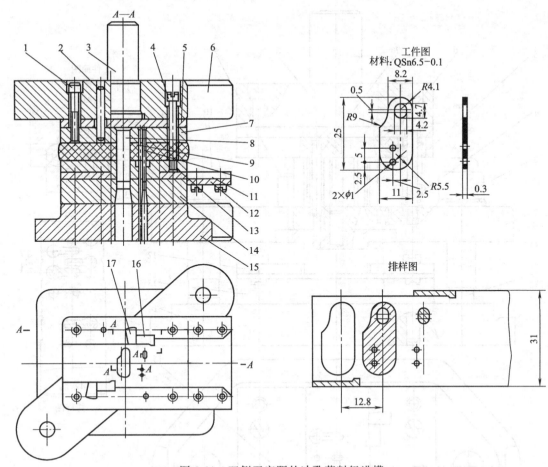

图 2-21 双侧刃定距的冲孔落料级进模
1—内六角螺钉；2—销钉；3—模柄；4—卸料螺钉；5—垫板；6—上模座；7—凸模固定板；8,9,10—凸模；11—导料板；12—承料板；13—卸料板；14—凹模；15—下模座；16—侧刃；17—侧刃挡块

② 图 2-22 为侧刃定距的弹压导板级进模。该模具除了具有上述侧刃定距级进模的特点外，还具有如下特点。

a. 凸模以装在弹压导板 2 中的导板镶块 4 导向，弹压导板以导柱 1、10 导向，导向准确，保证凸模与凹模的正确配合，并且加强了凸模纵向稳定性，避免小凸模产生纵弯曲。

b. 凸模与固定板为间隙配合，凸模装配调整和更换较方便。

c. 弹压导板用卸料螺钉与上模连接，加上凸模与固定板是间隙配合，因此能消除压力机导向误差对模具的影响，对延长模具寿命有利。

d. 冲裁排样采用直对排，一次冲裁获得两个零件，两件的落料工位离开一定距离，以增强凹模强度，也便于加工和装配。

这种模具用于冲压零件尺寸小而复杂、需要保护凸模的场合。在实际生产中，对于精度要求高的冲压件和多工位的级进冲裁，采用了既有侧刃（粗定位）又有导正销定位（精定位）的级进模。

总之，级进模比单工序模生产率高，减少了模具和设备的数量，工件精度较高，便于操作和实现生产自动化。对于特别复杂或孔边距较小的冲压件，用简单模或复合模冲制有困难时，可用级进模逐步冲出。但级进模轮廓尺寸较大，制造较复杂，成本较高，一般适用于大批量生产小型冲压件。

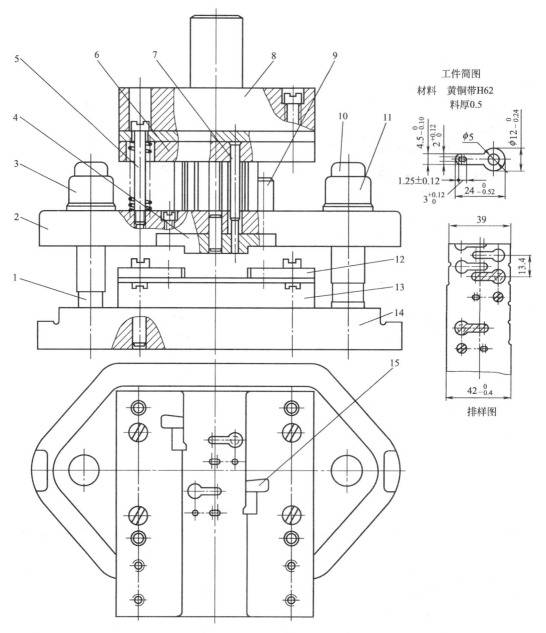

图 2-22 侧刃定距的弹压导板级进模

1,10—导柱;2—弹压导板;3,11—导套;4—导板镶块;5—卸料螺钉;6—凸模固定板;7—凸模;8—上模座;9—限位柱;12—导料板;13—凹模;14—下模座;15—侧刃挡块

(3) 排样 应用级进模冲压时,排样设计十分重要,它不但要考虑材料的利用率,还应考虑零件的精度要求、冲压成形规律、模具结构及模具强度等问题。下面讨论这些因素对排样的要求,更详细具体内容见本书第三章模具设计中相关内容。

① 零件的精度对排样的要求、零件精度要求高的,除了注意采用精确的定位方法外,还应尽量减少工位数,以减少工位积累误差;孔距公差较小的应尽量在同一工步中冲出。

② 模具结构对排样的要求。零件较大或零件虽小但工位较多,应尽量减少工位数,可采用连续-复合排样法,如图 2-23(a),以减少模具轮廓尺寸。

③ 模具强度对排样的要求。孔间距小的冲件,其孔要分步冲出,如图 2-23(b);工位

之间凹模壁厚小的，应增设空步，如图 2-23（c）；外形复杂的冲件应分步冲出，以简化凸、凹模形状，增强其强度，便于加工和装配，如图 2-23（d）；侧刃的位置应尽量避免导致凸、凹模局部工作而损坏刃口，如图 2-23（b）；侧刃与落料凹模刀口距离增大 0.2～0.4mm 就是为了避免落料凸、凹模切下条料端部的极小宽度。

④ 零件成形规律对排样的要求。需要弯曲、拉深、翻边等成形工序的零件，采用级进模冲压时，位于成形过程变形部位上的孔，一般应安排在成形工步之后冲出，落料或切断工步一般安排在最后工位上。

全部为冲裁工步的级进模，一般是先冲孔后落料或切断。先冲出的孔可作后续工位的定位孔，若该孔不适合于定位或定位精度要求较高时，则应冲出辅助定位工艺孔（导正销孔），如图 2-23（a）。落料级进冲裁时，如图 2-23（e），按由里向外的顺序进行冲裁。

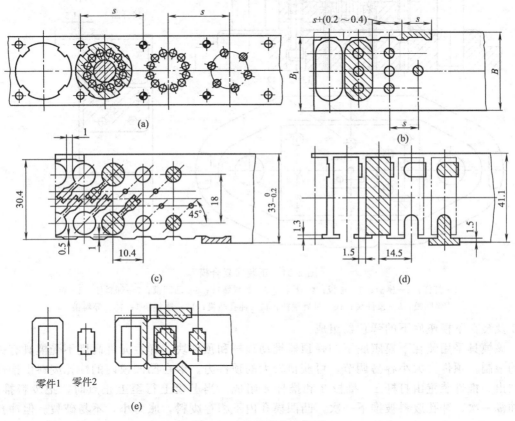

图 2-23 级进模的排样图

3. 复合模

复合模是一种多工序的冲模，是在压力机的一次工作行程中，在模具同一部位同时完成数道分离工序的模具。复合模的设计难点是如何在同一工作位置上合理地布置好几对凸、凹模。它在结构上的主要特征是有一个既是落料凸模又是冲孔凹模的凸凹模。按照复合模中特殊的工作零件凸凹模安装位置不同，分为正装式复合模和倒装式复合模两种。

(1) 正装式复合模（又称顺装式复合模） 图 2-24 为正装式落料冲孔复合模，凸凹模 6 在上模，落料凹模 8 和冲孔凸模 11 在下模。

正装式复合模工作时，板料以导料销 13 和挡料销 12 定位。上模下压，凸凹模外形和落料凹模 8 进行落料，落下料卡在凹模中，同时冲孔凸模与凸凹模内孔进行冲孔，冲孔废料卡在凸凹模孔内。卡在凹模中的冲件由顶件装置顶出凹模面。顶件装置由带肩顶杆 10 和顶件

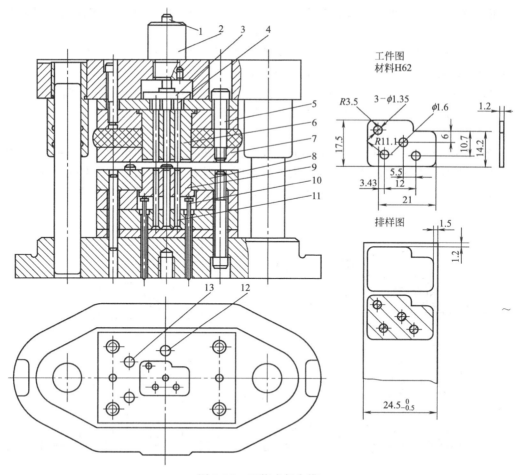

图 2-24　正装式复合模
1—打杆；2—模柄；3—推板；4—推杆；5—卸料螺钉；6—凸凹模；7—卸料板；8—落料凹模；9—顶件块；10—带肩顶杆；11—冲孔凸模；12—挡料销；13—导料销

块 9 及装在下模座底下的弹顶器组成。

该模具采用装在下模座底下的弹顶器推动顶杆和顶件块，弹性元件高度不受模具有关空间的限制，顶件力大小容易调节，可获得较大的顶件力。卡在凸凹模内的冲孔废料由推件装置推出。推件装置由打杆 1、推板 3 和推杆 4 组成。当上模上行至上止点时，把废料推出。每冲裁一次，冲孔废料被推下一次，凸凹模孔内不积存废料，胀力小，不易破裂。但冲孔废料落在下模工作面上，清除废料麻烦，尤其孔较多时。边料由弹压卸料装置卸下。由于采用固定挡料销和导料销，在卸料板上需钻出让位孔，或采用活动导料销或挡料销。

从上述工作过程可以看出，正装式复合模工作时，板料是在压紧的状态下分离，冲出的冲件平直度较高。但由于弹顶器和弹压卸料装置的作用，分离后的冲件容易被嵌入边料中影响操作，从而影响了生产率。

（2）倒装式复合模　图 2-25 为倒装式复合模。凸凹模 18 装在下模，落料凹模 17 和冲孔凸模 14、16 装在上模。

倒装式复合模通常采用刚性推件装置把卡在凹模中的冲件推下，刚性推件装置由打杆 12、推板 11、连接推杆 10 和推件块 9 组成。冲孔废料直接由冲孔凸模从凸凹模内孔推下，无顶件装置，结构简单，操作方便，但如果采用直刃壁凹模洞口，凸凹模内有积存废料，胀力较大，当凸凹模壁厚较小时，可能导致凸凹模破裂。

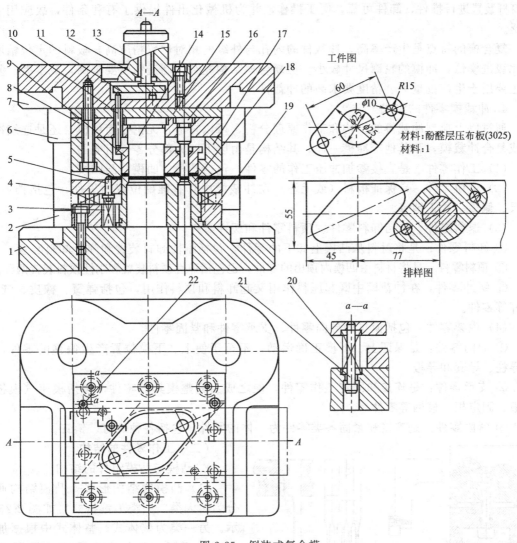

图 2-25 倒装式复合模
1—下模座；2—导柱；3,20—弹簧；4—卸料板；5—活动挡料销；6—导套；7—上模座；8—凸模固定板；9—推件块；10—连接推杆；11—推板；12—打杆；13—模柄；14,16—冲孔凸模；15—垫板；17—落料凹模；18—凸凹模；19—固定板；21—卸料螺钉；22—导料销

  板料的定位靠导料销 22 和弹簧弹顶的活动挡料销 5 来完成。非工作行程时，挡料销 5 由弹簧 3 顶起，可供定位；工作时，挡料销被压下，上端面与板料平。由于采用弹簧弹顶挡料装置，所以在凹模上不必钻相应的让位孔。但这种挡料装置的工作可靠性较差。

  采用刚性推件的倒装式复合模，板料不是处在被压紧的状态下冲裁，因而平直度不高。这种结构适用于冲裁较硬的或厚度大于 0.3mm 的板料。如果在上模内设置弹性元件，即采用弹性推件装置，这就可以用于冲制材质较软的或板料厚度小于 0.3mm，且平直度要求较高的冲裁件。

  正装式和倒装式复合模结构比较：

  正装式较适用于冲制材质较软的或板料较薄的、平直度要求较高的冲裁件，还可以冲制孔边距离较小的冲裁件；

  倒装式不宜冲制孔边距离较小的冲裁件，但倒装式复合模结构简单，又可以直接利用压力机的打杆装置进行推件，卸件可靠，便于操作，并为机械化出件提供了有利条件，故应用十分广泛。

复合模的特点是生产率高，冲裁件的内孔与外缘的相对位置精度高，板料的定位精度要求比级进模低，冲模的轮廓尺寸较小。但复合模结构复杂，制造精度要求高，成本高。复合模主要用于生产批量大、精度要求高的冲裁件。

4. 冲裁模零件的组成

通过以上典型冲裁模的结构和工作原理分析，可以知道，无论是简单模，还是连续冲裁模或复合冲裁模，和其他冷冲模一样，其结构是由以下四大部分零件组成的。

（1）工作零件　是直接参加冲压工作的零件，包括凸模、凹模、凸凹模。

（2）定位零件　是保证板料（或毛坯）在冲裁模中具有准确位置的零件，包括挡料销、导尺、侧刃、导正销等。

（3）退料零件　包括卸料零件、顶料零件和缓冲零件。

① 卸料零件：是将材料从凸模上卸下的零件，包括刚性卸料装置和弹性卸料装置。

② 顶料零件：是将材料由凹模内顶出的零件，也包括弹性顶料装置和刚性顶料装置两种。

③ 缓冲零件：在冲裁模中既起压料作用又起卸料和顶料作用，包括弹簧、橡皮、气垫、顶杆等零件。

（4）模架零件　包括模具的导向零件、支承零件和紧固零件。

① 导向零件：是保证上、下模正确运动，不至于使上、下模位置产生偏移的零件，包括导柱、导套和导板。

② 支承零件：是连接和固定工作零件，使之成为完整模具的零件，包括模座（模板）、垫板、固定板、模柄等零件。

③ 紧固零件：是连接和紧固各类零件为一体的零件，包括各种螺钉、销钉。

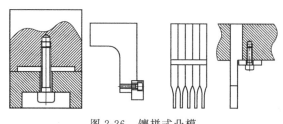

图 2-26　镶拼式凸模

（二）工作零件的结构

1. 凸模与凸模组件的结构

（1）凸模的结构形式　凸模结构通常分为两大类。一类为镶拼式，如图 2-26 所示。另一类为整体式。整体式中根据加工方法的不同，又分为直通式［见图 2-27（d）］和台阶式［见图 2-27（a）］。直通式凸模的工作部分和固定部分的形状与尺寸做成一样，这类凸模一般采用线切割方法进行加工。台阶式凸模一般采用机械加工，当形状复杂时，成形部分常采用成形磨削。

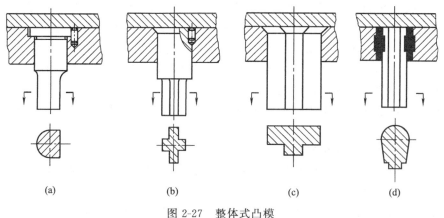

图 2-27　整体式凸模

(2) 凸模护套 为防止凸模的折断，常采用如图 2-28 所示的结构进行保护。

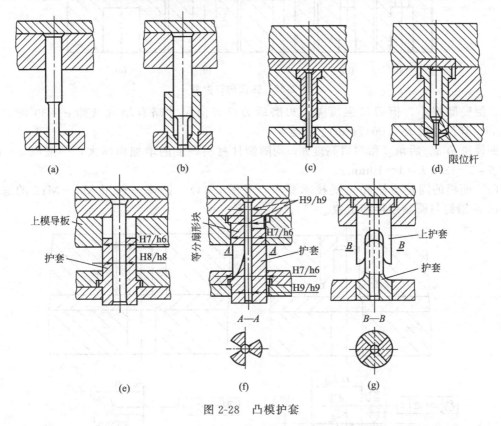

图 2-28 凸模护套

(3) 凸模的固定方式 平面尺寸比较大的凸模，可以直接用销钉和螺栓固定，如图 2-29 所示。中、小型凸模多采用台肩、吊装或铆接固定，如图 2-30 所示。对于有的小凸模还可以采用粘接固定。对于大型冲模中冲小孔的易损凸模，可以采用快换凸模的固定方法，以便于修理与更换，如图 2-31 所示。

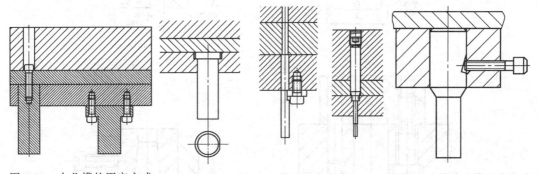

图 2-29 大凸模的固定方式　　图 2-30 中小凸模的固定方式　　图 2-31 快换凸模固定方式

2. 凹模的结构

(1) 凹模洞口类型 常用凹模洞口类型如图 2-32 所示，其中图 (a)、(b)、(c) 型为直筒式刃口凹模，其特点是制造方便，刃口强度高，刃磨后工作部分尺寸不变，广泛用于冲裁公差要求较小，形状复杂的精密制件，但因废料（或制件）的聚集而增大了推件力和凹模的胀裂力，给凸、凹模的强度都带来了不利的影响。一般复合模和上出件的冲裁模用图 (a)、(c) 型，下出件的用图 (b) 或图 (a) 型。图 (d)、(e) 型是锥筒式刃口，在凹模内不聚集

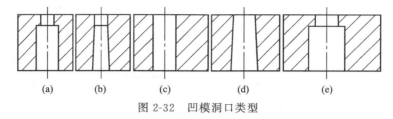

图 2-32 凹模洞口类型

材料,侧壁磨损小,但刃口强度差,刃磨后刃口径向尺寸略有增大(如 $\alpha=30'$ 时,刃磨 0.1mm,其尺寸增大 0.0017mm)。

凹模锥角 α、后角 β 和洞口高度 h,均随制件材料厚度的增加而增大,一般取 $\alpha=15'\sim 30'$,$\beta=2°\sim 3°$,$h=1\sim 10$mm。

(2) 凹模的固定方法和主要技术要求(见图 2-33) 凹模一般用 M8~M12 的螺钉和 $\phi 6\sim 10$ 的销钉与模座连接和定位。

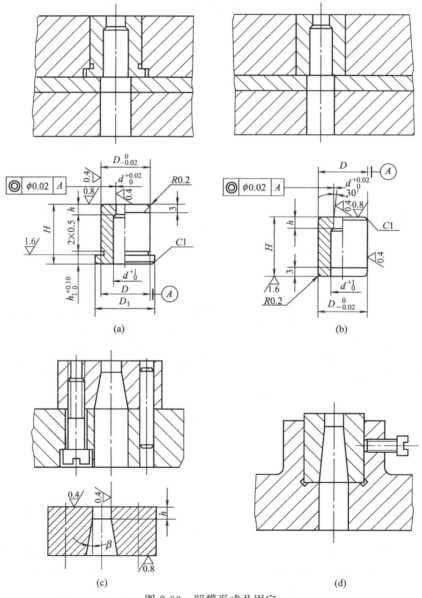

图 2-33 凹模形式及固定

凹模洞孔轴线应与凹模端面保持垂直，上下平面应保持平行。型孔的表面粗糙度要求 $R_a = 0.8 \sim 0.4 \mu m$。凹模材料选择与凸模一样，但热处理后的硬度应略高于凸模，因为凹模比凸模制造困难，在两刃口相撞时，使凸模先损坏。

3. 凸凹模的结构

凸凹模用于复合模中，它的内形为凹模孔口，外形为凸模，其刃口形式可参照凸模和凹模的刃口形式。但凸凹模壁厚不能小于一定的值。

（三）定位零件的结构

为保证冲裁出外形完整的合格零件，毛坯在模具中应该有正确的位置。正确位置是依靠定位零件来保证的。由于毛坯形式和模具结构的不同，所以定位零件的种类很多。定位包含控制送料进距的挡料和垂直方向的导料等。

1. 挡料销

挡料销可分为固定挡料销和活动挡料销，其作用是控制板料的送进距离。

（1）固定挡料销　又分为圆头挡料销和钩形挡料销两种（见图 2-34），一般装在凹模上。固定挡料销结构简单，制造容易，应用广泛。钩形挡料销是一种用于定位孔离凹模孔口

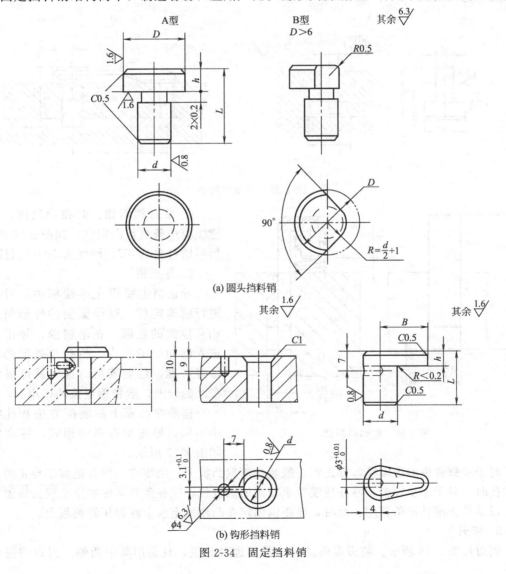

图 2-34　固定挡料销

太近，且不能降低凹模强度的情况。

（2）活动挡料销　有三种形式。

① 隐蔽式活动挡料销：用于凸模装在下模的场合，如图 2-35（a）、(b)、(c) 所示。

② 回带式活动挡料销：销头一边做成斜面，送料时，条料靠斜面，使销抬起，当搭边越过后，弹簧自动将挡料销恢复原位，操作者将条料向回带，使搭边抵住挡料销而定位，如图 2-35（d）所示。

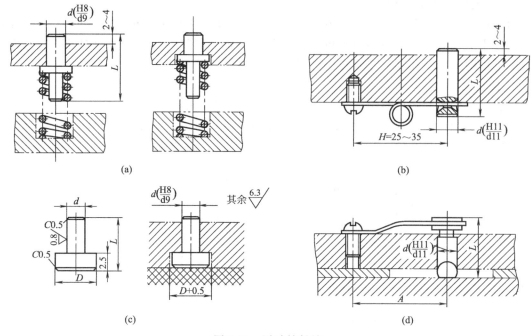

图 2-35　活动挡料销

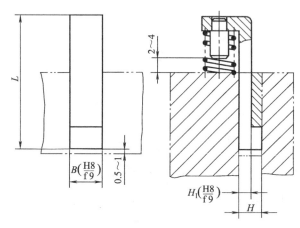

图 2-36　临时挡料销

③ 临时挡料销：装在导尺内，用于连续模中条料首次定位，如图 2-36 所示。挡料销材料为 T7，硬度为 50～55HRC。

2. 导正销

导正销主要用在连续模中，对条料进行精确定位，以保证制件外形与内孔相互位置的正确。在落料前，导正销先进入已冲好的孔内，使孔与外形的相对位置对准，然后落料。这样就可以消除步距的误差，起精确定位的作用。

按照在凸模上的装配方法和孔径大小不同，导正销有多种形式，标准结构如图 2-37 所示。

对于步数较少的连续模，导正销一般装在落料凸模上。当零件上没有适宜于导正销导正用的孔时，对于工步较多，零件精度要求较高的级进模，应在条料两侧的空位置处设置工艺孔，以供导正销导正条料用，此时，导正销固定在凸模固定板上或弹压卸料板上。

3. 侧刃

侧刃如图 2-38 所示。侧刃实质是一个裁切边料凸模，只是用其中两侧。刃口切去条料

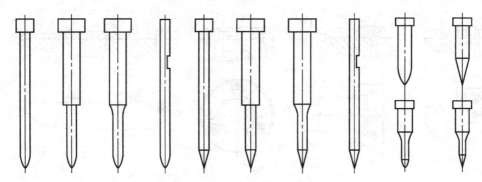

图 2-37 导正销的结构形式

边缘的部分材料,形成一台阶。条料切去部分边料后,宽度变窄才能够继续向前送入凹模,送进的距离为切去的长度(送料步距),当条料送到切料后形成的台阶时,侧刃挡块阻止了材料继续送进。只有通过模具下一次的工作,新的送料步长又形成,才能继续往前送料。

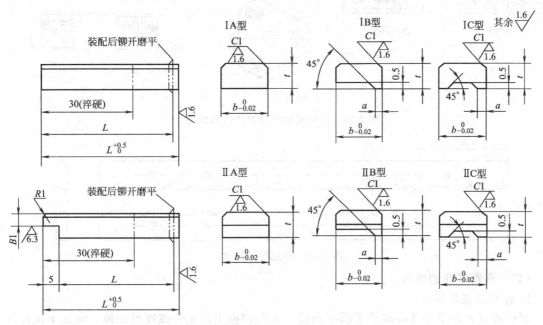

图 2-38 侧刃
Ⅰ—无导向部分的侧刃; Ⅱ—有导向部分的侧刃

在模具结构中,可根据制件的结构和材料的价值,采用单侧刃或双侧刃。单侧刃一般用于步数少、材料较硬或厚度较大的级进模中;双侧刃用于步数较多、材料较薄的级进模中。用双侧刃定距较单侧刃定距定位精度高,但材料利用率略有下降。

与侧刃相配的侧刃孔(又称侧刃凹模)按侧刃凸模实际尺寸加单面间隙配制。

4. 定位板和定位销

定位板和定位销(见图 2-39)是作为单个毛坯的定位装置,以保证前后工序相对位置精度或工件内孔与外轮廓的位置精度的要求。

5. 导尺与导料销

导尺,又叫导料板,是控制条料宽度方向在模具中位置的零件。条料靠一侧的导尺,沿着设计的送料方向导向送进。标准的导料板结构如图 2-40 所示。当采用导料销时,至少要选用两个。导料销的结构与挡料销相同。

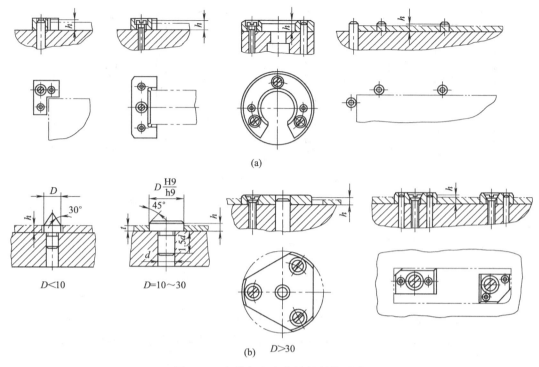

图 2-39 定位板和定位销的结构形式

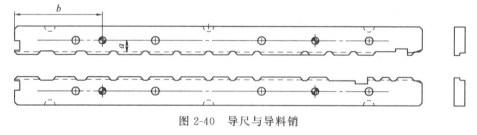

图 2-40 导尺与导料销

(四) 退料零件的结构

1. 卸料装置的结构

卸料装置的作用是将冲裁后卡箍在凸模上或凸凹模上的制件或废料卸掉，保证下次冲压正常进行。常用的卸料方式有以下几种。

(1) 刚性卸料 是采用固定卸料板结构。常用于较硬、较厚且精度要求不高的工件冲裁后卸料。当卸料板只起卸料作用时，与凸模的间隙随材料厚度的增加而增大，单边间隙取 $(0.2 \sim 0.5)t$。当固定卸料板还要起到凸模的导向作用时，卸料板与凸模的配合间隙应小于冲裁间隙。此时卸料板相当于导板，要求凸模在卸料时不能完全脱离卸料板。

常用固定卸料板如图 2-41 所示，图 (a) 是与导料板为一体的整体式卸料板；图 (b) 是与导料板分开的组合式卸料板，在冲裁模中应用最广泛；图 (c) 是用于窄长零件的冲孔或切口卸件的悬臂式卸料板；图 (d) 是在冲底孔时用来卸空心件或弯曲件的拱形卸料板。

(2) 弹性卸料 弹性卸料装置主要由弹压卸料板、橡皮或弹簧、卸料螺钉等组成，一般装在上模。有时卸料力很大时，模具采用倒装的形式，弹性卸料装置布置在下模。装模时将弹性元件置于压力机工作台孔中。

当凹模上有导尺或定位钉等定位零件时，为了保证弹压卸料板在冲压时能压紧毛坯，应在弹压卸料板上有对应的避位结构。

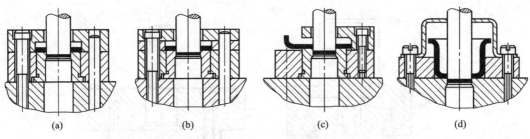

图 2-41 固定卸料板

弹压卸料板具有卸料和压料的双重作用，主要用在冲裁料厚在 1.5mm 以下的板料，由于有压料作用，冲裁件比较平整。弹压卸料板与弹性元件（弹簧或橡皮）、卸料螺钉组成弹压卸料装置，如图 2-42 所示。卸料板与凸模之间的单边间隙选 $(0.1\sim 0.2)t$，若弹压卸料板还要起到对凸模导向作用时，两者的配合间隙应小于冲裁间隙。弹性元件的选择，应满足卸料力和冲模结构的要求。

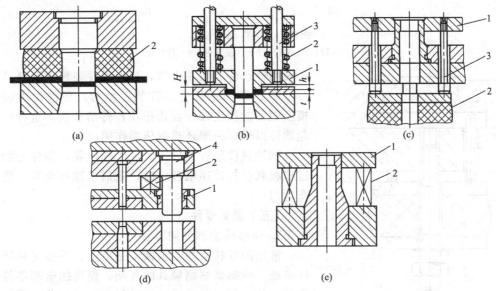

图 2-42 弹性卸料装置

1—卸料板；2—弹性元件；3—卸料螺钉；4—小导柱

2. 顶件装置的结构

顶件装置分刚性顶件装置（见图 2-43）和弹性顶件装置（见图 2-44、图 2-45）两种，

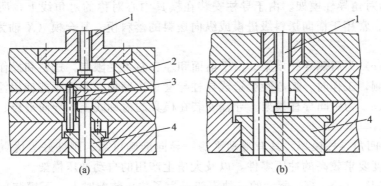

图 2-43 刚性顶件装置

1—打杆；2—推板；3—连接推杆；4—推件块

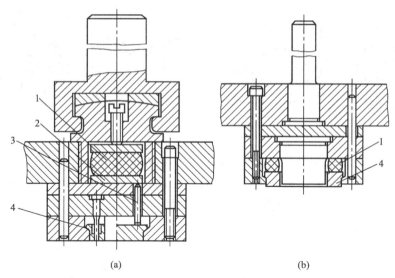

图 2-44 弹性顶件装置
1—橡胶；2—推板；3—连接推杆；4—推件块

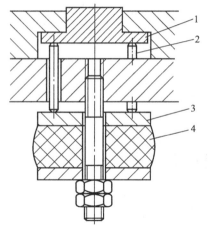

图 2-45 弹性顶件装置
1—顶件块；2—顶杆；3—托板；4—橡胶

一般刚性顶件装置在上模，弹性顶件装置在下模。

图 2-45 所示弹性顶件装置结构，顶件力由装在下模座底部的橡皮缓冲器通过顶杆传给顶板。这种结构除起顶件以外，一般还兼起压料作用。

刚性顶件装置顶件力大，工作可靠，顶件力如要通过顶板和顶杆传递给顶块时，则需求顶杆长短一致，分布均匀。

（五）模架零件

1. 标准模架和导向零件

常用的导柱、导套式模架是由上、下模座和导向零件组成。模架是整副模具的骨架，模具的全部零件都固定在它的上面，并承受冲压过程的全部载荷。模具上模座和下模座分别与冲压设备的滑块和工作台固定。上、下模间的精确位置，由导柱、导套的导向来实现。

（1）按导柱在模架上的固定位置不同 导柱模架的基本形式有四种，如图 2-46 所示。

图（a）为对角导柱模架。由于导柱安装在模具中心对称的对角线上，所以上模座在导柱上滑动平稳。常用于横向送料级进模或纵向送料的落料模、复合模（X 轴为横向，Y 轴为纵向）。

图（b）、（c）为后侧导柱模架。由于前面和左、右不受限制，送料和操作比较方便。因导柱安装在后侧，工作时，偏心距会造成导柱导套单边磨损，并且不能使用浮动模柄结构。

图（d）、（e）为中间导柱模架。导柱安装在模具的对称线上，导向平稳、准确。但只能一个方向送料。

图（f）为四角导柱模架，具有滑动平稳、导向准确可靠、刚性好等优点。常用于冲压尺寸较大或精度要求较高的冲压零件，以及大量生产用的自动冲压模架。

图（a）、（d）、（e）、（f）所示的三种模架，为了防止装配时上、下模装反方向，导柱大小不一致。

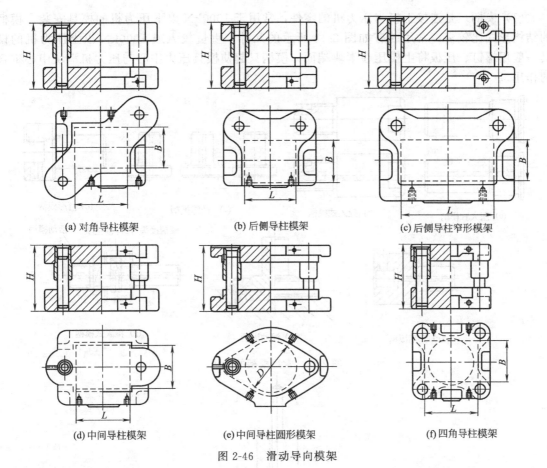

(a) 对角导柱模架   (b) 后侧导柱模架   (c) 后侧导柱窄形模架

(d) 中间导柱模架   (e) 中间导柱圆形模架   (f) 四角导柱模架

图 2-46 滑动导向模架

目前，模架已实现标准化，由专业厂家按国家标准的规定生产，其结构形式可查有关模具手册。

模架选用的规格，根据凹模周界尺寸从标准手册中选取。

(2) 按导柱导套导向方式的不同　模架又分为滑动导向模架和滚动导向模架。

如图 2-47 所示是一滑动导向的导柱导套的安装尺寸示意图。此时模具状态为闭合状态，H 为模具的闭合高度。导柱导套的配合精度，根据冲裁模的精度、模具寿命、间隙大小来选用。当冲裁的板料较薄，而模具精度、寿命都有较高要求时，选 H6/h5 配合的 I 级精度模架，板厚较大时可选用 II 级精度的模架（H7/h6 配合）。

对于冲薄料的无间隙冲模，高速精密级进模、精冲模、硬质合金冲模等要求导向精度高的模具，可选择滚动导向的导向结构。

导柱一般装在下模，与下模座采用过盈配合，导套一般装在上模，与上模座过盈配合。对于大型模具，采用非标准模架时，导柱、导套与模座用螺钉连接、销钉定位。

2. 支承零件

模具的支承零件有模柄、固定板、垫板等，这些零件都可以从标准中查得。

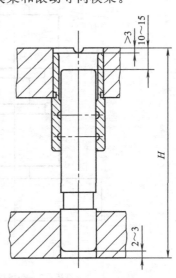

图 2-47 滑动式导柱导套

（1）模柄 是连接上模与压力机的零件，常用于1000kN以下压力机的模具安装。模柄的结构形式比较多，常用的有如图2-48所示的几种。重量较大或1000kN以上压力机的模具一般用螺钉、压板将上模压在滑块端面，模柄只起使模具压力中心与压力机滑块中心重合的作用。

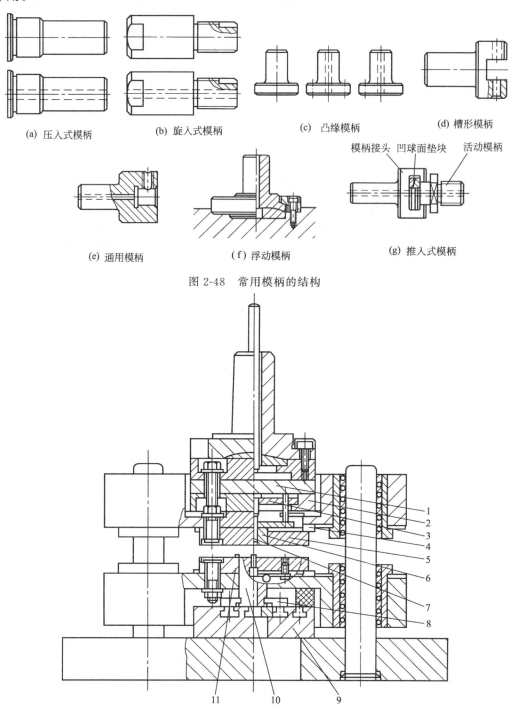

(a) 压入式模柄　(b) 旋入式模柄　(c) 凸缘模柄　(d) 槽形模柄

(e) 通用模柄　(f) 浮动模柄　(g) 推入式模柄

图 2-48　常用模柄的结构

图 2-49　冲孔落料复合模典型结构

1—垫板；2—凸模固定板；3—凸模卡板；4—键；5—导向卸料板；6—顶件器；
7—凸模；8—压板；9—凸凹模支承；10—凸凹模；11—凹模

模柄一般用 Q235 材料制造，无须淬火处理。

（2）凸模、凹模固定板　主要用于小型凸模、凹模或凸凹模等工作零件的固定。固定板的外形与凹模轮廓尺寸基本上一致，厚度取（0.6～0.8）$H_{凹}$。材料可选用 Q235 或 45 钢，无须淬火处理。

（3）垫板　作用是承受凸模或凹模的压力，防止过大的冲压力在上、下模座上压出凹坑，影响模具正常工作。垫板厚度根据压力大小选择，一般取 5～12mm，外形尺寸与固定板相同，材料为 45 钢或 T7 钢，热处理后硬度 43～48HRC。

3. 紧固零件

模具中的销钉和螺钉一般都采用标准件。主要起定位、连接、拉紧冲模零件的作用。螺钉最好选用六角螺钉，这种螺钉安装方便，紧固定靠，便于将螺钉头部埋入板内，一般用 M6～M12 螺钉。销钉常采用圆柱销。起定位作用时两块板之间圆柱销应不少于两个，一般用 6～10 的销钉。

（六）模具识读

图 2-49 是通用模架式冲孔落料复合模典型结构图。图 2-50 是组装这套模具的主要通用

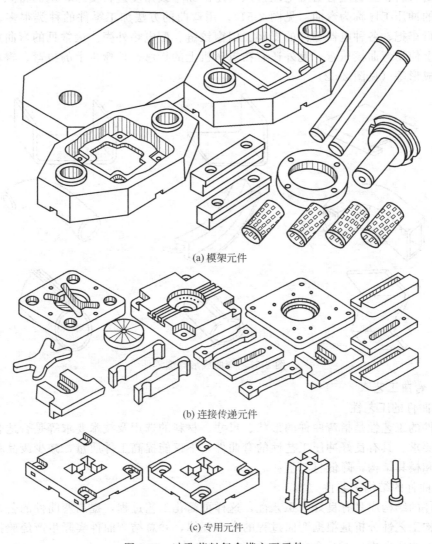

(a) 模架元件

(b) 连接传递元件

(c) 专用元件

图 2-50　冲孔落料复合模主要元件

元件和全部专用元件。图 2-50（a）是构成模架的元件，图 2-50（b）是支承和连接专用元件并传递动力的专用元件，图 2-50（c）是专用元件（凹模、导向卸料板、凸凹模、顶件器、凸模）。

由图 2-49 和图 2-50 可以看出，这种模具既非专用冲模，又非标准模架或一般的通用模架，它既有组合的特点（全部元件可以拆装），又具有专用冲模的使用优点。与分段冲压类型组合冲模和常规专用冲模比较，通用模架式组合冲模有以下主要特点：

① 不必分段冲压，不受工件形状、精度、料厚、批量限制；

② 改变了专用模具的结构和装配定位方式，使得各个元件可以反复拆装、互换，并提高了模具工作精度。

第二节 弯曲模具

一、基本知识

将金属板料、型材或管材等毛坯按照一定的曲率或角度进行变形，从而得到一定角度和形状零件的冲压工序称为弯曲（见图 2-51）。用弯曲的方法加工零件的种类很多。如汽车的纵梁、自行车把、各种电器零件的支架、门窗铰链、配电箱外壳。最常见的弯曲加工是在普通压力机上使用弯曲模压弯，此外还有在折弯机上的折弯、拉弯机上的拉弯、辊弯机上的辊弯、辊压成形等（见图 2-52）。

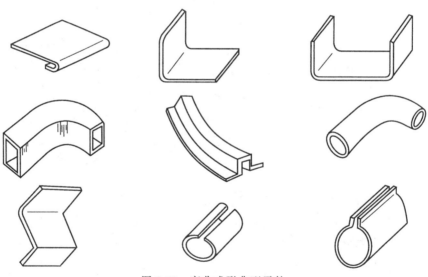

图 2-51 弯曲成形典型零件

（一）弯曲工艺

1. 弯曲件的工艺性

弯曲件的工艺性是指弯曲件的形状、尺寸、材料的选用及技术要求等是否适合于弯曲加工的工艺要求。具有良好冲压工艺性的弯曲件，不仅能提高工件质量，减少废品率，而且能简化工艺和模具结构，降低材料消耗。

2. 弯曲件的结构工艺性

弯曲件的结构应具有良好的工艺性，这样可简化工艺过程，提高弯曲件的公差等级。弯曲件的结构工艺性分析是根据弯曲过程的变形规律，并总结弯曲件实际生产经验提出的，通常在结构上主要考虑如下几个方面。

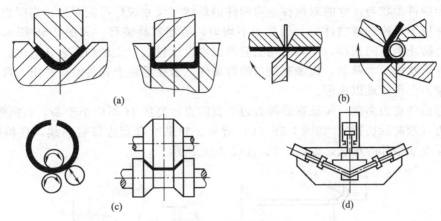

图 2-52 弯曲方法

(1) 最小的相对弯曲半径　最小相对弯曲半径是指：在保证坯料最外层纤维弯曲时不发生破坏的条件下，工件能够弯成的内表面的最小圆角半径。通常用最小圆角半径相对于坯料厚度的比值来表示最小相对弯曲半径，即 r_{min}/t。r_{min}/t 的值越小，板料弯曲的性能也越好。生产中用它来表示弯曲时的成形极限。

影响最小弯曲半径的因素有很多，例如：材料的机械性能，材料的热处理状态，弯曲角度的大小，坯料的表面质量与剪切断面质量，板料宽度以及坯料弯曲线方向。

坯料的塑性愈差，弯曲角度愈小；材料处于淬火状态，则材料的最小相对弯曲半径愈大；当材料表面有划伤、裂纹或断面有毛刺、裂纹和冷作硬化等缺陷，弯曲时易造成应力集中，使材料过早地破坏。在这些情况下应选用较大的弯曲半径，同时将有毛刺的表面朝向弯曲凸模；切掉断面硬化层；当使用冷轧板时，由于板材纵向的塑性指标大于横向，因此当弯曲线与轧制方向垂直时，如图 2-53 所示，可能得到较小的 r_{min}/t。

弯曲件的弯曲半径不宜过大和过小。过大因受回弹的影响，弯件的精度不易保证，过小时会产生弯裂，弯曲半径应大于材料的许可最小弯曲半径，否则应选用多次弯曲并增加中间退火工艺，或者是先在弯曲角内侧压槽后再进行弯曲，如图 2-54 所示。

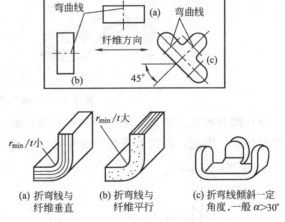

图 2-53 板料纤维与弯曲关系

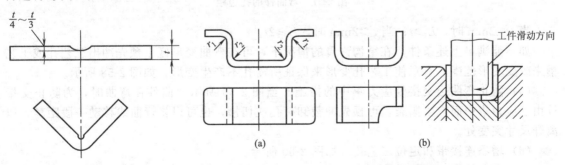

图 2-54 压槽后进行弯曲　　　图 2-55 弯曲件形状对弯曲过程的影响

(2) 弯曲件形状与尺寸的对称性　弯曲件的形状与尺寸应尽可能对称,高度也不应相差太大。当冲压不对称的弯曲件时,因受力不均匀,毛坯容易偏移,如图 2-55 所示,尺寸不易保证。为防止毛坯的偏移,模具结构上应考虑增设压料板,或增加工艺孔定位。

弯曲件形状应力求简单,边缘有缺口的弯曲件,若在毛坯上先将缺口冲出,弯曲时会出现叉口现象,严重时难以成形。

(3) 弯曲件直边高度　保证弯曲件直边平直的直边高度 H 不应小于 $2t$,否则需先压槽,或加高直边（弯曲后切掉）,如图 2-56 (b) 所示。如果所弯直边带有斜线,且斜线达到变形区,则应改变零件的形状,如图 2-56 (c)、(d) 所示。

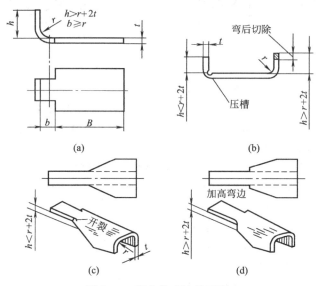

图 2-56　弯曲件直边的高度

(4) 弯曲件孔边距离　带孔的板料在弯曲时,如果孔位位于弯曲变形区内,则孔的形状会发生畸变。因此,孔边到弯曲半径中心的距离（见图 2-57）要满足以下关系:

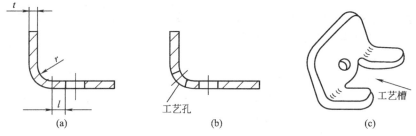

图 2-57　弯曲件的孔边距

当 $t<2$mm 时,$L \geq t$；当 $t \geq 2$mm 时,$L \geq 2t$。

如不能满足上述条件,在结构许可的情况下,可在弯曲变形区上预先冲出工艺孔或工艺槽来改变变形范围,有意使工艺孔变形来保证所需孔不产生变形,如图 2-58 所示。

(5) 防止弯曲边交接处应力集中的措施　当图 2-59 所示弯曲件在弯曲时,为防止交接处由于应力集中而产生撕裂,可预先冲裁卸荷孔或切槽,也可以将弯曲线移动一段距离,以离开尺寸突变处。

(6) 增添连接带和定位工艺孔　如图 2-60 所示。

(7) 弯曲件尺寸的标注应考虑工艺性　弯曲件尺寸标注不同,会影响冲压工序的安排。

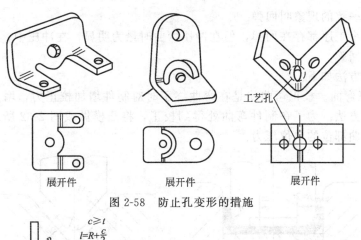

图 2-58 防止孔变形的措施

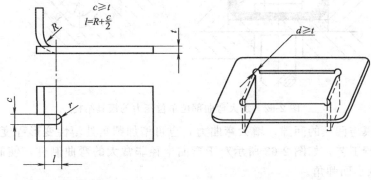

(a) 将弯曲线位移一段距离　　(b) 冲裁卸荷孔

图 2-59 防止弯曲边交接处应力集中的措施

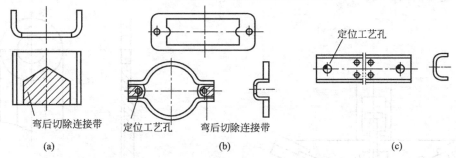

图 2-60 增添连接带和定位工艺孔的弯曲件

如图 2-61 (a) 所示的弯曲件尺寸标注,可以先落料冲孔,然后再弯曲成形。图 2-61 (b)、(c) 所示的标注法,冲孔只能安排在弯曲之后进行,增加了工序。

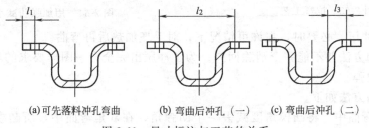

(a) 可先落料冲孔弯曲　　(b) 弯曲后冲孔(一)　　(c) 弯曲后冲孔(二)

图 2-61 尺寸标注与工艺的关系

3. 弯曲件常见的缺陷和解决办法

(1) 回弹与措施　由于弹性的作用,弯曲后制件的弯曲角度和弯曲半径发生变化,而与模具工作尺寸不一致的现象叫回弹。

在冲压的各个工序都存在回弹,但在冲压弯曲时最为明显,在冲压中,只能减少和修正回弹而不能消除回弹。

减少回弹的方法如下。

① 采用校正弯曲。校正弯曲就是在弯曲终了时对制件增加校正力,增加圆角处的塑性变形程度的弯曲方法。为了在制件弯曲处得到校正,将凸模做成图2-62所示形式,减小接触面积来加大弯曲部位的单位压力。

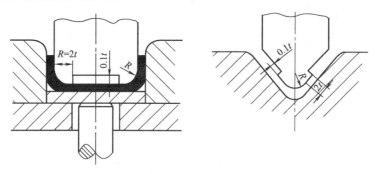

图 2-62　加大弯曲部位单位压力的模具结构

② 减小凸模与凹模的间隙,增大弯曲力,也可增加圆角处塑性变形程度。

③ 采用拉弯工艺,如图2-63所示对于弯曲半径非常大的弯曲制件,使制件在受拉过程中弯曲,可以减小回弹角。

④ 改进制件的结构设计,如图2-64所示在制件转角处压出加强肋,不仅可以提高制件的刚度,还可以减少回弹。

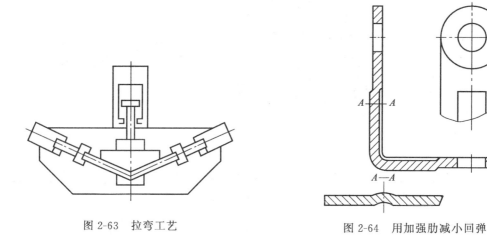

图 2-63　拉弯工艺　　　　图 2-64　用加强肋减小回弹

⑤ 采用热冲压,必要时,在许可情况下,对毛坯加热后再弯曲。

减小回弹的方法并不能完全消除回弹。为了冲压出完全合乎图样要求的弯曲工件,必须考虑如何修正回弹。

修正回弹的方法如下。

① 在单角弯曲中,将凸模角度减去一个回弹角,在双角弯曲中,所凸模壁制作出等于回弹角的倾斜角,使制件经回弹后恰好等于所需的角度,如图2-65(a)所示。

② 在双角弯曲中,还可以将凸模和顶板做成弧形曲面,借以造成制件底部的局部弯曲,当制件从弯曲模中取出后,由于曲面部分伸直,从而补偿了制件在侧壁的回弹,如图2-65

(b) 所示。

(2) 偏移与克服偏移的方法 在弯曲过程中，毛料沿凹模圆角滑移时，会受到摩擦阻力，由于毛料各边所受的摩擦力不等，在实际弯曲时使毛料各边向左或向右偏移，对于不对称的制件，这种现象尤其显著，从而造成制件边长不合要求，如图 2-66 所示。解决毛料弯曲过程中的偏移，常采用压料装置和在模具上装定位销的方法，使坯料无法移动，从而得到准确的制件尺寸，如图 2-67 所示。

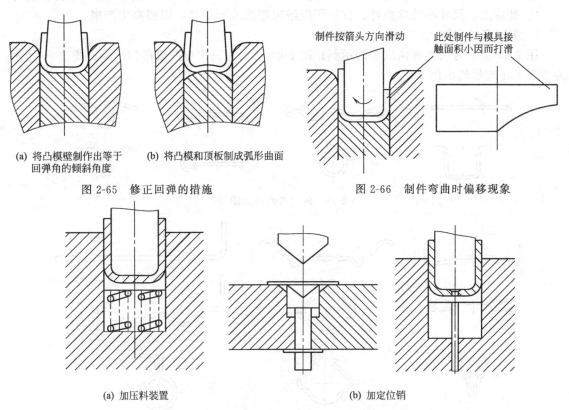

(a) 将凸模壁制作出等于回弹角的倾斜角度　(b) 将凸模和顶板制成弧形曲面

图 2-65　修正回弹的措施

图 2-66　制件弯曲时偏移现象

(a) 加压料装置　(b) 加定位销

图 2-67　防止制件偏移的措施

(3) 弯裂　在弯曲件外侧出现裂纹，产生的原因及对应的措施有以下几种。

① 材料塑性差。可改用塑性好的材料或将板料退火后再弯。

② 内弯半径太小。应适当增大凸模圆角半径，使其大于材料允许的最小弯曲半径。

③ 材料轧制方向与弯曲线平行。改变落料排样，使弯曲线垂直于板料的轧制方向。

④ 坯料上的毛刺朝向凹模。翻转坯料，使毛刺朝向凸模，或使毛刺改在制件内角一面，或者清除弯曲区外侧的毛刺。同样也应尽量避免弯曲处外侧有任何引起应力集中的几何形状，如清角、槽口等。

(4) 弯曲件表面擦伤

① 产生原因：金属的微粒附在工作部分的表面上；凹模的圆角半径过小；凸、凹模的间隙过小。

② 防止措施：适当增大凹模圆角半径；提高凸、凹模表面光洁度；采用合理凸、凹模间隙值；清除工作部分表面脏物。

(二) 弯曲工序安排

弯曲工序安排是在工艺分析和计算后进行的工艺设计。形状简单的弯曲件，如 V 形件、

U形件、Z形件等都可以一次弯曲成形。形状复杂的弯曲件，一般要多次弯曲才能成形。弯曲工序的安排对弯曲模的结构及弯曲件的精度影响很大。

1. 弯曲件工序安排的要点

① 对多角弯曲件，因变形会影响弯曲件的形状精度，故一般应先弯外角，后弯内角。前次弯曲要给后次弯曲留出可靠的定位，并保证后次弯曲不破坏前次弯曲的形状。

② 非对称弯曲件应尽可能采用成对弯曲。

③ 批量大、尺寸小的弯曲件，宜采用级进模弯曲成形工艺，以提高生产率。

2. 工序安排实例

图 2-68 所示为两次弯曲成形的示例；图 2-69 所示为三次弯曲成形的示例；图 2-70 所示为多道工序成形的示例。

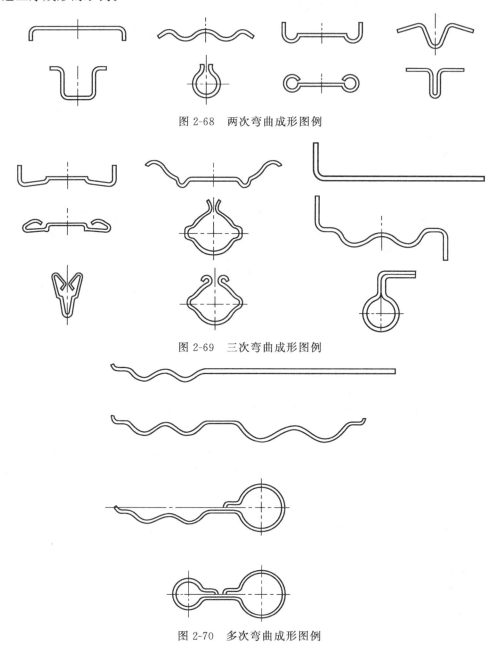

图 2-68　两次弯曲成形图例

图 2-69　三次弯曲成形图例

图 2-70　多次弯曲成形图例

二、模具结构

(一)弯曲模典型结构

常见的弯曲模结构类型有:单工序弯曲模、级进弯曲模、复合模和通用弯曲模。下面对一些比较典型的模具结构简单介绍如下。

1. V形件弯曲模

图2-71(a)为简单的V形件弯曲模,其特点是结构简单、通用性好。但弯曲时坯料容易偏移,影响工件精度。

图2-71(b)~图2-71(d)所示分别为带有定位尖、顶杆、V形顶板的模具结构,可以防止坯料滑动,提高工件精度。

图2-71(e)所示的V形弯曲模,由于有顶板及定料销,可以有效防止弯曲时坯料的偏移,得到边长差偏差为0.1mm的工件。反侧压块的作用平衡左边弯曲时产生的水平侧向力。

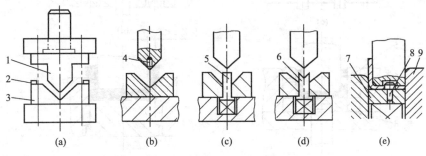

图2-71 V形弯曲模的一般结构形式
1—凸模;2—定位板;3—凹模;4—定位尖;5—顶杆;6—V形顶板;7—顶板;8—定料销;9—反侧压块

图2-72所示为V形精弯模,两块活动凹模4通过转轴5铰接,定位板3(或定位销)固定在活动凹模上。弯曲前顶杆7将转轴顶到最高位置,使两块活动凹模成一平面。在弯曲过程中坯料始终与活动凹模和定位板接触,以防止弯曲过程中坯料的偏移。这种结构特别适用于有精确孔位的小零件、坯料不易放平稳的带窄条的零件以及没有足够压料面的零件。

2. U形件弯曲模

根据弯曲件的要求,常用的U形件弯曲模如图2-73所示的几种结构形式。图2-73(a)所示为开底凹模,用于底部不要求平整的制件。图2-73(b)用于底部要求平整的弯曲件。图2-73(c)用于料厚公差较大而外侧尺寸要求较高的弯曲件,其凸模为活动结构,可随料厚自动调整凸模横向尺寸。图2-73(d)用于料厚公差较大而内侧尺寸要求较高的弯曲件,凹模两侧为活动结构,可随料厚自动调整凹模横向尺寸。

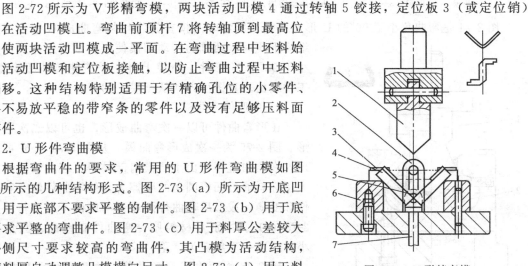

图2-72 V形精弯模
1—凸模;2—支架;3—定位板(或定位销);4—活动凹模;5—转轴;6—支承板;7—顶杆

图2-73(e)为U形精弯模,两侧的凹模活动镶块用转轴分别与顶板铰接。弯曲前顶杆将顶板顶出凹模面,同时顶板与凹模活动镶块成一平面,镶块上有定位销供工序件定位之用。弯曲时工序件与凹模活动一起运动,这样就保证了两侧孔的同轴。图2-73(f)为弯曲件两侧壁厚变薄的弯曲模。

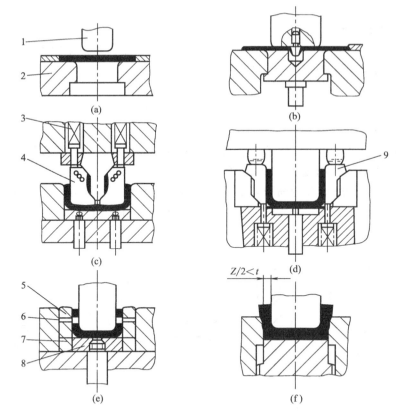

图 2-73 U形件弯曲模
1—凸模；2—凹模；3—弹簧；4—凸模活动镶块；5,9—凹模活动镶块；6—定位销；7—转轴；8—顶板

图 2-74 是弯曲角小于 90°的 U 形弯曲模。压弯时凸模首先将坯料弯曲成 U 形，当凸模继续下压时，两侧的转动凹模使坯料最后压弯成弯曲角小于 90°的 U 形件。凸模上升，弹簧使转动凹模复位，工件则由垂直图面方向从凸模上卸下。

3. Π 形件弯曲模

Π 形弯曲件可以一次弯曲成形，也可以二次弯曲成形。图 2-75 为一次成形弯曲模。从图 2-75（a）可以看出，在弯曲过程中由于凸模肩部妨碍了坯料的转动，加大了坯料通过凹模圆角的摩擦力，使弯曲件侧壁容易擦伤和变薄，成形后弯曲件两肩部与底面不易平行［见图 2-75（c）］。特别是材料厚、弯曲件直壁高、圆角半径小时，这一现象更为严重。

图 2-76 为两次成形弯曲模，由于采用两副模具弯曲，从而避免了上述现象，提高了弯曲件质量。但从图 2-76（b）可以看出，只有弯曲件高度 $H > (12 \sim 15)t$ 时，才能使凹模保持足够的强度。

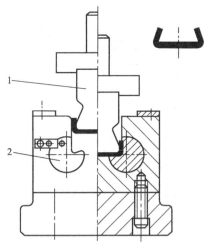

图 2-74 弯曲角小于 90°的 U 形弯曲模
1—凸模；2—转动凹模

图 2-77 所示为在一副模具中完成两次弯曲的 Π 形件复合弯曲模。凸凹模下行，先使坯料凹模压弯成 U 形，凸凹模继续下行与活动凸模作用，最后压弯成 Π 形。这种结构需要凹模下腔空间较大，以方便工件侧边的转动。

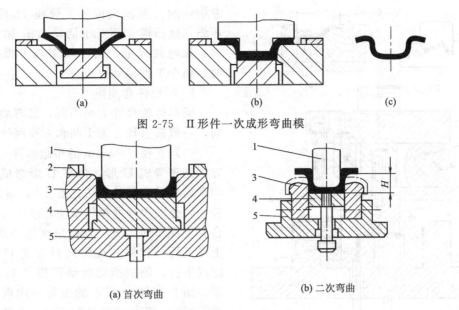

图 2-75 Π形件一次成形弯曲模

(a) 首次弯曲　　(b) 二次弯曲

图 2-76 Π形件两次成形弯曲模
1—凸模；2—定位板；3—凹模；4—顶板；5—下模形

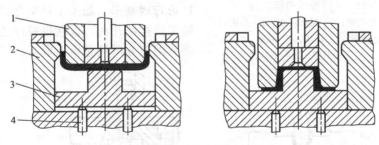

图 2-77 Π形件复合弯曲模
1—凸凹模；2—凹模；3—活动凸模；4—顶杆

图 2-78 所示为复合弯曲的另一种结构形式。凹模下行，利用活动凸模的弹性力先将坯料弯成 U 形。凹模继续下行，当推板与凹模底面接触时，便强迫凸模向下运动，在摆块作用下最后弯成 Π 形。缺点是模具结构复杂。

4. Z 形件弯曲模

Z 形件一次弯曲即可成形，图 2-79（a）结构简单，但由于没有压料装置，压弯时坯料容易滑动，只适用于要求不高的零件。

图 2-79（b）为有顶板和定位销的 Z 形件弯曲模，能有效防止坯料的偏移。反侧压块的作用是克服上、下模之间水平方向的错移力，同时也为顶板导向，防止其窜动。

图 2-79（c）所示的 Z 形件弯曲模，在冲压前活动凸模 10 在橡皮 8 的作用下与凸模 4 端面齐平。冲压时活动凸模与顶板 1 将坯料压紧，由于橡皮 8 产生的弹压力大于顶板 1 下方缓冲器所产生的弹顶力，推动顶板下移使坯料

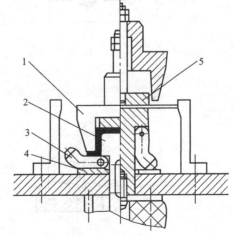

图 2-78 带摆块的 Π 形件弯曲模
1—凹模；2—活动凸模；3—摆块；4—垫板；5—推板

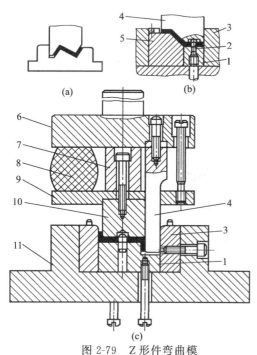

左端弯曲。当顶板接触下模座 11 后,橡皮 8 压缩,则凸模 4 相对于活动凸模 10 下移将坯料右端弯曲成形。当压块 7 与上模座 6 相碰时,整个工件得到校正。

5. 圆形件弯曲模

圆形件的尺寸大小不同,其弯曲方法也不同,一般按直径分为小圆和大圆两种。

(1) 直径 $d=5mm$ 的小圆形件 弯小圆的方法是先弯成 U 形,再将 U 形弯成圆形。用两套简单模弯圆的方法见图 2-80(a)。由于工件小,分两次弯曲操作不便,故可将两道工序合并。图 2-80(b) 为有侧楔的一次弯圆模,上模下行,芯棒 3 先将坯料弯成 U 形,上模继续下行,侧楔推动活动凹模将 U 形弯成圆形。图 2-80(c) 所示的也是一次弯圆模。上模下行时,压板将滑块往下压,滑块带动芯棒将坯料弯成 U 形。上模继续下行,凸模再将 U 形弯成圆形。如果工件精度要求高,可以旋转工件连冲几次,以获得较好的圆度。工件由垂直图面方向从芯棒上取下。

图 2-79 Z 形件弯曲模

1—顶板;2—定位销;3—反侧压块;4—凸模;5—凹模;6—上模座;7—压块;8—橡皮;9—凸模托板;10—活动凸模;11—下模座

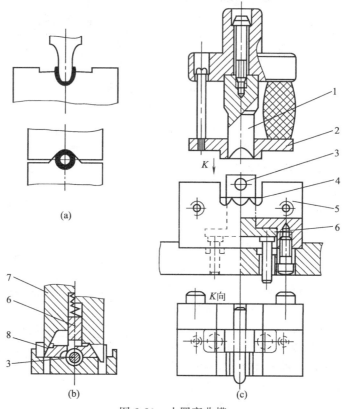

图 2-80 小圆弯曲模

1—凸模;2—压板;3—芯棒;4—坯料;5—凹模;6—滑块;7—楔模;8—活动凹模

(2) 直径 $d=20$mm 的大圆形件 图 2-81 是用三道工序弯曲大圆的方法，这种方法生产率低，适合于材料厚度较大的工件。

图 2-82 是用两道工序弯曲大圆的方法，先预弯成三个 120°的波浪形，然后再用第二套模具弯成圆形，工件顺凸模轴线方向取下。

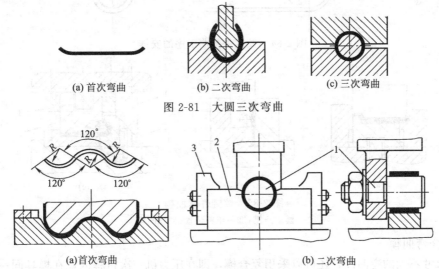

图 2-81 大圆三次弯曲

图 2-82 大圆两次弯曲模
1—凸模；2—凹模；3—定位板

图 2-83（a）是带摆动凹模的一次弯曲成形模，凸模下行先将坯料压成 U 形，凸模继续下行，摆动凹模将 U 形弯成圆形，工件顺凸模轴线方向推开支承取下。这种模具生产率较高，但由于回弹在工件接缝处留有缝隙和少量直边，工件精度差，模具结构也较复杂。图 2-83（b）是坯料绕芯棒卷制圆形件的方法。反侧压块的作用是为凸模导向，并平衡上、下模之间水平方向的错移力。模具结构简单，工件的圆度较好，但需要行程较大的压力机。

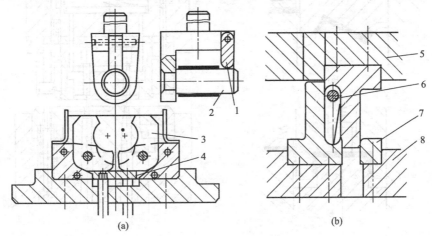

图 2-83 大圆一次弯曲成形模
1—支承；2—凸模；3—摆动凹模；4—顶板；5—上模座；6—芯棒；7—反侧压块；8—下模座

6. 铰链件弯曲模

图 2-84 所示为常见的铰链件形式和弯曲工序的安排。预弯模如图 2-85 所示。卷圆的原理通常是采用推圆法。图 2-85（b）是立式卷圆模，结构简单。图 2-85（c）是卧式卷圆模，有压料装置，工件质量较好，操作方便。

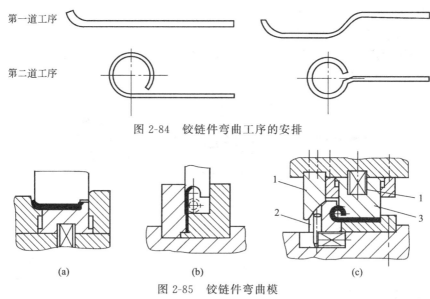

图 2-84 铰链件弯曲工序的安排

图 2-85 铰链件弯曲模
1—摆动凸模；2—压料装置；3—凹模

7. 复合弯曲模

对于尺寸不大的弯曲件，还可以采用复合模，即在压力机一次行程内，在模具同一位置上完成落料、弯曲、冲孔等几种不同工序。图 2-86（a）、图 2-86（b）是切断、弯曲复合模结构简图。图 2-86（c）是落料、弯曲、冲孔复合模，模具结构紧凑，工件精度高，但凸凹模修磨困难。

对于小批生产或试制生产的零件，因为生产量少、品种多且形状尺寸经常改变，所在在大多数情况下不能使用专用弯曲模。如果用手工加工，不仅会影响零件的加工精度，增加劳动强度，而且延长了产品的制造周期，增加了产品成本。解决这一问题的有效途径是采用通用弯曲模。

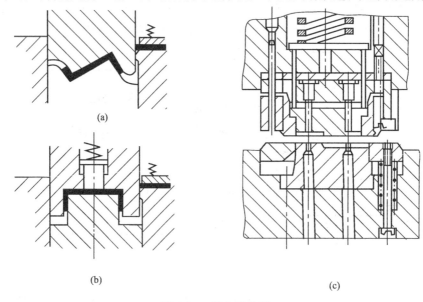

图 2-86 复合弯曲模

8. 通用弯曲模

采用通用弯曲模不仅可以制造一般的 V 形、U 形、Π 形零件，还可以制造精度要求不高的复杂形状的零件，图 2-87 是经多次 V 形弯曲制造复杂零件的例子。

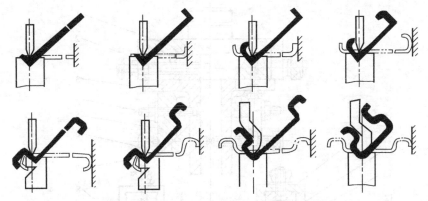

图 2-87　多次 V 形弯曲制造复杂零件举例

图 2-88 是折弯机上用的通用弯曲模。凹模四个面上分别制出适应于弯制零件的几种槽口〔见图 2-88（a）〕。凸模有直臂式和曲臂式两种，工作圆角半径作成几种尺寸，以便按工件需要更换〔见图 2-88（b）、图 2-88（c）〕。

图 2-89 为通用 V 形弯曲模。凹模由两块组成，它具有四个工作面，以供弯曲多种角度用。凸模按工件弯曲角和圆角半径大小更换。

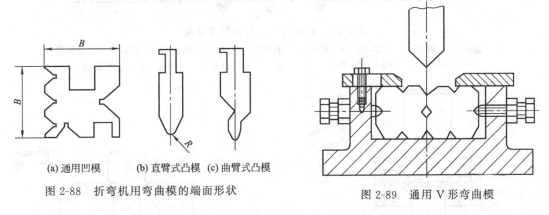

(a) 通用凹模　　(b) 直臂式凸模　(c) 曲臂式凸模

图 2-88　折弯机用弯曲模的端面形状

图 2-89　通用 V 形弯曲模

图 2-90 为通用 U 形、Π 形件弯曲模结构简图。一对活动凹模 14 装在框套 12 内，两凹模工作部分的宽度可根据不同的弯曲件宽度调节螺栓 8。一对顶件块 13 在弹簧 11 的作用下始终紧贴凹模，并通过垫板 10 和顶杆 9 起压料和顶件作用。一对主凸模 3 装在特制模柄 1 内，凸模的工作宽度可调节螺栓 2，压弯形件时，还需副凸模 7，副凸模的高低位置可通过螺栓 4、6 和斜顶块 5 调节。压弯 U 形件时则把副凸模调节至最高位置。

9. 其他形状弯曲件的弯曲模

对于其他形状弯曲件，由于品种繁多，其工序安排和模具设计只能根据弯曲件的形状、尺寸、精度要求、材料的性能以及生产批量等来考虑，不可能有一个统一不变的弯曲方法。图 2-91～图 2-93 是几种工件弯曲模的例子。

对于批量大、尺寸较小的弯曲件，为了提高生产率，操作安全，保证产品质量等，可以采用级进弯曲模进行多工位的冲裁、压弯、切断连续工艺成形。

（二）弯曲模结构中应注意的问题

① 模具结构应能保证坯料在弯曲时不发生偏移。

工件有孔时采用定料销定位，定料销装在顶板上时应注意防止顶板与凹模之间产生窜动；工件无孔时可采用定位尖、顶杆、顶板等措施防止坯料偏移。

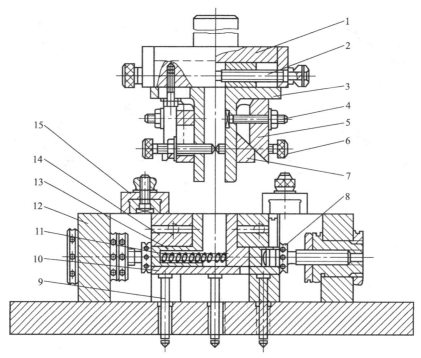

图 2-90 通用 U 形、Π 形件弯曲模

1—模柄；2—螺栓；3—主凸模；4—螺栓；5—斜顶块；6—特制螺栓；7—副凸模；8—调节螺栓；9—顶杆；10—垫板；11—弹簧；12—框套；13—顶件块；14—凹模；15—定位装置

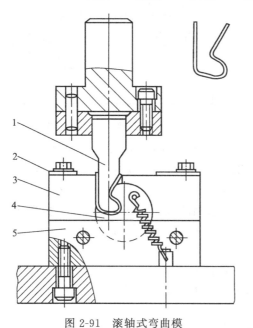

图 2-91 滚轴式弯曲模

1—凸模；2—定位板；3—凹模；4—滚轴；5—挡板

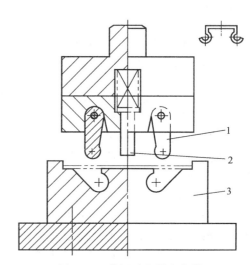

图 2-92 带摆动凸模弯曲模

1—摆动凸模；2—压料装置；3—凹模

② 模具结构不应妨碍坯料在合模过程中应有的转动和移动。

③ 模具结构应能保证弯曲时产生的水平方向错移力得到平衡。

(三) 模具识读

本案例所选模具为固定架弯曲模具，如图 2-94 所示模具装配图，是一套 U 形件斜楔弯曲模具，毛坯在凸模与活动凹模的共同作用下被压成 U 形。随着上模继续向下移动，装在上模的两斜楔推动活动凹模向中间移动，活动凹模的成形面将 U 形件两侧边向里压在凸模上，弯成小于 90°的 U 形件。活动凹模的回程是靠两侧弹簧的回弹力实现的。

1. 识读模具装配图
① 模具的组成与工作原理。
② 模具装配图样的表达与布局。
2. 识读模具零件图
① 弯曲凸模（见图 2-95）。
② 活动凹模（见图 2-96）。

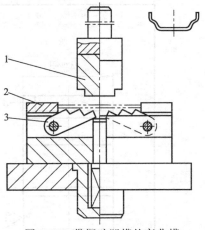

图 2-93　带摆动凹模的弯曲模
1—凸模；2—定位板；3—摆动凹模

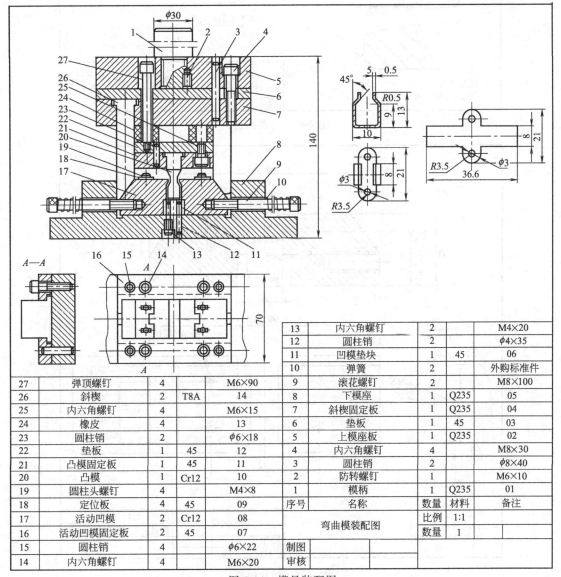

图 2-94　模具装配图

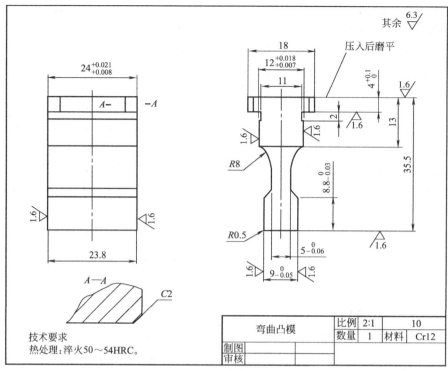

图 2-95 弯曲凸模

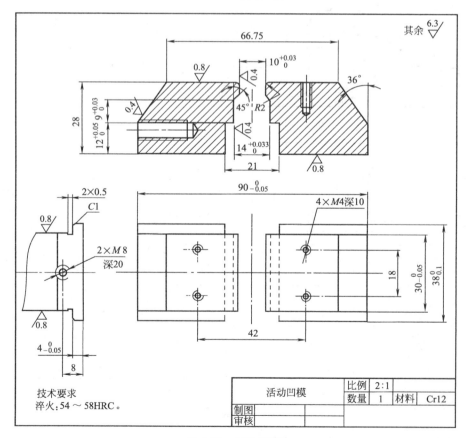

图 2-96 活动凹模

第三节 拉深模具

一、基本知识

拉深是利用拉深模将一定形状的平板或毛坯冲压而制成各种形状的开口空心零件的冲压工序。拉深又叫拉延、压延。用拉深工艺可以制成筒形、矩形、锥形、阶梯形、球面形和其他不规则形状的薄壁零件,如图 2-97 所示。用拉深工艺制造薄壁空心件,生产效率高,零件的精度、强度和刚度也高,并且材料消耗少,因此,在电子、电器、仪表、汽车、飞机、拖拉机、兵器以及日用品等工业生产中,拉深工艺占有相当重要的地位。

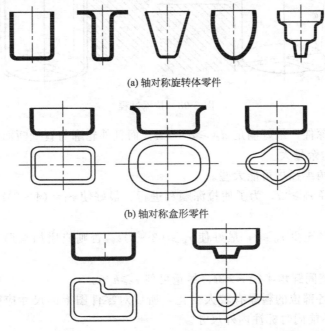

(a) 轴对称旋转体零件

(b) 轴对称盒形零件

(c) 不对称复杂零件

图 2-97 拉深件示意图

拉深工艺可以分为不变薄拉深和变薄拉深两种,后者在拉深后零件的壁部厚度与毛坯厚度相比较,明显地变薄,零件的特点是底部厚,壁部薄(如弹壳、高压锅)。

如图 2-98 所示,将直径为 D、厚度为 t 的圆形平板毛坯置于凹模上,在凸模的拉深作用,得到直径为 d、高度为 h 的开口圆筒形零件。

(一) 拉深工艺

1. 拉深件的工艺性分析

拉深零件的工艺性是指零件对拉深成形的难易程度。良好的工艺性应是坯料消耗少、工序数目少、模具结构简单、加工容易、产品质量稳定、废品少和操作简单方便等。一个符合拉深工艺的拉深零件,应满足以下要求:

① 拉深件高度尽可能小,以便通过 1~2 次拉深工序即可成形。圆筒形零件一次拉深可达到高度 $h<(0.5\sim0.76)d$;矩形盒,当其壁部转角半径 $r=(0.05\sim0.2)B$ 时,一次拉深高度 $h\leqslant(0.3\sim0.8)B$。

② 拉深件的形状尽可能简单,对称,避免尖底形,以保证变形均匀。对于半敞开的非对称拉深件可采用成双拉深后再剖切成两件。

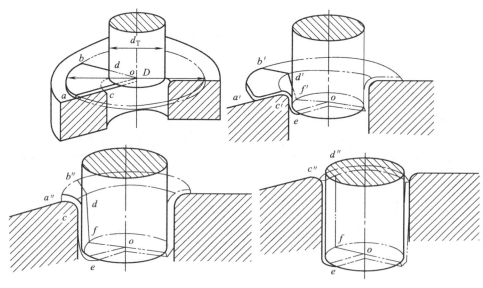

图 2-98 拉深过程

③ 有凸缘的拉深件,最好满足 $d_凸 \geq d+12t$,而且外轮廓与直壁断面最好形状相似。否则,拉深困难、切边余量大。

④ 拉深件的圆角半径尽可能大些。

a. 凸缘圆角半径 $r_d \geq 2t$,为了使拉深顺利进行,最好使 $r_d=(4\sim8)t$。当 $r_d<5$mm 时,应增加整形工序。

b. 底部圆角半径至少 $r_p \geq t$,最好使 $r_p \geq (3\sim5)t$。否则应增加整形工序,每整形一次 r_p 可减小 1/2。

c. 盒形拉深件壁间圆角半径 $r \geq 3t$,尽量可使 $r \geq h/5$。

⑤ 由于拉深件各部位的料厚有较大变化,所以对零件图上的尺寸应明确标注是外壁尺寸还是内壁尺寸,不能同时标注内外尺寸。

⑥ 由于拉深件有回弹,所以零件横截面的尺寸公差一般都在 IT13 级以下。如果零件公差要求高于 IT13 级时,应增加整形工序来提高尺寸精度。

⑦ 多次拉深的零件对外表面或凸缘的表面,允许有拉深过程中所产生的印痕和口部的回弹变形,但必须保证精度在公差之内。

⑧ 拉深件的材料应具有良好的成形性能。

2. 拉深工艺力的计算

拉深工艺力主要指压边力和拉深力。计算的目的是设计模具结构和选择压力机。压边力求出后,才能确定压边装置的类型及尺寸大小。另外,最大压边力和最大拉深力往往是在拉深中差不多同时产生,所以在选用压力机时,总的工艺力应包含其压边力在内。

由于计算公式较复杂,在计算时,请参照有关模具设计手册。

3. 拉深成形过程中的辅助工序

拉深工艺中辅助工序较多,大致可分为:拉深工序前的辅助工序,如毛坯的软化退火、清洗和润滑等;还有拉深工序间的辅助工序,如半成品的软化退火、清洗、修边和润滑等;另外是拉深后的辅助工序,如切边、消除应力退火、清洗、去毛刺和表面处理等。

现将主要的辅助工序简介如下。

(1) 润滑 润滑在拉深工艺中,主要是减小变形毛坯与模具相对运动时的摩擦阻力,同时也有一定的冷却作用。

润滑的目的是降低拉深力、提高拉深毛坯的变形程度,提高产品的表面质量和延长模具寿命等。拉深中,必须根据不同的要求选择润滑剂的配方和正确的润滑方法。如润滑剂(油),一般只能涂抹在凹模的工作面及压边圈表面。也可以涂抹在拉深毛坯与凹模接触的平面上,而在凸模表面或与凸模接触的毛坯表面切忌涂润滑剂(油)等。常用的润滑剂见有关冲压设计资料。

(2) 热处理　拉深工艺中的热处理是指毛坯材料的软化处理、拉深工序间半成品的退火及拉深后零件的消除应力的热处理三种。

毛坯材料的软化处理是为了降低硬度,提高塑性,提高拉深变形程度,使拉深系数 m 减小,提高板料的冲压成形性能。

拉深工序间半成品的热处理退火,是为了消除拉深变形的加工硬化,恢复材料的塑性,以保证后续拉深工序的顺利实现。

中间工序的热处理方法主要有两种:低温退火和高温退火。

拉深中间工序的热处理工序,一般是使用在高硬化金属(如不锈钢、高温合金、杜拉铝等),在拉深一、二次工序后,必须进行中间退火工序,否则后续拉深无法进行。

不进行中间退火工序能连续完成拉深次数的材料,可参见表2-6。

表 2-6　不需热处理能拉深的次数

材　料	次　数	材　料	次　数
08、10、15 钢	3～4	不锈钢	1～2
铝	4～5	镁合金	1
黄铜	2～4	钛合金	1

对某些金属材料(如不锈钢、高温合金及黄铜等)拉深成形后的零件,在规定时间内的热处理,目的是消除变形后的残余应力,防止零件在存放(或工作)中的变形和蚀裂等现象,以保证零件的表面质量和尺寸精度。

有关材料的热处理规范参见有关手册。

(3) 酸洗　酸洗是对平板毛坯、半成品及成品进行清洗的工序,目的在于清除拉深件的氧化皮、残留润滑剂及污物等。

一般在对零件酸洗前,应先用苏打水去油,酸洗后还需要进行仔细的表面洗涤,以便将残留于零件表面上的酸洗掉。其办法是,先在流动的冷水中清洗,然后放在60～80℃的弱碱液中中和,最后用热水洗涤再干燥。有关酸洗溶液配方见冲压设计资料。

4. 拉深件质量分析

生产实践中常出现的拉深零件质量不合格或使拉深过程失效及产生废品的原因,主要有以下几个方面:

① 拉深件的形状、尺寸设计不符合拉深冲压工艺的要求;
② 零件的材料选择不当或其质量不好;
③ 毛坯尺寸计算和工序计算错误;
④ 凸模、凹模工作部分几何参数设计不合理;
⑤ 模具制造有关粗糙度,凸、凹模间隙不符合工艺要求;
⑥ 拉深中的辅助工序未达到要求;
⑦ 生产使用中的操作问题等。

现将生产中普遍出现的拉深件质量问题、产生的原因及预防和解决办法列于表2-7供分析参考。

表 2-7 拉深零件质量分析

序号	质量	产生原因	防止措施
1	高度(或凸缘)尺寸小或尺寸大	(1)毛坯尺寸计算错误 (2)毛坯计算未知切边余量δ确定错误 (3)凸、凹模圆角半径太小	(1)重算毛坯尺寸 (2)重新确定切边余量δ再计算毛坯 (3)修磨圆角半径符合零件图
2	零件高度边缘差异太大	(1)凸、凹模轴线装配不同心 (2)凹模与定位零件不同心 (3)毛坯厚度或模具间隙不均匀 (4)凹模洞口形状不一致 (5)压边力不均匀或润滑剂不均匀	(1)重新装配保证同心度 (2)调整定位零件位置 (3)采用厚度公差小的材料,调整模具间隙 (4)修磨应一致 (5)调整压力力装置,涂匀润滑剂
3	圆筒形零件的起皱	(1)压力边太小或不均匀 (2)凸、凹模间隙太大 (3)凹模圆角半径太大 (4)按计算要求模具应采用压边圈而未用	(1)调整压边力 (2)调整间隙,更换凸模或凹模 (3)修磨减小圆角半径或采用弧形压边圈 (4)采用压边装置的模具
4	锥(球面)形零件的起皱	(1)凹模圆角半径太大 (2)压边力太小或润滑剂过多 (3)毛坯材料厚度小或外径尺寸小	(1)修磨减小圆角半径 (2)增大压边力或采用拉深筋,减少润滑剂 (3)采用厚材料或加大毛坯外径
5	零件面擦伤、裂纹或破裂	(1)材料质量低劣 (2)压力边力太大或不均匀 (3)凹模洞口不光滑 (4)凹模圆角半径太小 (5)凸、凹模间隙太小 (6)毛坯尺寸太小或形状不正确 (7)拉深工艺规程不合理 (8)凸模圆角半径太小 (9)压边圈工作面粗糙 (10)模具装配不同心,不平行 (11)拉深系数小	(1)更换材料 (2)调整压边装置 (3)修磨研光 (4)加大圆角半径 (5)修磨加大间隙 (6)修改毛坯尺寸及形状 (7)修改工艺规程 (8)适当增大圆角半径 (9)磨光压边圈表面 (10)重新调整装置 (11)增加或调节各工序
6	盒形角部破裂	(1)模具圆角半径太小 (2)模具角部间隙太小 (3)角部变形程度太大	(1)修磨加大圆角半径 (2)修磨凸模或凹模加大间隙 (3)增加拉深工序或是间退火工序

(二)直壁旋转体零件拉深工艺

1. 无凸缘圆筒形件的拉深

拉深系数是指每次拉深后圆筒形件的直径与拉深前毛坯(或半成品)的直径之比值。如图 2-99 所示,首次拉深

$$m_1 = d_1/D$$

以后各次拉深

$$m_2 = d_2/d_1$$
$$m_3 = d_3/d_2$$
$$\cdots$$
$$m_n = d_n/d_{n-1}$$

总的拉深系数

$$m_总 = d_n/D = m_1 m_2 m_3 \cdots m_n = d_制/D$$

式中 $m_1, m_2, m_3, \cdots, m_n$——各次拉深系数;

$m_总$——以毛坯 D 拉深至 d_n 的总变形程度;

$d_1, d_2, d_3, \cdots, d_n$——各次拉深件直径,mm;

D——毛坯直径,mm;
$d_{制}$——最终制件直径。

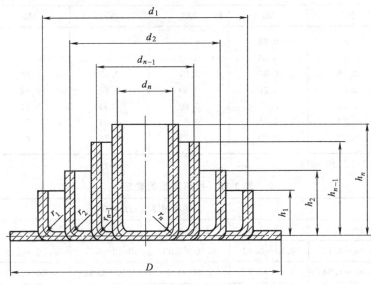

图 2-99 圆筒形件多次拉深工序图

拉深系数是重要的工艺参数,它表示拉深中坯料的变形程度,m 值愈小,拉深时坯料的变形程度愈大。在工艺计算中,只要知道每道工序的拉深系数值,就可以计算出各拉深工序的半成品尺寸,确定出该拉深件工序次数。从降低生产成本出发,希望拉深次数越少越好,即采用较小的拉深系数。但变形加大会使危险断面产生破裂。因此每次拉深的拉深系数应大于极限拉深系数,才能保证拉深工艺的顺利实现。极限拉深系数 m_{min} 与下列因素有关:

① 材料的内部组织和力学性能;
② 毛坯的相对厚度 t/D;
③ 拉深模的凸模圆角半径 r_p 和凹模圆角半径 r_d;
④ 凹模表面粗糙度及润滑条件;
⑤ 拉深方式;
⑥ 拉深速度。

实际生产中,并不是所有的拉深都采用极限拉深系数 m_{min}。因为采用极限值会引起危险断面区域过度变薄而降低零件的质量。所以当零件质量有较高的要求时,必须采用大于极限值的拉深系数。当前生产中采用的极限拉深系数见表 2-8 和表 2-9。

表 2-8 圆筒形件有压边圈的极限拉深系数

各次拉深系数	毛坯相对厚度 $t/D\times100$					
	≤2~1.5	<1.5~1.0	<1.0~0.6	<0.6~0.3	<0.3~0.15	<0.15~0.08
m_1	0.48~0.50	0.50~0.53	0.53~0.55	0.55~0.58	0.58~0.60	0.60~0.63
m_2	0.73~0.75	0.75~0.76	0.76~0.78	0.78~0.79	0.78~0.80	0.80~0.82
m_3	0.76~0.78	0.78~0.79	0.79~0.80	0.80~0.81	0.81~0.82	0.82~0.84
m_4	0.78~0.80	0.80~0.81	0.81~0.82	0.82~0.83	0.83~0.85	0.85~0.86
m_5	0.80~0.82	0.82~0.84	0.84~0.85	0.85~0.86	0.86~0.87	0.87~0.88

注:1. 表中拉深系数适用于 08、10 和 15Mn 等普通的拉深碳钢及软黄钢 H62。对拉深性能较差的材料,如 20、25、Q215、Q235、硬铝等应比表中数值大 1.5%~2.0%;对塑性更好的,如 05 等深拉深钢及软铝应比表中数值小 1.5%~2.0%。
2. 表中数值适用于未经中间退火的拉深,若采用中间退火工序时,可较表中数值小 2%~3%。
3. 表中较小值适用于大的凹模圆角半径 [r_d=(8~15)t],较大值适用小的凹模圆角半径 [r_d=(4~8)t]。当 $m_{总}$ > m_{min} 时,则该零件可一次拉深成形,否则必须多次拉深。其拉深次数的确定参看表 2-10。

表 2-9　圆筒形件不用压边圈的极限拉深系数

毛坯相对厚度 $\frac{t}{d}\times 100$	各次拉深系数					
	M1	M2	M3	M4	M5	M6
0.8	08	0.88				
1.0	0.75	0.85	0.90			
1.5	0.65	0.80	0.84	0.87	0.90	
2.0	0.60	0.75	0.80	0.84	0.87	0.90
2.5	0.55	0.75	0.80	0.84	0.87	0.90
3.0	0.53	0.75	0.80	0.84	0.87	0.90
>3	0.80	0.70	0.75	0.78	0.82	0.85

注：此表使用要求与表 2-8 相同。

表 2-10　拉深次数的确定

拉深次数	毛坯相对厚度 $t/D\times 100$					
	2～1.5	1.5～1.0	1.0～1.6	0.6～0.3	0.3～0.15	0.15～0.06
1	0.94～0.77	0.84～0.65	0.70～0.57	0.62～0.5	0.52～0.45	0.46～0.38
2	1.88～1.54	1.60～1.32	1.36～1.1	1.13～0.94	0.96～0.83	0.9～0.7
3	3.5～2.7	2.8～2.2	2.3～1.8	1.9～1.5	1.6～1.3	1.3～1.1
4	5.6～4.3	4.3～3.5	3.6～2.9	2.0～2.4	2.4～2.0	2.0～1.5
5	8.9～6.6	6.6～5.1	5.2～4.1	4.1～3.3	3.3～2.75	2.7～2.0

注：本表适用于 08、10 等软钢。

2. 有凸缘圆筒形件的拉深

（1）有凸缘圆筒形件一次拉深成形极限　有凸缘圆筒形件的拉深过程和无凸缘圆筒形件的拉深过程相比，其区别仅在于前者将毛坯拉深至某一时刻，达到了零件所要求的凸缘直径 d 时拉深结束；而不是将凸缘变形区的材料全部拉入凹模内，如图 2-100 所示。

如何判断有凸缘筒形件能否一次拉深成形，其方法与无凸缘的筒形件的拉深成形的工艺计算方法大同小异，可参照有关设计手册进行。

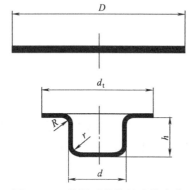

图 2-100　拉深时凸缘尺寸的变化

（2）窄凸缘圆筒形零件拉深　对于 $d_\phi/d\leqslant 1.4$ 的凸缘件称为窄凸缘件。当相对高度 $H/d>1$ 时，首次拉深成无凸缘的筒形件，而后续拉深成锥形凸缘件过渡，最后采取整形工序校平，如图 2-101 所示。当其相对高度 $H/d\leqslant 1$ 的拉深件，一般第一次拉深成口部带锥形凸缘圆筒形，逐渐过渡，最后再整形校正。

（3）凸缘圆筒形零件的多次拉深　当拉深件的相对凸缘直径 $d_\phi/d>1.4$ 时，称为宽凸缘件，宽凸缘件的拉深要特别注意的是：首次拉深形成凸缘直径 d_ϕ 之后，在以后的各次拉深中必须保证 d_ϕ 值不再变化，因为凸缘尺寸的微小减小都会引起很大的变形抗力，而使拉深件危险断面破裂。

工程上对宽凸缘件多次拉深工艺通常有以下情况：

① 对于 $d_\phi<200mm$ 的中小型零件，通常采用减小圆筒形壁部直径来增加制件高度并达到零件要求，而圆角半径 r 在各次拉深中变化很小，如图 2-102（a）所示；

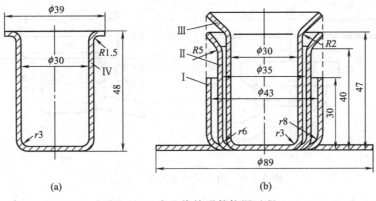

(a)　　　　　　　　　(b)

图 2-101　窄凸缘筒形件拉深过程

② 对于 $d_\phi>200\mathrm{mm}$ 的大中型零件,尤其厚材料的拉深,常采用改变内、外圆角半径来缩小筒形部分直径以达到零件要求,而零件的高度基本上一开始就已形成,如图 2-102（b）所示。

3. 阶梯形零件的拉深

旋转体阶梯形零件拉深,相当于圆筒形件多次拉深的过渡状态,毛坯的变形特点和应力状态与圆筒形件相同。所以在工艺计算中可使用圆筒形件的有关参数。

（1）拉深次数　阶梯形件的冲压工艺过程、冲压工序次数、工序的先后顺序的安排,应根据零件的形状和尺寸区别对待。首先应判断零件是否一次拉深成形。如图 2-103 所示阶梯形零件,当材料相对厚度 $t/D\times100>1$,且阶梯之间的直径之差和零件的高度较小时,可一次拉深成形。

即

$$\frac{h_1+h_2+h_3+\cdots h_n}{d_n}\leqslant \frac{h}{d}$$

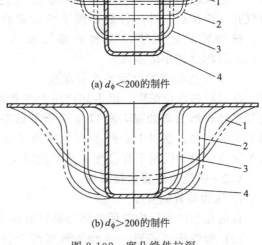

(a) $d_\phi<200$ 的制件

(b) $d_\phi>200$ 的制件

图 2-102　宽凸缘件拉深

式中 h/d 为有凸缘圆筒形件第一次拉深的最大相对高度（可从有关手册中查得）。上式成立则可以一次拉深成形,否则需采取多次拉深。

（2）多次拉深工序的顺序安排　当相邻阶梯的直径比 d_2/d_1,d_3/d_2,…,d_n/d_{n-1} 均大于圆筒形件的极限拉深系数即表 2-8 中的值时,其工序由大阶梯到小阶梯的顺序安排,每次拉深出一个阶梯,阶梯的数目就是拉深次数,如图 2-104 所示。

二、模具结构

拉深模结构相对较简单。根据拉深模使用的压力机类型不同,拉深模可分为单动压力机用拉深模和双动压力机用拉深模;根据拉深顺序可分为首次拉深模和以后各次拉深模;根据工序组合可分为单工序拉深模、复合工序拉深模和连续工序拉深模;根据压料情况可分为有压边装置拉深模和无压边装置拉深模。

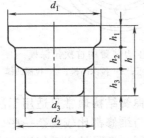

图 2-103　阶梯形零件

（一）无压边装置拉深模

1. 无压边装置的首次拉深模

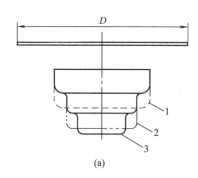
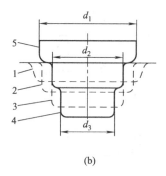

图 2-104　由大阶梯到小阶梯的拉深

这种模具结构简单，上模往往是整体的，如图 2-105 所示。当凸模 3 直径过小时，则还应加上模座，以增加上模部分与压力机滑块的接触面积，下模部分有定位板 1、下模板 2 与凹模 4。为使工件在拉深后不致紧贴在凸模上难以取下，在拉深凸模 3 上应有直径 ϕ3mm 以上的小通气孔。拉深后，冲压件靠凹模下部的脱料颈刮下。这种模具适用于拉深材料厚度较大（$t >$ 2mm）及深度较小的零件。

2. 无压边装置的以后各次拉深模

在以后各次拉深中，因毛坯已不是平板形状，而是已经成形的半成品，所以应充分考虑毛坯在模具上的定位。图 2-106 所示为无压边装置的以后各次拉深模，仅用于直径变化量不大的拉深。

（二）带压边装置的拉深模

1. 压边装置的类型

目前在生产实际中常用的压边装置有两大类。

（1）弹性压边装置　这种装置多用于普通的单动压力机上。通常有如下三种：

① 橡皮压边装置 [见图 2-107（a）]；

② 弹簧压边装置 [见图 2-107（b）]；

③ 气垫式压边装置 [见图 2-107（c）]。

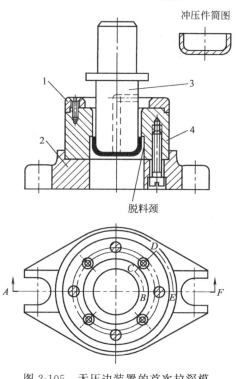

图 2-105　无压边装置的首次拉深模
1—定位板；2—下模板；3—拉深凸模；4—拉深凹模

随着拉深深度的增加，凸缘变形区的材料不断减少，需要的压边力也逐渐减少。而橡皮与弹簧压边装置所产生的压边力恰与此相反，随拉深深度增加而始终增加，尤以橡皮压边装置更为严重。这种工作情况使拉深力增加，从而导致零件拉裂，因此橡皮及弹簧结构通常只适用于浅拉深。气垫式压边装置的压边效果比较好，但其结构、制造、使用与维修都比较复杂一些。

在普通单动的中、小型压力机上，由于橡皮、弹簧使用十分方便，还是被广泛使用。这就要正确选择弹簧规格及橡皮的牌号与尺寸，尽量减少其不利方面。如弹簧，则应选用总压缩量大、压边力随压缩量缓慢增加的弹簧；而橡皮则应选用较软橡皮。为使其相对压缩量不致过大，应选取橡皮的总厚度不小于拉深行程的五倍。

对于拉深板料较薄或带有宽凸缘的零件，为了防止压边圈将毛坯压得过紧，可以采用带限位装置的压边圈，如图 2-108 所示，拉深过程中压边圈和凹模之间始终保持一定的距离 s。

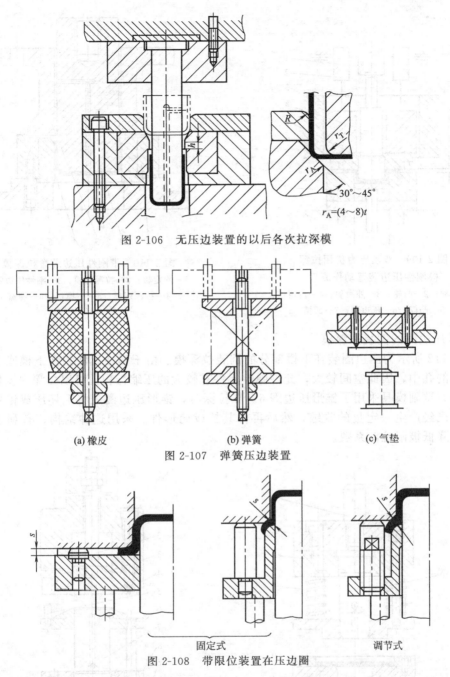

图 2-106 无压边装置的以后各次拉深模

图 2-107 弹簧压边装置
(a) 橡皮　(b) 弹簧　(c) 气垫

图 2-108 带限位装置在压边圈
固定式　调节式

(2) 刚性压边装置　这种装置用于双动压力机上,其动作原理如图 2-109 所示。曲轴 1 旋转时,首先通过凸轮 2 带动外滑块 3 使压边圈 6 将毛坯压在凹模 7 上,随后由内滑块 4 带动凸模 5 对毛坯进行拉深。在拉深过程中,外滑块保持不动。刚性压边圈的压边作用,并不是靠直接调整压边力来保证的。考虑到毛坯凸缘变形区在拉深过程中板厚有增大现象,所以调整模具时,压边圈与凹模间的间隙 c 应略大于板厚 t。用刚性压边,压边力不随行程变化,拉深效果较好,且模具结构简单。图 2-110 所示即为带刚性压边装置的拉深模。

2. 带压边圈的正装拉深模

如图 2-111 所示为压边圈装在上模部分的正装拉深模。由于弹性元件装在上模,因此凸模要比较长,适宜于拉深深度不大的工件。

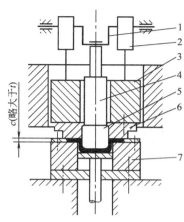

图 2-109 双动压力机用拉深模刚性压边装置动作原理
1—曲轴；2—凸轮；3—外滑块；4—内滑块；5—凸模；6—压边圈；7—凹模

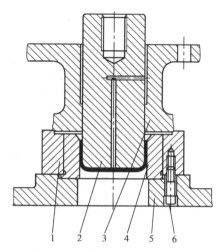

图 2-110 带刚性压边装置拉深模
1—固定板；2—拉深凸模；3—刚性压边圈；4—拉深凹模；5—下模板；6—螺钉

3. 带压边圈的倒装拉深模

图 2-112 所示为压边圈装在下模部分的倒装拉深模。由于弹性元件装在下模座下压力机工作台面的孔中，因此空间较大，允许弹性元件有较大的压缩行程，可以拉深深度较大一些的拉深件。这副模具采用了锥形压边圈 6。在拉深时，锥形压边圈先将毛坯压成锥形，使毛坯的外径已经产生一定量的收缩，然后再将其拉成筒形件。采用这种结构，有利于拉深变形，可以降低极限拉深系数。

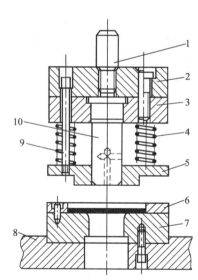

图 2-111 正装拉深模
1—模柄；2—上模座；3—凸模固定板；4—弹簧；5—压边圈；6—定位板；7—凹模；8—下模座；9—卸料螺钉；10—凸模

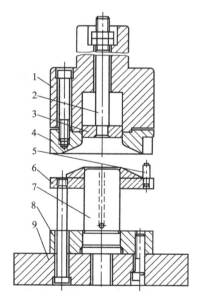

图 2-112 带锥形压边圈的倒装拉深模
1—上模座；2—推杆；3—推件板；4—锥形凹模；5—限位柱；6—锥形压边圈；7—拉深凸模；8—固定板；9—下模座

4. 带压边装置的以后各次拉深模

图 2-113 所示为有压边装置的以后各次拉深模，这是最常见的结构形式。拉深前，毛坯

套在压边圈 4 上，压边圈的形状必须与上一次拉出的半成品相适应。拉深后，压边圈将冲压件从凸模 3 上托出，推件板 1 将冲压件从凹模中推出。

（三）带其他工序的拉深复合模

1. 落料-拉深模

图 2-114 所示为一副典型的正装落料拉深复合模。上模部分装有凸凹模 3（落料凸模、拉深凹模），下模部分装有落料凹模 7 与拉深凸模 8。为保证冲压时先落料再拉深，拉深凸模 8 低于落料凹模 7 一个料厚以上。件 2 为弹性压边圈，弹顶器安装在下模座下。

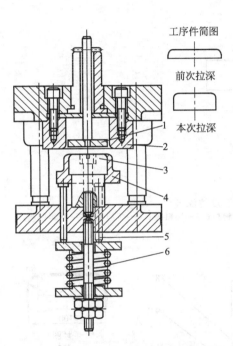
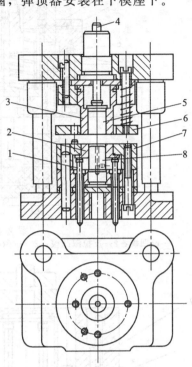

图 2-113　有压边装置的以后各次拉深模
1—推件板；2—拉深凹模；3—拉深凸模；
4—压边圈；5—顶杆；6—弹簧

图 2-114　落料拉深复合模
1—顶杆；2—压边圈；3—凸凹模；
4—推杆；5—推件板；6—卸料板；
7—落料凹模；8—拉深凸模

2. 落料-正、反拉深模

图 2-115 所示为落料-正、反拉深模。由于在一副模具中进行正、反拉深，因此一次能拉出高度较大的工件，提高了生产率。件 1 为凸凹模（落料凸模、第一次拉深凹模），件 2 为第二次拉深（反拉深）凸模，件 3 为拉深凸凹模（第一次拉深凸模、反拉深凹模），件 7 为落料凹模。第一次拉深时，有压边圈 6 的弹性压边作用，反拉深时无压边作用。上模采用刚性推件，下模直接用弹簧顶件，由固定卸料板 4 完成卸料，模具结构十分紧凑。

3. 再次拉深-冲孔-切边复合模

图 2-116 所示为一副再次拉深-冲孔-切边复合模。为了有利于本次拉深变形，减小本次拉深时的弯曲阻力，在本次拉深前的毛坯底部角上已拉出有 45°的斜角。本次拉深模的压边圈与毛坯的内形完全吻合。

模具在开启状态时，压边圈 1 与拉深凸模 8 在同一水平位置。冲压前，将毛坯套在压边圈上，随着上模的下行，先进行再次拉深，为了防止压边圈将毛坯压得过紧，该模具采用了带限位螺栓的结构，使压边圈与拉深凹模之间保持一定距离。到行程快终了时，其上部对冲

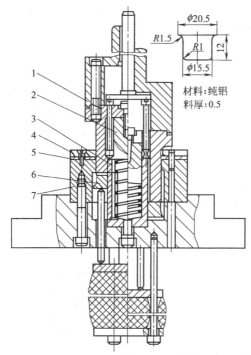

图 2-115 落料-正、反拉深模
1—凸凹模；2—反拉深凸模；3—拉深凸凹模；4—卸料板；5—导料板；6—压边圈；7—落料凹模

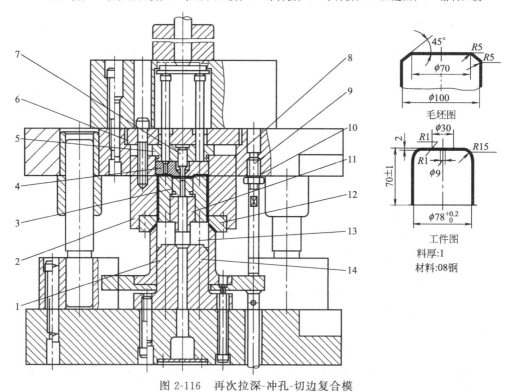

图 2-116 再次拉深-冲孔-切边复合模
1—压边圈；2—凹模固定板；3—冲孔凹模；4—推件板；5—凸模固定板；6—垫板；7—冲孔凸模；8—拉深凸模；9—限位螺栓；10—螺母；11—垫柱；12—拉深切边凹模；13—切边凸模；14—固定块

压件底部完成压凹与冲孔，而其下部也同时完成了切边。

为了便于制造与修磨，拉深凸模、切边凸模、冲孔凸模和拉深、切边凹模均采用镶拼结构。

第四节　其他冲压模具

一、胀形模具

(一) 胀形工艺

胀形按毛坯形式可以分为两种：

① 平板坯料的起伏成形，这种起伏成形俗称局部胀形 (见图 2-117)，可以压制加强筋、凸包、凹坑、花纹图案及标记等；

② 空心坯料的胀形 (俗称凸肚)，它是使材料沿径向拉伸，将空心工序件或管状坯料向外扩张，胀出所需的凸起曲面，如壶嘴、皮带轮、波纹管等。

胀形工艺中以凸肚胀形用得多，所以胀形工艺主要是指凸肚胀形。

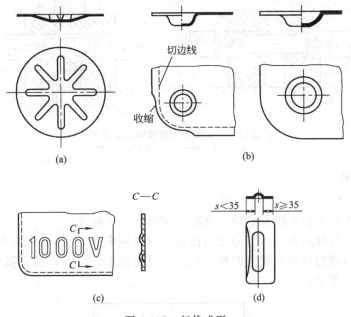

图 2-117　起伏成形

(二) 胀形模具

空心毛坯的胀形模具根据胀形方法不同可以分为三类。

① 采用刚性凸模胀形的胀形模具，如图 2-118 所示，利用锥形芯块 4 将分块凸模 2 向四周胀开，使毛坯形成所需的形状，分块凸模数目越多，所得到的工件精度越高，但也很难得到精度较高的旋转体零件，且模具结构复杂，成本较高。

② 采用软体凸模的胀形模具，包括橡胶、石蜡、液体等。橡胶胀形如图 2-119 所示，是以橡胶作为凸模，在压力作用下使橡胶变形，把工件沿凹模胀开得到所需的形状。橡胶胀形的模具结构简单，工件变形均匀，能成形复杂形状的工件。近年来广泛采用聚氨酯橡胶代替天然橡胶进行橡胶胀形，它比一般橡胶具有强度高、弹性好、耐油性好和寿命长等特点。

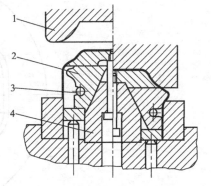

图 2-118　刚性胀形模具
1—凹模；2—分瓣凸模；
3—拉簧；4—锥形芯块

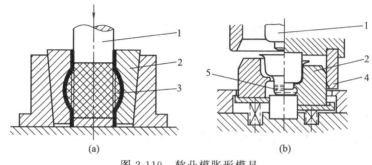

图 2-119 软凸模胀形模具
1—凸模；2—分块凹模；3—橡胶；4—侧楔；5—液体

③ 加轴向压缩的液体胀形模具（见图 2-120）。

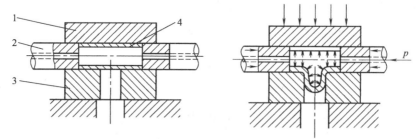

图 2-120 加轴向压缩液体的胀形模具
1—上模；2—轴头；3—下模；4—管坯

二、翻边模具

（一）翻边工艺

利用模具把板料上的孔缘翻成竖立直边的冲压方法叫翻边。

翻边按制件边缘性质不同，可分为内孔翻边（又叫翻孔）、外缘翻边和变薄翻边。外缘翻边又可分为外凸翻边和内凹翻边两种。翻边可以是圆形，也可以是非圆形（见图 2-121），也可以是圆弧的一部分。

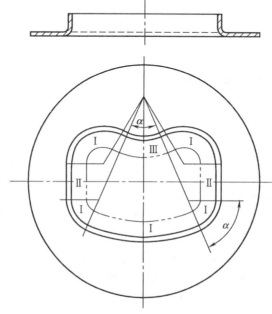

图 2-121 非圆孔翻孔

（二）模具结构

① 内孔翻边模（见图 2-122）。

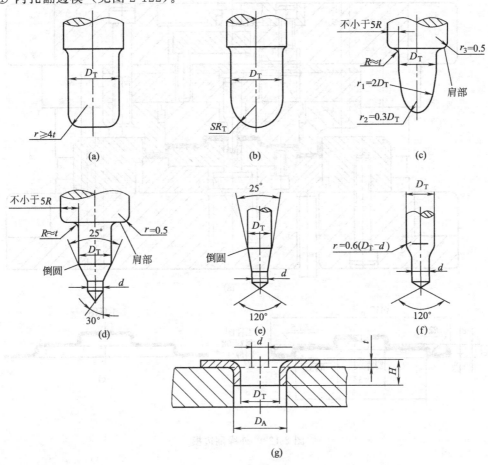

图 2-122　内孔翻边模

② 外缘翻边模具（见图 2-123）。

三、缩口模具

（一）缩口工艺

将管坯或预先拉深好的圆筒形件通过缩口模将其口部直径缩小的一种成形方法，缩口工件如图 2-124 所示。

（二）几种缩口模具

① 不同支承方法的缩口模（见图 2-125）。
② 带有夹紧装置的缩口模（见图 2-126）。
③ 缩口与扩口复合模（见图 2-127）。

四、旋压模具

（一）旋压工艺

1. 概念

将平板或空心坯料固定在旋压机的模具上，在坯料随机床主轴转动的同时，用旋轮或赶棒加压于坯料，使之产生局部的塑性变形，这种成形工艺称为旋压。

2. 旋压的优点

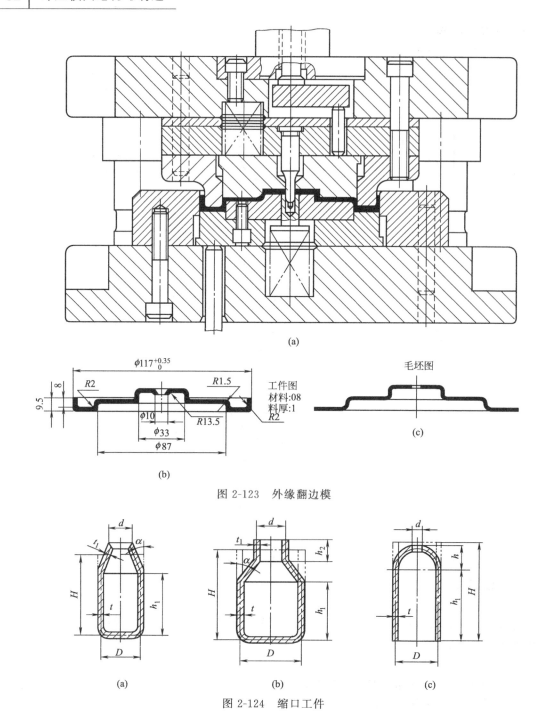

图 2-123 外缘翻边模

图 2-124 缩口工件

设备和模具都较简单，除可成形各种曲线构成的旋转体外，还可加工相当复杂形状的旋转体零件。

3. 旋压的缺点

生产率较低，劳动强度较大，比较适用于试制和小批量生产。

（二）旋压模具

① 普通旋压模具（见图 2-128）。

② 变薄旋压模具（见图 2-129）。

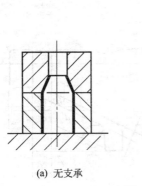 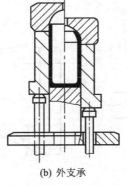 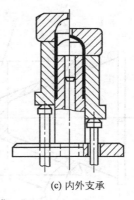

(a) 无支承　　　　　(b) 外支承　　　　　(c) 内外支承

图 2-125　不同支承方法的缩口模

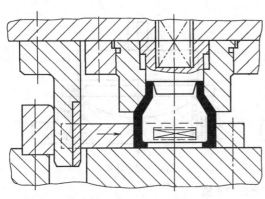 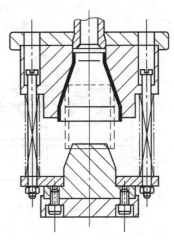

图 2-126　带有夹紧装置的缩口模　　　图 2-127　缩口与扩口复合模

五、校形模具

（一）校形工艺

校形工艺通常指平板件的校平和空间形状件的整形。校形工艺的主要目的是使冲压件获得高精度的平面度、圆角半径和形状尺寸。

校平和整形工序的共同特点：

① 只在工序件局部位置使其产生不大的塑性变形；

② 模具的精度比较高；

③ 所用设备最好为精压机，若用机械压力机时，机床应有较好的刚度，并需要装有过载保护装置。

（二）校形模具

1. 平板零件的校平模

① 光面校平模（见图 2-130）。

② 齿形校平模（见图 2-131）。

2. 空间形状零件的整形模

空间形状零件的整形主要是指在弯曲（见图 2-132）、拉深（见图 2-133）或其他

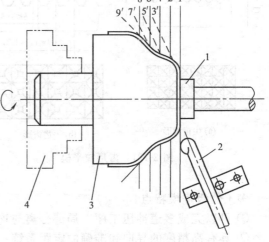

图 2-128　普通旋压模具
1—顶块；2—赶棒；3—模具；4—卡盘；
1′～9′—坯料的连续位置

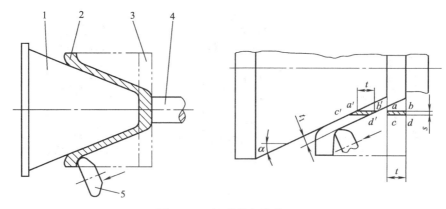

图 2-129 锥形件变薄旋压
1—模具；2—工件；3—坯料；4—顶块；5—旋轮

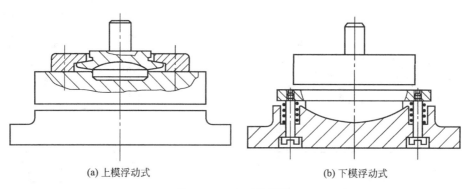

(a) 上模浮动式　　　　(b) 下模浮动式

图 2-130 光面校平模

成形工序之后对工序件的整形。整形的目的是使工件某些形状和尺寸达到产品的要求，提高精度。

整形模的特点：与前工序的成形模相似，但对模具工作部分的精度、粗糙度要求更高，圆角半径和间隙较小。

*六、多工位级进模

多工位级进模是在普通级进模的基础上发展起来的一种高精度、高效率、高寿命的模具，是技术密集型模具的重要代表，是冲模发展方向之一。主要用于冲制厚度较薄（一般不超过2mm）、产量大、形状复杂、精度要求较高的中、小型零件。

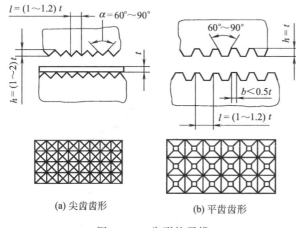

(a) 尖齿齿形　　　(b) 平齿齿形

图 2-131 齿形校平模

多工位级进模特点：

① 可以完成多道冲压工序，局部分离与连续成形结合；
② 具有高精度的导向和准确的定距系统；
③ 配备有自动送料、自动出件、安全检测等装置；
④ 模具结构复杂，镶块较多，模具制造精度要求很高，制造和装调难度大。

(一) 多工位精密级进模的排样

排样是多工位自动级进模设计的关键。排样图的优化与否，不仅关系到材料的利用率、制件的精度、模具制造的难易程度和使用寿命等，而且直接关系到模具各工位加工的协调与稳定。

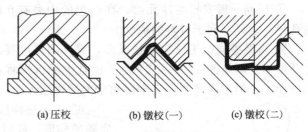

图 2-132 弯曲件的整形模

排样必须保证冲压件上需加工的部位，能以稳定的自动级进冲压形式，在模具的相应部位上加工，在未到达最终冲压工位之前，不能产生任何偏差和障碍。

确定排样图时，首先要根据冲压件图纸计算出展开尺寸，然后进行各种方式的排样。在确定排样方式时，还必须将制作的冲压方向、变形次数、变形工艺类型、相应的变形程度及模具结构的可能性、模具加工工艺性综合分析判断。同时在全面地考虑工件精度和能否顺利进行自动级进冲压生产后，从几种排样方式中选择一种最佳方案。

完整的排样图应包括：工位的布置、载体类型的选择和相应尺寸的确定。工位的布置应包括冲裁工位、弯曲工位、拉深工位、空工位等设计内容。

1. 排样设计应遵循的原则

多工位级进模的排样，除了遵守普通冲模的排样原则外，还应考虑如下几点。

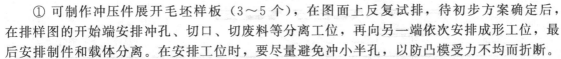

图 2-133 拉深件的整形模

① 可制作冲压件展开毛坯样板（3～5 个），在图面上反复试排，待初步方案确定后，在排样图的开始端安排冲孔、切口、切废料等分离工位，再向另一端依次安排成形工位，最后安排制件和载体分离。在安排工位时，要尽量避免冲小半孔，以防凸模受力不均而折断。

② 第一工位一般安排冲孔和冲工艺导正孔。第二工位设置导正销对带料导正，在以后的工位中，视其工位数和易发生窜动的工位设置导正销，也可以在以后的工位中每隔 2～3 个工位设置导正销。第三工位根据冲压条料的定位精度，可设置送料步距的误送检测装置。

③ 冲压件上孔的数量较多，且孔的位置太近时，可分布在不同工位上冲出孔，但孔不能因后续成形工序的影响而变形。对相对位置精度有较高要求的多孔，应考虑同步冲出，因模具强度的限制不能同步冲出时，后续冲孔应采取保证孔相对位置精度要求的措施。复杂的型孔，可分解为若干简单型孔分步冲出。

④ 为提高凹模镶块、卸料板和固定板的强度和保证各成形零件安装位置不发生干涉，可在排样中设置空工位，空工位的数量根据模具结构的要求而定。

⑤ 成形方向的选择（向上或下）要有利于模具的设计和制造，有利于送料的顺畅。若有不同于冲床滑块冲程方向的冲压成形动作，可采用斜滑块、杠杆和摆块等机构来转换成形方向。

⑥ 对弯曲和拉深成形件，每一工位变形程度不宜过大，变形程度较大的冲压件可分几次成形。这样既有利于质量的保证，又有利于模具的调试修整。对精度要求较高的成形件，应设置整形工位。

⑦ 为避免 U 形弯曲件变形区材料的拉伸，应考虑先弯成 45°，再弯成 90°。

⑧ 在级进拉深排样中，可应用拉深前切口、切槽等技术，以便材料的流动。

⑨ 压筋一般安排在冲孔前，在凸包的中央有孔时，可先冲一小孔，压凸后再冲到要求的孔径，这样有利于材料的流动。

⑩ 当级进成形工位数不是很多，制件的精度要求较高时，可采用压回条料的技术，即将凸模切入料厚的 20%～35% 后，模具中的机构将被切制件反向压入条料内，再送到下一工位加工，但不能将制件完全脱离带料后再压入。

⑪ 在级进冲压过程中，各工位分段切除余料后，形成完整的外形，此时一个重要的问题是如何使各段冲裁的连接部位平直或圆滑，以免出现毛刺、错位、尖角等。因此应考虑分段切除时的搭接方法。搭接方法如图 2-134 所示，图 (a) 为搭接，第一次冲出 A、C 两区，第二次冲出 B 区，搭接区是冲载 B 区凸模的扩大部分，搭接量应大于 0.5 倍材料厚，图 (b) 为平接，除了必须如此排样时，应尽量避免，平接时在平接附近要设置导正销，如果工件允许，第二次冲裁宽度适当增加一些，凸模修出微小的斜角（一般取 3°～5°）。

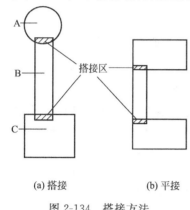

图 2-134 搭接方法

2. 带料的载体

由于搭边在多工位级进模中的特殊作用，在级进模的设计中，把搭边称为载体。载体是运送坯件的物体，载体与坯件或坯件与坯件的连接部分称搭口。载体的主要作用是传递坯件到各工位进行各种冲裁和成形加工。因此，要求载体能够在带料的动态送进中，使坯件保持送进稳定、定位准确，才能顺利地加工出合格制件。载体形式一般可分为如下几种。

(1) 边料载体　边料载体是利用材料搭边而形成的载体，载体上可冲导正用的工艺孔，如图 2-135 所示。

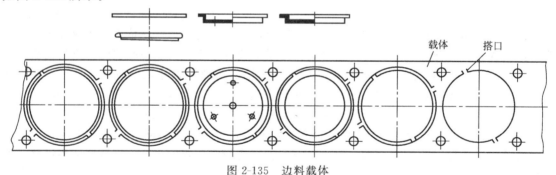

图 2-135 边料载体

① 料厚 $t \geq 0.2$ mm，步距可大于 20mm；
② 可多件排列，尤其圆形件能提高材料利用率；
③ 可用于在载体上有冲导正工艺孔的带料或条料。

(2) 双载体　双载体实质是一种增大条料两侧搭边的宽度，以供冲导正工艺孔需要的载体。特别是所冲带料较薄时，增加边料可保证送料的刚度和精度。这种载体主要用于薄料、制件精度较高的场合，如图 2-136 与图 2-137 所示，但材料利用有所降低。

(3) 中载体　中载体常用于那些对称弯曲成形件，利用材料不变形的区域与载体连接，成形结束后切除载体。中载体可分为单中载体（见图 2-138）和双中载体（见图 2-139）。中载体在成形过程中平衡性较好。图 2-138 所示是同一个零件选择单中载体时，不同的排样方法。图 (a) 是单件排列，图 (b) 是可提高生产效率一倍的双排排样。

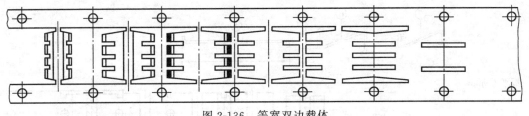

图 2-136 等宽双边载体

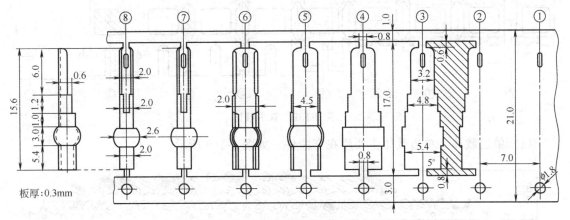

图 2-137 不等宽双边载体

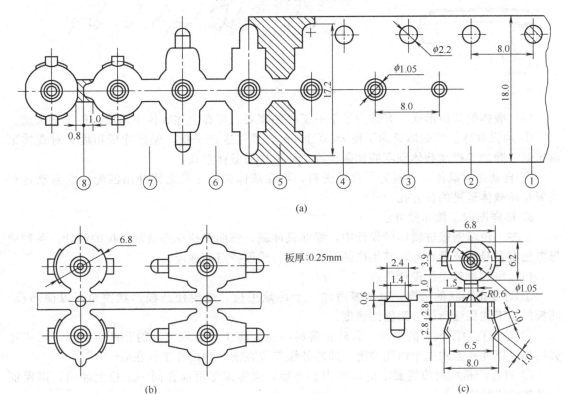

图 2-138 单中载体

图 2-139 所示零件要进行两侧以相反方向卷曲的成形弯曲，选用单中载体难以保证成形件成形后的精度要求，选用可延伸连接的双中载体可保证成形件的质量。缺点是载体宽度较大，材料的利率降低。中载体常用于材料厚度大于 0.2mm 的对称弯曲成形件。

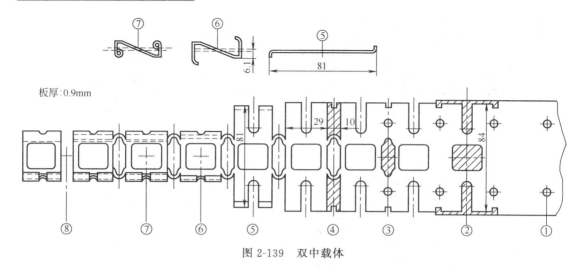

图 2-139 双中载体

（4）单边载体　单边载体主要用在弯曲件，如图 2-140 所示。

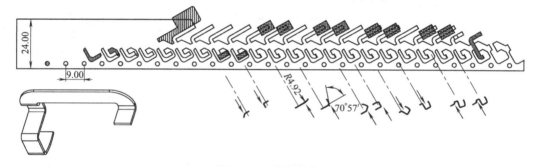

图 2-140 单边载体

（5）载体的其他形式　有时为了下一工序的需要，可在上述载体中采取一些工艺措施。

① 加强载体。该载体是为了使 $t \leqslant 0.1mm$ 的薄料送进平稳，保证冲压精度，对载体采取压筋、翻边等提高载体刚度的加强措施，而形成的载体形式。

② 自动送料载体。有时为了自动送料，可在载体的导正孔之间冲出匹配钩式自动送料装置拉动载体送进的长方孔。

3．排样图的工位布置方法

在多工位精密级进模排样设计中，要涉及冲裁、弯曲和拉深等成形工位的设计。各种成形方法有自身的成形特点，其工位的设计必须与成形特点相适应。

（1）级进冲裁工位设计要点

① 对复杂形状的凸模，宁可多增加一个冲裁工位，也要使凸模形状简单，以便凸模、凹模的加工和保证凸模、凹模的强度。

② 对于孔边距很小的工件，为防止落料时引起离工件边缘很近的孔产生变形，可将孔旁的外缘以冲孔方式先于内孔冲出，即冲外缘工位在前，冲内孔工位在后。

③ 对有严格相对位置要求的局部内、外形，应考虑尽可能在同一工位上冲出，以保证工件的位置精度。

④ 为增加凹模强度，应考虑在模具上适当安排空工位。

（2）多工位级进弯曲工位的设计要点

① 冲压与弯曲方向。在多工位级进模中，如果工件要求向不同方向弯曲，则会给级进冲压加工造成困难。弯曲方向是向上，还是向下，模具结构是不同的，如果向上弯曲，要求

下模采用带滑块的模具结构或摆块的模具结构；若进行多重卷边弯曲，则要几处模块滑动。这时必须考虑在模具上设计足够的空工位，以便给滑动模块留活动的余地和安装空间。若向下弯曲，则要考虑弯曲后送料顺畅。若有障碍，必须设置抬料装置。

② 分解弯曲成形。零件在作弯曲和卷边成形时，可以按工件的形状和精度组成分解加工的工位进行冲压。

③ 弯曲时坯料的滑移。如果对坯料进行弯曲和卷边，应防止成形过程中材料的移位造成零件误差。采取的对策是先对加工材料进行导正定位，在卸料板与凹模接触并压紧后，再作弯曲动作。

（3）多工位级进拉深成形工位的设计要点　在多工位级进拉深成形时，不像单工序拉深模那样以散件形式单个送进，它是通过带料以组件形式连续送进，通过载体、搭边和坯件连在一起的组件，便于稳定作业，成形效果良好。但由于级进拉深时，不能进行中间退火，故要求材料应具有较高的塑性；又由于级进拉深过程中，工件间的相互制约，因此，每一工位拉深的变形程度不可能太大，且零件间还留有较多的工艺废料，材料的利用率有所降低。要保证级进拉深工位布置满足成形的要求，应根据制件的尺寸及拉深所需要的次数等工艺参数，用简易临时模具试拉深，根据是否拉裂或成形过程的稳定性，来进行工位数量和工艺参数的修正插入中间工位，增加空工位等，反复试制到加工稳定为止。在结构设计上，还可根据成形过程的要求、工位的数量、模具的制造和装配组成单元式模具。

（二）多工位精密级进模主要零部件结构

多工位精密级进模主要零部件的结构除应满足一般冲压模具的结构要求外，还应根据精密级进模冲压特点、模具主要零部件装配和制造要求来考虑其结构形状和尺寸。

1. 凸模

在多工位级进模中有许多冲小孔凸模、冲窄长槽凸模、分解冲裁凸模。这些凸模应根据具体的冲裁要求、被冲材料的厚度、冲压的速度、冲裁间隙和凸模的加工方法等因素来考虑凸模的结构及其凸模的固定方法。

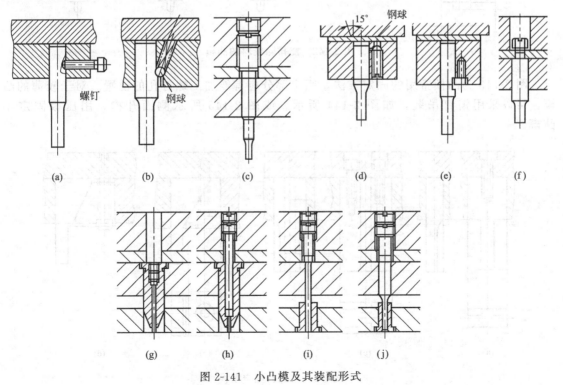

图 2-141　小凸模及其装配形式

对于冲小孔凸模，通常采用加大固定部分直径，缩小刃口部分长度的措施来保证小凸模的强度和刚度，当工作部分和固定部分直径相差太大时，可采用多台阶结构。各台阶过渡部分必须用圆弧光滑连接，不允许有刀痕。特小的凸模可以采用保护套结构。卸料板还应起到对凸模的导向作用，以消除侧压力对凸模的作用而影响其强度。图2-141为常见的小凸模及其装配形式。

冲孔后的废料若贴在凸模端面上，会使模具损坏，故对2.0mm以上的凸模应采用能排除废料的凸模。图2-142所示为带顶出销的结构，利用弹性顶销使废料脱离凸模端面。也可在凸模中心加通气孔，减小冲孔废料与冲孔凸模端面上的"真空区压力"，使废料易脱落。

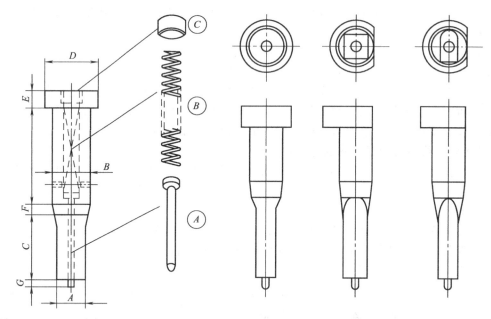

图2-142 能排除废料的凸模

图2-143为凸模常用的固定方法，固定部分应有能加工螺钉孔的位置。对于较薄的凸模，可以采用销钉吊装，如图2-144所示。或图2-145所示侧面开槽，用压板固定小凸模。

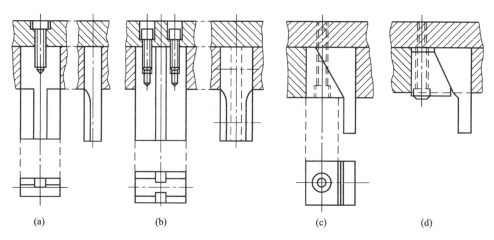

图2-143 螺钉固定凸模

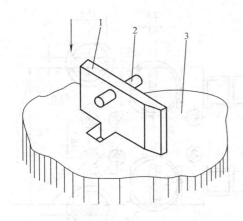
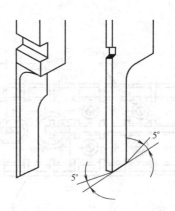

图 2-144　销钉吊装凸模
1—凸模；2—销钉；3—凸模固定板

图 2-145　压板固定的小凸模

2. 凹模

多工位精密级进模凹模的结构与制造较凸模更为复杂。凹模的结构常用的类型，有整体式、拼块式和嵌块式。整体式凹模由于受到模具的制造精度和制造方法的限制已不适用于多工位精密级进模。

(1) 嵌块式凹模　图 2-146 所示是嵌块式凹模。嵌块式凹模的特点是，嵌块套做成圆形，且可选用标准的零件。嵌块损坏后可迅速更换备件。模板安装孔的加工可使用坐标镗床和坐标磨床。嵌块在排样图设计时，就应考虑布置的位置及嵌块的大小，如图 2-147 所示。

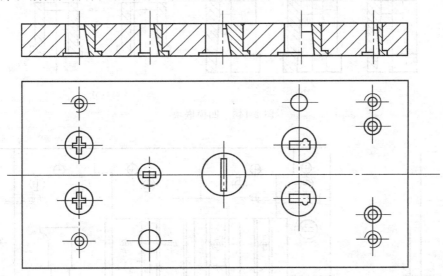

图 2-146　嵌块式凹模

图 2-148 为常用的凹模嵌块。图 (b) 为有异形孔时，因不能磨削型孔和漏料孔而将它分成两块，其分割方向取决于形状，要考虑到其合缝对冲裁有利和便于磨削加工，镶入固定板后用键使其定位。这种方法也适用异形孔的导套。

(2) 拼块式凹模　拼块式凹模的组合形式因采用的加工方法不同，分为两种组合形式。采用放电加工的拼块拼装的凹模，凹模多采用并列组合式结构；若采用将型孔口轮廓分割后进行成形磨削加工，然后将拼块装在所需的垫板上，再镶入凹模框并以螺栓固定，此结构为

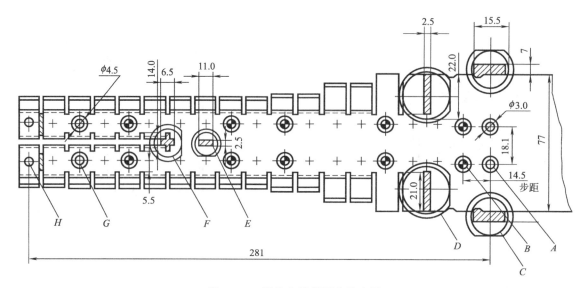

图 2-147 嵌块在排样图中的布置

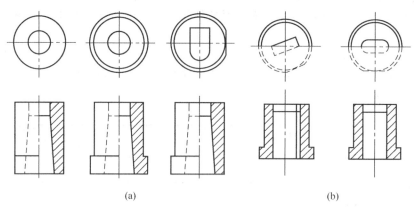

图 2-148 凹模嵌块

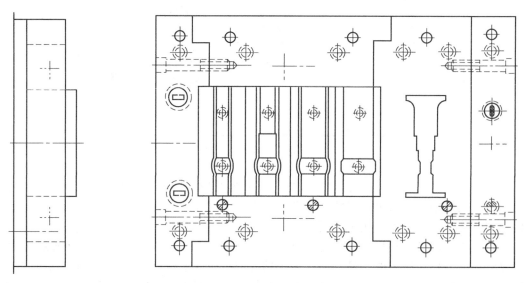

图 2-149 并列组合凹模

成形磨削拼装组合凹模。图 2-149 为并列组合凹模结构示意图。拼块的型孔制造由电加工完成，加工好的拼块安装在垫板上并与下模座固定。这种组合方式当要更换个别拼块时，必须对全工位的步距进行调整。图 2-150 为全部磨削拼装的凹模结构，拼块用螺钉、销钉固定在垫板上，镶入模框并装在凹模座上。圆形或简单形状孔的成形可采用圆凹模嵌套。当某拼块因磨损需要修正时，只需要更换磨损部分就能继续使用。

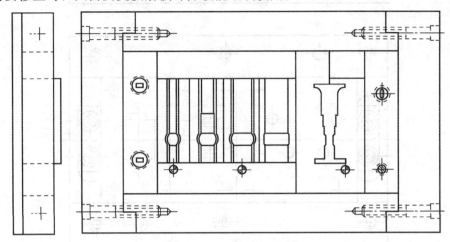

图 2-150 磨削拼装凹模

磨削拼装组合的凹模，由于拼块全部经过磨削和研磨，拼块有很高精度。在组装时，为确保相互有关连尺寸，可对需配合面增加研磨工序。对易损件可制作备件。

(3) 拼块的结构 拼块的结构，一般应利于加工且热处理数量尽量少，拼块间一般尽量以凸凹槽相嵌或用键相嵌，以防止冲压发生相对移动。

(4) 拼块凹模的固定形式

① 平面固定式。平面固定是将凹模各拼块分别用定位销（或定位键）和螺钉固定在垫板或下模座上，如图 2-151 所示，适用于拼块凹模或较大拼块分段的固定方法。

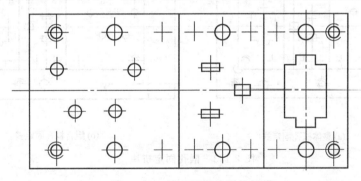

图 2-151 平面固定式拼块凹模

② 直槽固定式。直槽固定是将拼块凹模直接嵌入固定板的通槽中，各拼块不用定位销，而在直槽两端用键或楔及螺钉固定，如图 2-152 所示。

③ 框孔固定式。框孔固定式有整体和组合框孔两种，如图 2-153 所示。整体框孔固定凹模拼块和框孔配合应根据胀形力的大小来选用配合的过盈量。组合框孔固定凹模拼块时，模具的维护、装拆方便，当拼块承受的胀形力较大时，应考虑组合框连接的刚度和强度。

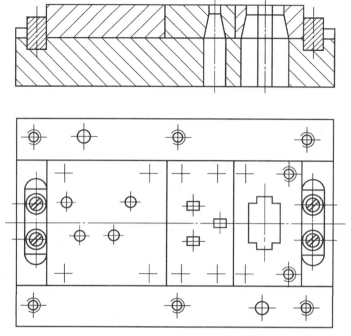

图 2-152　直槽固定式拼块凹模

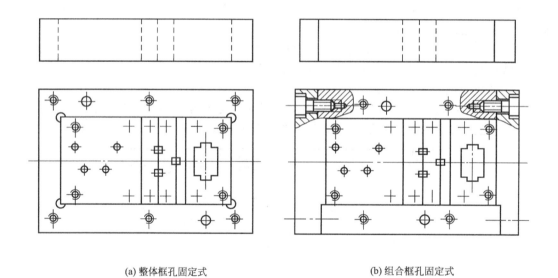

(a) 整体框孔固定式　　　　　　　　(b) 组合框孔固定式

图 2-153　框孔固定拼块

3. 带料的导正定位

在精密级进模中，不采用定位钉定位。一般采用导正销与侧刃配合使用，侧刃作定距和粗定位，导正销作为精定位。此时侧刃长度一般大于步距 0.05~0.1mm，以便导正销入孔时，条料略向后退。在自动冲压时，可不用侧刃，条料的定位与送进是靠导料板、导正销和送料机构来实现。

在精密的级进模中，作为精定位的导正孔，一般安排在排样图中的第一工位冲出，导正销设置在紧随冲导正孔的第二工位，第三工位有设置检测条料送进步距的误送检测凸模，如图 2-154 所示。

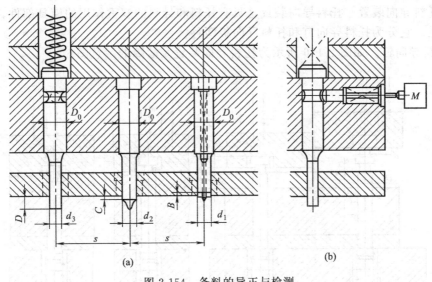

图 2-154 条料的导正与检测

4. 托料装置

多工位级进模是依靠送料装置的机械动作,把带料按一定的尺寸送进来实现自动冲压。由于带料经过冲裁、弯曲、拉深等变形后,在条料厚度方向上会有不同高度的弯曲和凸起,为了顺利送进带料,必须将带料托起,使托起和弯曲部位离开凹模工作面。这种使带料托起的特殊机构叫托料装置,托料装置往往和带料的导向零件共同使用。

(1) 托料钉、托料管和托料块 常用的单一托料装置有托料钉、托料管和托料块三种,如图 2-155 所示。托起高度一般应使坯件最低部位高出凹模面 1.5～2mm,同时应使被托起的条料上平面低于刚性导料板下平面 (2～3)t 左右,这样才能使条料送进顺利。托料钉的优点是可以根据情况随意分布,托料效果好,凡是在托料力不大的情况都可采用压缩弹簧作托料力源。托料钉通常用圆柱形,但也可用方形(在送料方向带有斜度)。托料钉经常是成偶数使用,正确位置应设置在条料上没有较大的孔和成形部位的下方。对于刚性差的条料,应采用托料块托料,以免条料变形。托料管是设在导正孔的位置进行托料,它与导正销配合(H7/h6),管孔起导正孔作用,适用于薄料,如图 2-155 (b) 所示。这些形式的托料方式常与导料板组成托料导向装置。

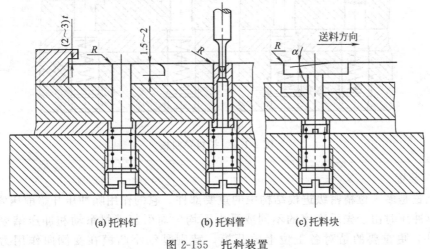

(a) 托料钉　　(b) 托料管　　(c) 托料块

图 2-155 托料装置

（2）托料导向装置　托料导向装置是具有托料和导料的双重作用的模具部件，在级进模中应用广泛。它分为托料导向钉和托料导向板两种。

① 托料导向钉。如图 2-156 所示为托料导向装置及故障的示意图。

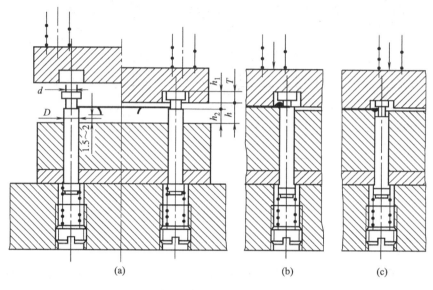

图 2-156　托料导向装置及故障

图（a）为正常使用情况，当送料结束，上模下行时，卸料板凹坑底面首先压缩导向钉使条料与凹模面平齐开始冲压，当上模回升时，弹簧将托料导向钉推至最高位置时，进行下一步的送料导向。

图（b）卸料板凹坑过深，料被压入凹杭内。

图（c）是卸料板凹坑过浅，使带料被向下挤入托料钉的配合的孔内。

② 托料导向板。图 2-157 为托料导向板结构，它是由四根浮动导销与两条导轨式导板所组成，它适用于薄料和要求较大托料范围的材料托起。导轨式导板一般分为两件组合，当冲压出现故障时，拆下盖板即可取出条料。

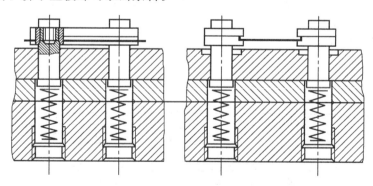

图 2-157　托料导向板

5. 卸料装置

卸料装置是多工位精密级进模结构中的重要部件。它的作用除冲压开始前压紧带料，以防止各凸模冲压时由于先后次序的不同或受力不均匀而引起带料窜动和冲压结束后及时平稳地卸料外，更重要的是对各工位上的凸模，特别是细小凸模在受侧向作用力时，起到精确导向和有效保护作用。卸料装置主要由卸料板、弹性元件、卸料螺钉和辅助导向零件组成。

（1）卸料板的结构　多工位精密级进模的弹压卸料板，由于型孔多、形状复杂，为保证型孔尺寸精度、位置精度和配合间隙，多采用分段拼装结构固定在一块刚度较大的基体上。图 2-158 是由 5 个拼块组合而成的卸料板。基体按基孔制配合关系开出通槽，两端的两块按位置精度的要求压入基体通槽后，分别用螺钉、销钉定位固定；中间三块经磨削加工后直接压入通槽内，仅用螺钉与基体连接。安装位置尺寸采用对各分段的结合面研磨加工来调整，从而控制各型孔的尺寸精度和位置精度。

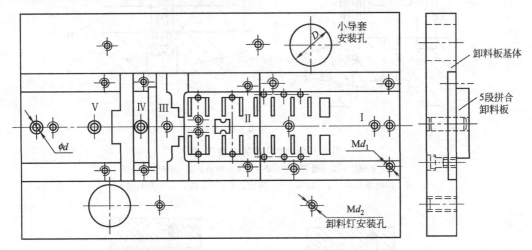

图 2-158　拼块式弹压卸料板

（2）卸料板的导向形式　由于卸料板有保护小凸模的作用，要求卸料板有很高的运动精度，为此要在卸料板与上模座之间采用增设辅助导向零件——小导柱和小导套。当冲压的材料比较薄，且模具的精度要求较高，工位数又较多时，应选用滚珠式导柱导套。

（3）卸料板的安装形式　卸料板是采用卸料螺钉吊装在上模。卸料螺钉应对称分布，工作长度要严格一致。

图 2-159（a）所示的卸料板的安装形式是多工位精密级进模中常用的结构。卸料板的压料力、卸料力都是由卸料板上面安装的均匀分布的弹簧提供（矩形截面弹簧为好）。由于卸料板与各凸模配合间隙仅有 0.005mm，所以安装卸料板比较麻烦，在不十分必要时，尽可能不把卸料板从凸模上卸下。考虑到刃磨时既不需把卸料板从凸模上取下，又要使卸料板低于凸模刃口端面，所以把弹簧固定在上模内，并用螺塞限位。刃磨时，只要旋出螺塞，弹簧即可取出，不受弹簧作用的卸料板随之可以移动，露出凸模刃口端面，即可重磨刃口。同时更换弹簧也十分方便。卸料螺钉若采用套管组合式，修磨套管尺寸，可调整卸料板相对凸模的位置，修磨垫片可调整卸料板达到理想的动态平行度（相对于上下模）要求。图 2-159（b）是采用内螺纹式卸料螺钉，弹簧压力是通过卸料螺钉传至卸料板。

6. 限位装置

级进模结构复杂，凸模较多，在存放、搬运、试模过程中，若凸模过多地进入凹模，容易损伤模具，为此在级进模结构中，安装有限位装置。

如图 2-160 所示，限位装置由限位柱与限位垫块、限位套组成。在冲床上安装模具时把限位垫块装上，此时模具处于闭合状态。在冲床上固定好模具，取下限位垫块，模具就可工作，对安装模具十分方便。从冲床上拆下模具前，将限位套放在限位柱上，模具处于开启状

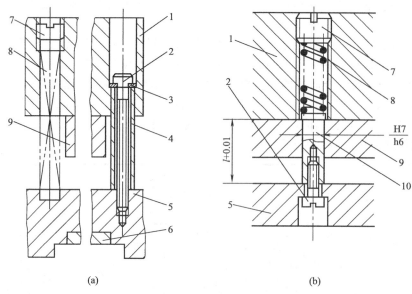

图 2-159 卸料板的安装形式

1—上模座；2—螺钉；3—垫片；4—管套；5—卸料板；
6—卸料板拼块；7—螺塞；8—弹簧；9—固定板；10—卸料销

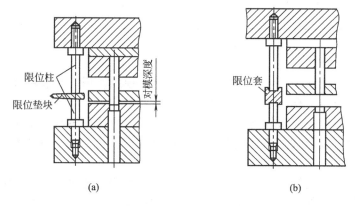

图 2-160 限位装置

态，便于搬运和存放。

7. 加工方向的转换装置

在级进弯曲或其他成形工序冲压时，往往需要从不同方向进行，因此，需要将压力机滑块垂直向下的运动，转化成凸模（或凹模）向上或水平等不同方向的加工。完成这种加工方向转换的装置，通常采用斜楔滑块机构或杠杆机构，如图 2-161 所示。

图（a）是通过上模压柱 5，打击斜楔 1，由件 1 推动滑块 2 和凸模固定板 3，转化成凸模 4 向上运动，从而使坯件在凸模 4 和凹模之间局部成形（凸包）。这种结构由于成形方向向上，凹模板而不需设让位孔让已成形部位，动作平稳，应用广泛。

图（b）是利用杠杆摆动转化成凸模向上的直径运动，进行冲切或弯曲。

图（c）是用摆块机构向上成形。

图（d）是采用斜滑块机构进行加工方向的转换，将模具的上下运动转换为镶件的水平运动，对制件的侧面进行加工。

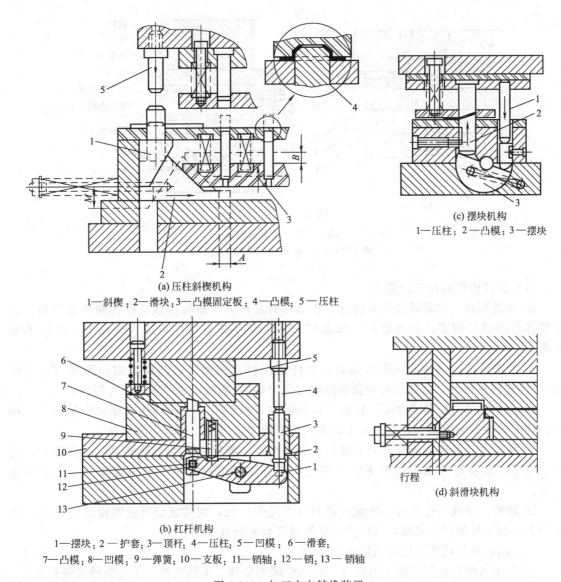

图 2-161 加工方向转换装置

8. 调节机构

模具在成形时,需要对成形高度进行调整,特别是在校正和整形时,微量地调节成形凸模的位置是十分重要的。调节量太小达不到成形件质量要求,调节量太大易使凸模被折断。图 2-162 是常用的调节机构。图(a)通过旋转调节螺钉 1 推动斜楔 2 即可调整凸模 3 伸出的长度。图(b)可方便调整压弯凸模的位置,特别是由于板厚误差变化造成制件误差可通过调整凸模位置来保证成形件的尺寸。

9. 级进模模架

级进模模架要求刚性好、精度高,因此通常将上模座加厚 5~10mm,下模座加厚 10~15mm(与标准模架——GB 2851~2852—90 相比)。同时,为了满足刚性和精度的要求,级进模多采用四导柱模架。小型模具或子模架也可用双导柱模架。

(三) 多工位精密级进模的安全保护

1. 防止制件或废料的回升和堵塞

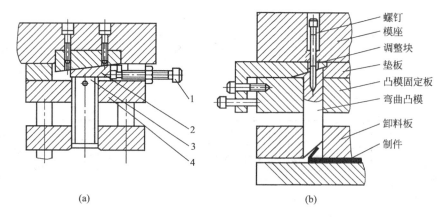

图 2-162 调节机构
1—调节螺钉；2—斜楔；3—凸模；4—支架

(1) 制件或废料回升的原因

① 冲裁形状：冲裁形状简单的薄、软质材料易回升。轮廓形状复杂的制件或废料，因其轮廓凸凹部分较多，凸部收缩，凹部扩大，角部在凹模壁内有较大的阻力，所以不易回升。

② 冲裁速度：当冲裁速度较高时，制件或废料在凹模内被凸模吸附作用大（真空作用），因此容易回升，特别是在冲裁速度超过每分钟 50 次时，这种现象更为明显。

③ 凸、凹模刃口利钝程度：锋利刃口冲裁时，材料阻力小，制件或废料容易回升。相反，钝刃口冲裁时阻力大，制件或废料受凹模壁阻力也增大，所以不易回升。

④ 润滑油：高速冲压时，为了延长模具寿命，一般要在被加工材料表面涂润滑油，润滑油不仅容易使制件或废料粘附在凸模上，而且使凹模壁的阻力也相应减小，所以容易回升。

⑤ 间隙：冲裁间隙小时，冲裁剪切面（光亮带）大，制件或废料受凹模壁的挤压力和阻力大，故不易回升。相反，间隙大，制件或废料易回升。

(2) 防止制件或废料回升的措施

① 利用凸模防止制件或废料回升。利用前述内装顶料销的凸模可防止制件或废料回升。

② 利用凹模防止制件或废料回升。利用凹模刃口壁做成 $3'\sim10'$ 的倒锥角，而在漏料孔壁做成 $1°\sim2°$ 顺锥角，冲裁时制件或废料外周受到压缩应力作用，同凹模壁的摩擦增加，制件或废料不易回升，对于较大的制件或废料，这是防止其回升的有效方法。但是，这种方法使用的倒锥角不易加工，而且也容易引起小凸模的折断。

(3) 制件或废料的堵塞　制件或废料如果在凹模内积存过多，一方面容易损坏凸模，另一方面会胀裂凹模。因此，不能让制件或废料在凹模内积存过多，造成堵塞的原因主要是由凹模漏料孔所引起的，可采取如下措施。

① 合理设计漏料孔。

② 利用压缩空气防止废料堵塞。

2. 模面制件或废料的清理

任何一种冲模在工作时，绝不允许有制件或废料停留在模具表面。尤其是级进模要在不同的工位上完成制件多种成形工序，更不能忽视其模面制件和废料的清理，而且清理时必须自动进行才能满足高速生产的要求。生产中常用压缩空气清理制件或废料离开模面，形式有以下几种：

① 利用凸模气孔吹离制件；
② 从模具端面吹离制件；
③ 气嘴关闭式吹离制件；
④ 模外可动气嘴吹离制件。

对于一些小型模具，在模内设置气孔有困难时，可把软管的气嘴架安装在模具需要清理的任何外侧，吹离模面的制件或废料。它的结构简单，固定方便灵活，使用广泛。

利用压缩空气清理模面的制件或废料，应正确设计气嘴位置、方向和所用气压的大小，同时要注意不要损伤制件（用软质袋承接制件）。

3．模具的安全检测装置

模具在工作中，经常会因一次失误（误送、凸模折断、废料或制件回升与堵塞等）而使精密模具损坏，甚至造成压力机的损坏。因此，在生产过程中必须有制止失误的安全检测装置。检测装置可以设在模具内，也可安装在模具外。冲压时，因某种原因影响到模具正常工作时，检测的传感元件能迅速地把信号反馈给压力机的制动部位，实现自动保护。目前常用光电传感检测和接触传感检测。图 2-163 所示为在自动冲压生产过程中，具有各种监视功能的检测装置。

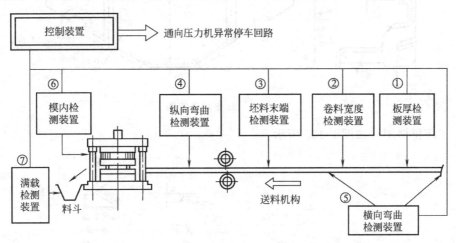

图 2-163　板料冲压时检测装置示意图

① 送料步距失误检测。在级进冲压时，材料的自动送料装置有时会因环境的微小变化而使送进步距失准，若不及时排除，就会损坏制件或造成凸模折断。为了防止级进加工出现的送料步距失误，在多工位级进模内装入检测凸模。当检测凸模发现误送时，检测凸模的动作将推动顶杆使其与微动开关接触，从而接触电路达到使冲床急速停止的目的。

② 废料回升和堵塞检测。
③ 出件检测。
④ 材料厚度、宽度和拱弯等检测。

（四）多工位精密级进模的典型结构

1．多工位级进模的动作顺序

一般多工位级进模的工作动作顺序是：先由导正销对条料导正，待弹性卸料板压紧条料后，开始进行成形，然后进行冲裁，最后成形结束。冲裁在成形工作开始后进行，在成形工作快结束前完成。

(1) 冲裁弯曲多工位级进模　先冲工艺孔、不受弯曲成形影响的型孔后,再弯曲成形,最后落料分离。

(2) 冲裁拉深多工位级进模　整体带料拉深,带料切口拉深。

2. 例1　丝架级进弯曲模

(1) 工件图　如图2-164所示。

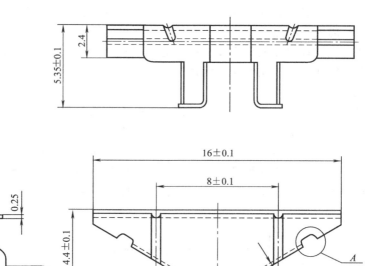

图 2-164　丝架制件简图

(2) 工序排样图　如图2-165所示。

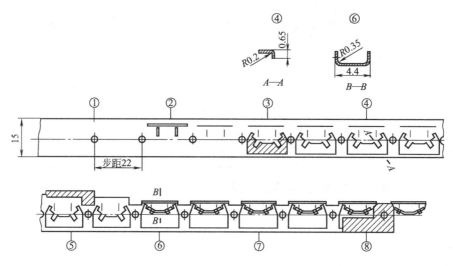

图 2-165　丝架工序排样
①冲导正孔；②压筋；③冲外形；④L形弯曲；
⑤切外形；⑥U形弯曲；⑦弯曲整形；⑧切断分离

(3) 模具总装图　如图2-166所示。

(4) 下模图　如图2-167所示。

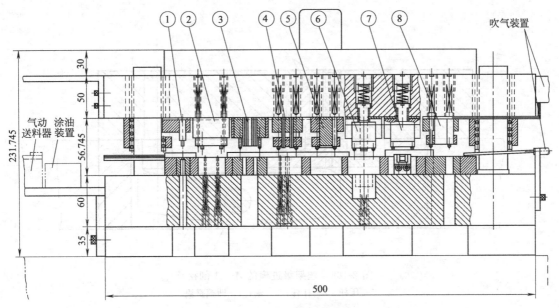

图 2-166 丝架级进模总装图

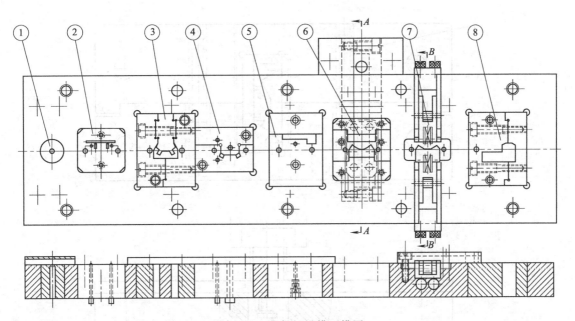

图 2-167 丝架级进模下模图

(5) A—A 剖视图　如图 2-168 所示。
(6) 工序⑥的上模图　如图 2-169 所示。
(7) B—B 剖视图　如图 2-170 所示。
(8) 工序⑦的上模图　如图 2-171 所示。

3. 例 2　双筒制件级进拉深模

(1) 双筒制件实验图　如图 2-172 所示。
(2) 工序排样图　如图 2-173 所示。
(3) 模具总装图　如图 2-174 所示。

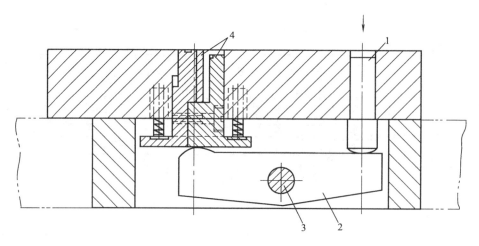

图 2-168 丝架级进模的 A—A 剖视
1—压杆；2—杠杆；3—轴；4—凹模拼块

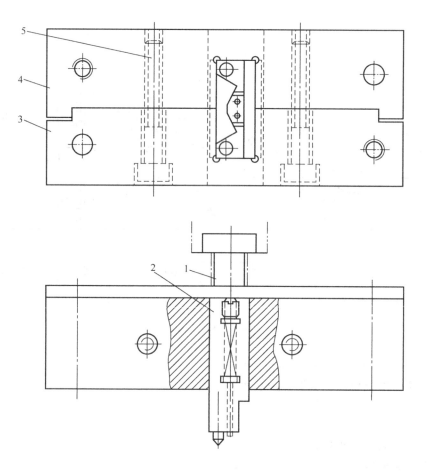

图 2-169 工序⑥的上模图
1—螺钉；2—凸模；3,4—凸模固定板拼块；5—螺钉

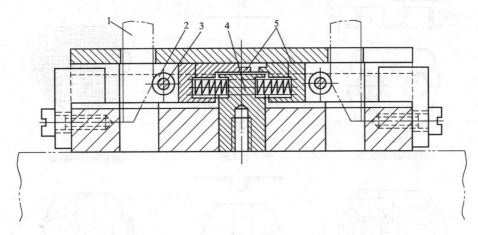

图 2-170 丝架级进模的 $B-B$ 剖视
1—斜楔；2—滚轮；3—轴；4—芯块；5—活动凹模

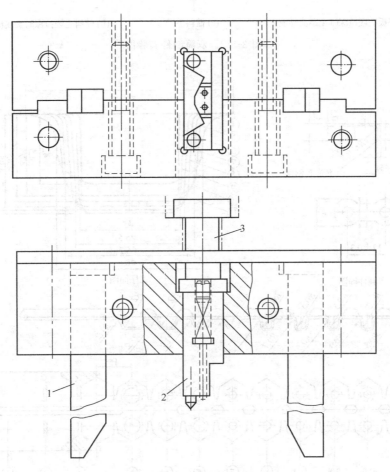

图 2-171 工序⑦的上模图
1—斜楔；2—凸模；3—螺钉

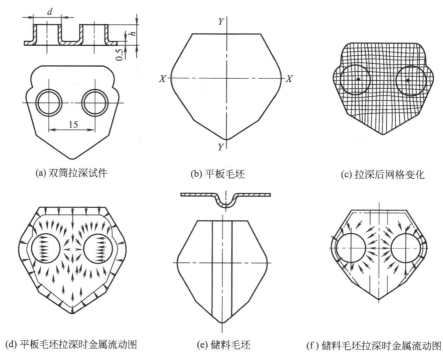

(a) 双筒拉深试件　　(b) 平板毛坯　　(c) 拉深后网格变化

(d) 平板毛坯拉深时金属流动图　　(e) 储料毛坯　　(f) 储料毛坯拉深时金属流动图

图 2-172　双筒制件实验图

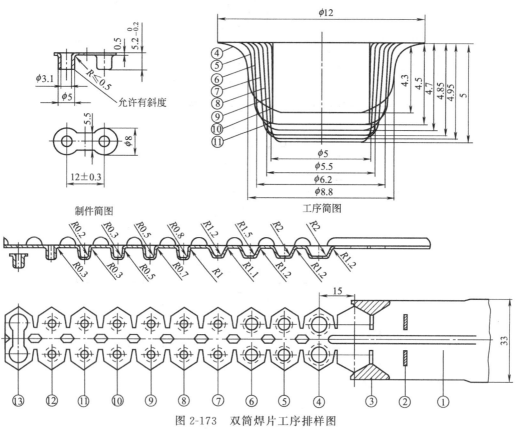

图 2-173　双筒焊片工序排样图

① 压筋；② 冲槽孔；③ 切边；④ 首次拉深；⑤~⑩ 第 n 次拉深；⑪ 整形；⑫ 冲底孔；⑬ 落料

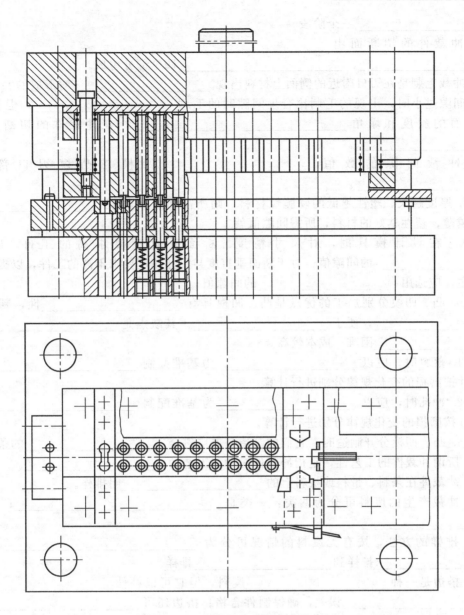

图 2-174　双筒焊片级进模总装图

练习、思考与测试

一、练习

（一）填空题（1~30 为冲裁模相关习题，31~52 为弯曲模相关习题，53~64 为拉深模相关习题，65~79 为其他模相关习题，带★为选做题）

1. 从广义来说，利用冲模使材料_____叫冲裁。它包括_____、_____、_____等工序。但一般来说，冲裁工艺主要是指_____和_____工序。

2. 冲裁根据变形机理的不同，可分为_____和_____。

3. 冲裁变形过程大致可分为 _____、_____、

_____三个阶段。

4. 冲裁件的切断面由_____、_____、_____、_____四个部分组成。

5. 冲裁毛刺是在刃口附近的侧面上材料出现_____时形成的。

6. 间隙过小时，出现的毛刺比合理间隙时的毛刺_____，但易去除，而且断面的斜度和塌角_____，在冲裁件的切断面上形成_____。

7. 冲裁间隙的数值，_____凹模与凸模刃口部分尺寸_____。

★8. 厚度越大、塑性越低的硬脆性材料，则所需间隙 Z 值就_____；而厚度越薄、塑性越好的材料，所需间隙值就_____。

★9. 在设计模具时，对尺寸精度、断面垂直度要求高的工件，应选用_____的间隙值；对于断面垂直度与尺寸精度要求不高的工件，以提高模具寿命为主，应选用_____的间隙值。

★10. 凸、凹模分别加工的优点是凸、凹模具有_____性，制造周期_____，便于_____。其缺点是_____小、_____困难、成本较高。

★11. 落料时，应以_____为基准配制_____，凹模刃口尺寸按磨损的变化规律分别进行计算。

★12. 冲孔时，应以_____为基准配制_____，凸模刃口尺寸按磨损的变化规律分别进行计算。

★13. 凸、凹模分开制造时，它们的制造公差应符合_____的条件。

14. 所谓冲裁件的工艺性，是指冲裁件对冲裁工艺的_____。

15. 冲裁件在条料、带料或板料上的_____叫排样。

16. 冲裁产生的废料可分为两类：一类是_____；另一类是_____。

17. 排样的方法，按有无废料的情况可分为_____排样、_____排样和_____排样。

18. 搭边是一种_____废料，但它可以补偿_____误差和_____误差，确保制件合格；搭边还可_____，提高生产率；此外还可避免冲裁时条料边缘的毛刺被_____，从而提高模具寿命。

19. 为了实现小设备冲裁大工件或使冲裁过程平稳以减少压力机的振动，常用_____法、_____法和_____法来降低冲裁力。

20. 在几个凸模直径相差较大、距离又较近的情况下，为了能避免小直径凸模由于承受材料流动的侧压力而产生的折断或倾斜现象，凸模应采用_____布置，即将_____做短一些。这样可保证冲裁时，_____凸模先冲。

21. 采用斜刃冲裁时，为了保证冲件平整，落料时应将_____做成平刃；冲孔时应将_____做成平刃。

22. 按工序组合程度分，冲裁模可分为_____、_____和_____等几种。

23. 级进模中，典型的定位结构有_____和_____两种。

24. 复合模的特点是生产率高，冲裁件的内孔与外形的_____，板料的定位精度高，冲模的外形尺寸_____，但复合模结构复杂，制造精度高，成本高。所以一般用于生产_____、_____的冲裁件。

25. 非圆形凸模，如果固定部分为圆形，必须在固定端接缝处_____；以铆接法固定时，铆接部分的硬度较工作部分要_____。

26. 复合模的凸凹模壁厚最小值与冲模结构有关，顺装式复合模的凸凹模壁厚可_____些；倒装式复合模的凸凹模壁厚应_____些。

27. 对于大中型的凸、凹模或形状复杂、局部薄弱的小型凸、凹模常采用_____。

28. 条料在送进方向上的_____距离称为步距。

29. 弹压卸料板既起_____作用，又起_____作用，所得的冲裁件质量较好，平直度较_____，因此，质量要求较高的冲裁件或_____宜用弹压卸料装置。

30. 整修时，材料变形过程与冲裁_____，整修与_____加工相似。

31. 将板料、型材、管材或棒料等_____、_____、_____的冲压方法称为弯曲。

32. 弯曲变形区内_____的金属层称为应变中性层。

33. 窄板弯曲后其横截面呈_____形状。窄板弯曲时的应变状态是_____的，而应力状态是_____。

34. 弯曲终了时，_____称为弯曲中心角。

35. 弯曲时，板料的最外层纤维濒于拉裂时的弯曲半径称为_____。

36. 弯曲时，用_____表示板料弯曲变形程度，不致使材料破坏的弯曲极限半径称_____。

37. 最小弯曲半径的影响因素有：材料的力学性能、_____、材料的热处理状况、_____。

38. 材料的塑性_____，塑性变形的稳定性越强，许可的最小弯曲半径就_____。

39. 板料表面和侧面的质量差时，容易造成应力集中并降低塑性变形的_____，使材料过早破坏。对于冲裁或剪切坯料，若未经退火，由于切断面存在冷变形硬化层，就会使材料_____，在上述情况下均应选用_____的弯曲半径。轧制钢板具有纤维组织，_____纤维方向的塑性指标高于_____纤维方向的塑性指标。

40. 为了提高弯曲极限变形程度，对于经冷变形硬化的材料，可采用_____以恢复塑性。

41. 为了提高弯曲极限变形程度，对于侧面毛刺大的工件，应_____；当毛刺较小时，也可以使有毛刺的一面处于_____，以免产生应力集中而开裂。

42. 为了提高弯曲极限变形程度，对于厚料，如果结构允许，可以采用_____的工艺，如果结构不允许，则采用_____的工艺。

43. 在弯曲变形区内，内层纤维切向受_____应变，外层纤维切向受_____应变，而中性层_____。

44. 板料塑性弯曲的变形特点是：（1）_____；（2）_____；（3）_____；（4）对于细长的板料，纵向产生翘曲，对于窄板，剖面产生畸变。

45. 弯曲时，当外载荷去除后，塑性变形_____，而弹性变形_____，使弯曲件_____，这种现象叫回弹。其表现形式有_____、_____两个方面。

46. 相对弯曲半径 r/t 越大，则回弹量_____。

47. 弯曲变形程度用_____来表示。弯曲变形程度越大，回弹_____，弯曲变形程度越小，回弹_____。

48. 改进弯曲件的设计，减少回弹的具体措施有：（1）_____；（2）尽量选用 σ_s/E 小，力学性能稳定和板料厚度波动小的材料。

49. 在弯曲工艺方面，减小回弹最适当的措施是_____。

50. 弯曲件需多次弯曲时，弯曲次序一般是先弯_____，后弯_____；前次弯曲应考虑后次弯曲有可靠的_____，后次弯曲不能影响前次已成形的形状。

51. 弯曲时，为了防止出现偏移，可采用_____和_____两种方法解决。

52. 对于 U 形件弯曲模，应当选择合适的间隙，间隙过小，会使工件_____，降低_____，增大_____；间隙过大，则回弹_____，降低_____。

53. 拉深凸模和凹模与冲裁模不同之处在于，拉深凸、凹模都有一定的_____而不是_____的刃口，其间隙一般_____板料的厚度。

54. 拉深系数 m 是_____和_____的比值，m 越小，则变形程度越_____。

55. 拉深过程中，变形区是坯料的_____。坯料变形区在切向压应力和径向拉应力的作用下，产生_____和_____的变形。

56. 拉深时，凸缘变形区的_____和筒壁传力区的_____是拉深工艺能否顺利进行的主要障碍。

57. 拉深中，产生起皱的现象是因为该区域内受_____的作用，导致材料_____而引起。

58. 板料的相对厚度 t/D 越小，则抵抗失稳能力越_____，越_____起皱。

59. 正方形盒形件的坯料形状是_____；矩形盒形件的坯料形状为_____或_____。

60. 一般地说，材料组织均匀、_____小、_____好、板平面方向性小、板厚方向系数大、_____大的板料，极限拉深系数较小。

61. 拉深凸模圆角半径太小，会增大_____，降低危险断面的抗拉强度，因而会引起拉深件_____，降低_____。

62. 确定拉深次数的方法通常是：根据工件的_____查表而得，或者采用_____法，根据表格查出各次极限拉深系数，然后_____。

63. 有凸缘圆筒件的总拉深系数 m _____极限拉深系数时，或零件的相对高度 h/d _____极限相对高度时，则凸缘圆筒件可以一次拉深成形。

64. 拉深时，凹模和卸料板与板料接触的表面应当润滑，而凸模圆角与板料接触的表面不宜_____，也不宜_____，以减小由于凸模与材料的相对滑动而使危险断面易于变薄破裂的危险。

65. 成形工序的共同特点是_____的形状。

66. 翻孔是在_____上冲制出竖立边缘的成形方法。

67. 翻孔时坯料的变形区是_____之间的环形部分。

68. 翻孔时，当工件要求的高度_____时，说明不可能在一次翻孔中完成，这时可以采用加热翻孔、_____或_____的方法进行。

69. 外缘翻边按变形性质可分为_____和_____。

70. 校平和整形工序大都是在_____、_____、_____等工序之后进行，以便使冲压件的平面度、圆角半径或某些形状尺寸经过校形后达到产品的要求。

71. 校形与整形工序的特点之一是：只在工序件局部位置_____，以达到提高零件的形状与尺寸精度的要求。

72. 在精密级进模中，侧刃一般用作_____定位，而导正销才作为_____定位，此时侧刃长度应大于步距_____毫米，以便导正销插入导正孔时条料略向_____。在设计模具时，导正孔一般应在第_____工位冲出，导正销设置在_____工位。

73. 在精密级进模中，弹压卸料装置不仅有_____作用，更重要的是具有_____和_____作用。

74. 在级进弯曲或其他成形工序中，通常需要将压力机滑块的垂直向下运动转化成凸模或凹模的向上或水平加工，完成这种加工方向转换的装置，通常采用_____或_____。

75. 在级进弯曲工艺中，如果向下弯曲，为了弯曲后条料的送进，在设计模具时则需要设计_____。

76. 在几个凸模直径相差较大、距离又较近的情况下，为了能避免小直径凸模由于承受材料流动的侧压力而产生的折断或倾斜现象，凸模应采用_____布置，即将_____做短一些。这样可保证冲裁时，_____凸模先冲。

77. 在级进模中，如果有导正销、冲孔凸模和弯曲凸模，则在装配时_____的位置应该最低。

78. 由于级进模的工位较多，因而在冲制零件时必须解决条料或带料的_____问题，才能保证冲压件的质量。

79. 需要弯曲、拉深、翻边等成形工序的零件，采用连续冲压时，位于成形过程变形部位上的孔，应安排在_____冲出，落料或切断工步一般安排在_____工位上。

（二）判断题（正确的打√，错误的打×）（1~12 为冲裁模相关习题，13~21 为弯曲模相关习题，22~33 为拉深模相关习题，34~39 为其他模相关习题）

1. 冲裁间隙过大时，断面将出现二次光亮带。（   ）
2. 形状复杂的冲裁件，适于用凸、凹模分开加工。（   ）

3. 对配作加工的凸、凹模，其零件图无需标注尺寸和公差，只说明配作间隙值。（   ）
4. 整修时材料的变形过程与冲裁完全相同。（   ）
5. 模具的压力中心就是冲压件的重心。（   ）
6. 在压力机的一次行程中完成两道或两道以上冲孔（或落料）的冲模称为复合模。（   ）
7. 导向零件就是保证凸、凹模间隙的部件。（   ）
8. 对配作的凸、凹模，其工作图无需标注尺寸及公差，只需说明配作间隙值。（   ）
9. 采用斜刃冲裁时，为了保证工件平整，冲孔时凸模应做成平刃，而将凹模做成斜刃。（   ）
10. 凸模较大时，一般需要加垫板，凸模较小时，一般不需要加垫板。（   ）
11. 压力机的闭合高度是指模具工作行程终了时，上模座的上平面至下模座的下平面之间的距离。（   ）
12. 无模柄的冲模，可以不考虑压力中心的问题。（   ）
13. 自由弯曲终了时，凸、凹模对弯曲件进行了校正。（   ）
14. 从应力状态来看，窄板弯曲时的应力状态是平面的，而宽板弯曲时的应力状态则是立体的。（   ）
15. 板料的弯曲半径与其厚度的比值称为最小弯曲半径。（   ）
16. 弯曲时，板料的最外层纤维濒于拉裂时的弯曲半径称为相对弯曲半径。（   ）
17. 冲压弯曲件时，弯曲半径越小，则外层纤维的拉伸越大。（   ）
18. 采用压边装置或在模具上安装定位销，可解决毛坯在弯曲中的偏移问题。（   ）
19. 经冷作硬化的弯曲件，其允许变形程度较大。（   ）
20. 弯曲件的回弹主要是弯曲变形程度很大所致。（   ）
21. 当弯曲件的弯曲线与板料的纤维方向平行时，可具有较小的最小弯曲半径，相反，弯曲件的弯曲线与板料的纤维方向垂直时，其最小弯曲半径可大些。（   ）
22. 拉深过程中，坯料各区的应力与应变是很均匀的。（   ）
23. 拉深过程中，凸缘平面部分材料在径向压应力和切向拉应力的共同作用下，产生切向压缩与径向伸长变形而逐渐被拉入凹模。（   ）
24. 拉深系数 m 恒小于 1，m 愈小，则拉深变形程度愈大。（   ）
25. 坯料拉深时，其凸缘部分因受切向压应力而易产生失稳起皱。（   ）
26. 拉深时，坯料产生起皱和受最大拉应力是在同一时刻发生的。（   ）
27. 拉深系数 m 愈小，坯料产生起皱的可能性也愈小。（   ）
28. 压料力的选择应在保证变形区不起皱的前提下，尽量选用小的压料力。（   ）
29. 拉深模根据工序组合情况不同，可分为有压料装置的拉深模和无压料装置的拉深模。（   ）
30. 拉深凸模圆角半径太大，增大了板料绕凸模弯曲的拉应力，降低了危险断面的抗拉强度，因而会降低极限变形程度。（   ）
31. 拉深时，拉深件的壁厚是不均匀的，上部增厚，愈接近口部增厚愈多，下部变薄，愈接近凸模圆角变薄愈大，壁部与圆角相切处变薄最严重。（   ）
32. 需要多次拉深的零件，在保证必要的表面质量的前提下，应允许内、外表面存在拉深过程中可能产生的痕迹。（   ）
33. 拉深的变形程度大小可以用拉深件的高度与直径的比值来表示。也可以用拉深后的圆筒形件的直径与拉深前的坯料（工序件）直径之比来表示。（   ）

34. 由于胀形时坯料处于双向受拉的应力状态，所以变形区的材料不会产生破裂。（　　）
35. 由于胀形时坯料处于双向受拉的应力状态，所以变形区的材料不会产生失稳现象，成形以后的冲件表面光滑、质量好。（　　）
36. 校形工序大都安排在冲裁、弯曲、拉深等工序之前。（　　）
37. 压缩类外缘翻边与伸长类外缘翻边的共同特点是：坯料变形区在切向拉应力的作用下，产生切向伸长类变形，边缘容易拉裂。（　　）
38. 翻孔凸模和凹模的圆角半径尽量取大些，以利于翻孔变形。（　　）
39. 翻孔的变形程度以翻孔前孔径 d 与翻孔后孔径 D 的比值 K 来表示。K 值愈小，则变形程度愈大。（　　）

（三）选择题（将正确的答案序号填到题目的空格处）（1~19为冲裁模相关习题，20~29为弯曲模相关习题，30~38为拉深模相关习题）

1. 冲裁变形过程中的塑性变形阶段形成了_____。
   A. 光亮带　　　　　B. 毛刺　　　　　C. 断裂带
★2. 落料时，其刃口尺寸计算原则是先确定_____。
   A. 凹模刃口尺寸　　B. 凸模刃口尺寸　　C. 凸、凹模尺寸公差
3. 冲裁多孔冲件时，为了降低冲裁力，应采用_____的方法来实现小设备冲裁大冲件。
   A. 阶梯凸模冲裁　　B. 斜刃冲裁　　　　C. 加热冲裁
4. 为使冲裁过程的顺利进行，将梗塞在凹模内的冲件或废料顺冲裁方向从凹模孔中推出，所需要的力称为_____。
   A. 推料力　　　　　B. 卸料力　　　　　C. 顶件力
5. 模具的压力中心就是冲压力_____的作用点。
   A. 最大分力　　　　B. 最小分力　　　　C. 合力
6. 冲裁件外形和内形有较高的位置精度要求，宜采用_____。
   A. 导板模　　　　　B. 级进模　　　　　C. 复合模
7. 用于高速压力机的冲压材料是_____。
   A. 板料　　　　　　B. 条料　　　　　　C. 卷料
8. 对步距要求高的级进模，采用_____的定位方法。
   A. 固定挡料销　　　B. 侧刃＋导正销　　C. 固定挡料销＋始用挡料销
9. 材料厚度较薄，则条料定位应该采用_____。
   A. 固定挡料销＋导正销　B. 活动挡料销　　C. 侧刃
10. 由于级进模的生产效率高，便于操作，但轮廓尺寸大，制造复杂，成本高，所以一般适用于_____冲压件的生产。
    A. 大批量、小型　　B. 小批量、中型　　C. 小批量、大型　　D. 大批量、大型
11. 侧刃与导正销共同使用时，侧刃的长度应_____步距。
    A. ≥　　　　　　　B. ≤　　　　　　　C. >　　　　　　　D. <
12. 对于冲制小孔的凸模，应考虑其_____。
    A. 导向装置　　　　B. 修磨方便　　　　C. 连接强度
13. 精度高、形状复杂的冲件一般采用_____凹模形式。
    A. 直筒式刃口　　　B. 锥筒式刃口　　　C. 斜刃口
14. 中、小型模具的上模是通过_____固定在压力机滑块上的。

A. 导板　　　　　　　B. 模柄　　　　　　　C. 上模座
15. 小凸模冲孔的导板模中，凸模与固定板呈_____配合。
A. 间隙　　　　　　　B. 过渡　　　　　　　C. 过盈
16. 为了保证条料定位精度，使用侧刃定距的级进模可采用_____。
A. 长方形侧刃　　　　B. 成形侧刃　　　　　C. 尖角侧刃
17. 凸模与凸模固定板之间采用_____配合，装配后将凸模端面与固定板一起磨平。
A. H7/h6　　　　　　 B. H7/r6　　　　　　 C. H7/m6
18. 冲裁大小不同、相距较近的孔时，为了减少孔的变形，应先冲_____和_____的孔，后冲_____和_____的孔。
A. 大　　　　　　　　B. 小　　　　　　　　C. 精度高　　　　D. 一般精度
19. 整修的特点是_____。
A. 类似切削加工　　　B. 冲压定位方便　　　C. 对材料塑性要求较高
20. 表示板料弯曲变形程度大小的参数是_____。
A. y/ρ　　　　　　 B. r/t　　　　　　　C. E/s
21. 弯曲件在变形区内出现断面为扇形的是_____。
A. 宽板　　　　　　　B. 窄板　　　　　　　C. 薄板
22. 弯曲件的最小相对弯曲半径是限制弯曲件产生_____。
A. 变形　　　　　　　B. 回弹　　　　　　　C. 裂纹
23. 材料的塑性好，则反映了弯曲该冲件允许_____。
A. 回弹量大　　　　　B. 变形程度大　　　　C. 相对弯曲半径大
24. 为了避免弯裂，则弯曲线方向与材料纤维方向_____。
A. 垂直　　　　　　　B. 平行　　　　　　　C. 重合
25. 为保证弯曲可靠进行，二次弯曲间应采用_____处理。
A. 淬火　　　　　　　B. 回火　　　　　　　C. 退火
26. 材料_____，则反映该材料弯曲时回弹小。
A. 屈服强度小　　　　B. 弹性模量小　　　　C. 经冷作硬化
27. 相对弯曲半径 r/t 大，则表示该变形区中_____。
A. 回弹减小　　　　　B. 弹性区域大　　　　C. 塑性区域大
28. 采用拉弯工艺进行弯曲，主要适用于_____的弯曲件。
A. 回弹小　　　　　　B. 曲率半径大　　　　C. 硬化大
29. 不对称的弯曲件，弯曲时应注意_____。
A. 防止回弹　　　　　B. 防止偏移　　　　　C. 防止弯裂
30. 拉深前的扇形单元，拉深后变为_____。
A. 圆形单元　　　　　B. 矩形单元　　　　　C. 环形单元
31. 拉深过程中，坯料的凸缘部分为_____。
A. 传力区　　　　　　B. 变形区　　　　　　C. 非变形区
32. 拉深时，在板料的凸缘部分，因受_____作用而可能产生起皱现象。
A. 径向压应力　　　　B. 切向压应力　　　　C. 厚向压应力
33. 拉深时出现的危险截面是指_____的断面。
A. 位于凹模圆角部位　B. 位于凸模圆角部位　C. 凸缘部位
34. 拉深过程中应该润滑的部位是_____；不该润滑部位

是_____。

A. 压料板与坯料的接触面　　B. 凹模与坯料的接触面　　C. 凸模与坯料的接触面

35. 经过热处理或表面有油污和其他脏物的工序件表面，需要_____方可继续进行冲压加工或其他工序的加工。

A. 酸洗　　　　　　　　B. 热处理　　　　　　　C. 去毛刺
D. 润滑　　　　　　　　E. 校平

36. 在宽凸缘的多次拉深时，必须使第一次拉深成的凸缘外径等于_____直径。

A. 坯料　　　　　　　　B. 筒形部分　　　　　　C. 成品零件的凸缘

37. 为保证较好的表面质量及厚度均匀，在宽凸缘的多次拉深中，可采用_____的工艺方法。

A. 变凸缘直径　　　　　B. 变筒形直径　　　　　C. 变圆角半径

38. 无凸缘筒形件拉深时，若冲件 h/d _____ 极限 h/d，则可一次拉出。

A. 大于　　　　　　　　B. 等于　　　　　　　　C. 小于

二、思考

（一）看图思考题

1. 如图 2-175 所示工件，如果采用复合模进行冲压，要求：
(1) 画出排样图；
(2) 画出模具工作零件的结构简图。

2. 确定图 2-176 所示零件的工艺方案。（材料：10 钢，厚度 $t=0.8\text{mm}$，大批量生产）

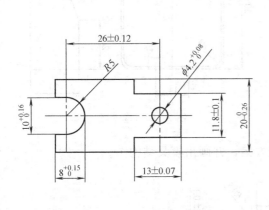

图 2-175　题 1 图

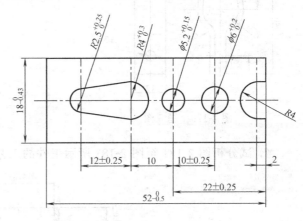

图 2-176　题 2 图

3. 冲裁图 2-177 所示的零件，分析其冲裁工艺方案和冲模结构。

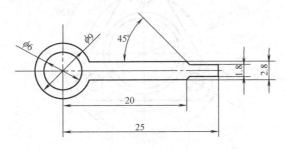

图 2-177　题 3 图

4. 试用工序草图表示图 2-178 中弯曲件的弯曲工序安排。

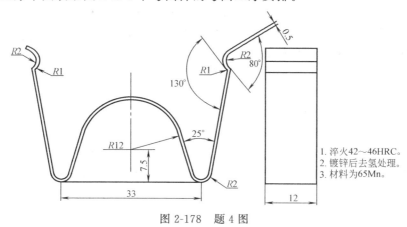

图 2-178　题 4 图

5. 图 2-179 中的工件，如果要用冲裁、弯曲多工序级进模冲压成形，请分析其可能性，若哪个工件有此可能，请用排样图表示其冲压成形过程。

6. 试确定图 2-180 所示冲件的冲压工序过程，并选择相应的冲压设备。

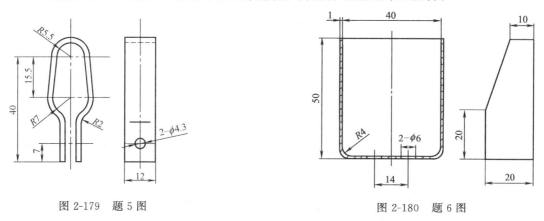

图 2-179　题 5 图　　　　　　　　　　图 2-180　题 6 图

7. 试分析图 2-181 至图 2-183 所示工件的工艺方案，并画出模具结构图。

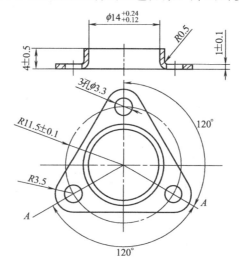

图 2-181　题 7 图 1

第二章 冲压模具结构 | 117

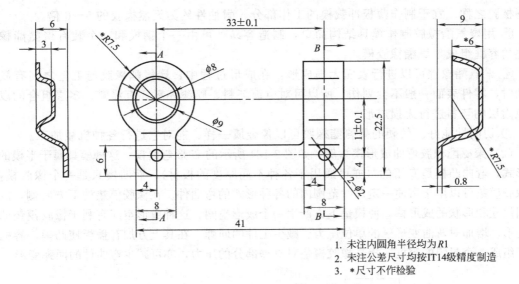

1. 未注内圆角半径均为 $R1$
2. 未注公差尺寸均按IT14级精度制造
3. *尺寸不作检验

图 2-182 题 7 图 2

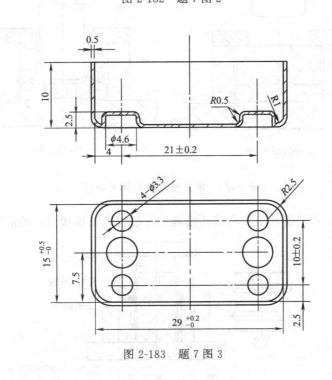

图 2-183 题 7 图 3

(二) 阅读聚氨酯橡胶成形模的材料,分析模具结构

1. 聚氨酯橡胶成形模的材料

聚氨酯橡胶是聚氨酯甲酸酯橡胶的简称,它是介于橡胶和塑料之间的一种高分子弹性体材料。目前在冲压生产中,通常用浇注型聚酯型聚氨酯橡胶作为模具材料。也有采用浇注型聚醚型聚氨酯橡胶的,但其冲击强度稍差。

(1) 浇注型的聚酯型聚氨酯橡胶的主要优点
① 具有较高的强度、单位压力和切应力,远远优于天然橡胶。流动性也好。
② 耐磨、耐油、抗老化以及抗撕裂性能好。耐磨性能约为天然橡胶的 5~10 倍。故有

耐磨橡胶之称。宜于制作薄板冲裁模的工作部分。耐油性约为天然橡胶的 5～6 倍。

③ 用聚氨酯橡胶制作模具结构简单，制造容易。可由一个钢模和一个装有聚氨酯橡胶模垫的容框组成聚氨酯橡胶模。

④ 聚氨酯橡胶可以进行表面无损成形，在成形过程中，聚氨酯橡胶与毛坯之间有微小错动时，零件表面一般不会划伤。所以可对电镀坯料、喷漆坯料、有浮雕、多层组合的以及有色附层的坯料进行无损成形。

⑤ 切削性能好。较硬的聚氨酯橡胶可以像金属一样，能对它进行各种机械加工。

（2）聚氨酯橡胶弯曲成形模举例　如图 2-184 所示的 U 形弯曲模。这种模具属于半模的结构形式，弯曲凸模是专用的（亦可通用于各种不同厚度的板材），而凹模只是一个橡胶模垫。此橡胶模垫可以用于弯曲一定尺寸范围内的各种形式的弯曲件。在橡胶模垫的下方两侧，放置不同尺寸和形状的成形棒，使模垫下方产生一个成形空间，这种成形空间有利于橡胶模垫的流动变形、增加对弯曲变形区的单位压力、减少工件的回弹。在其上方加有盖板使凸模、容框和盖板组成一个封闭的容框，提高橡胶模垫对直壁部分的压力，亦可减少弯曲件的回弹变形。

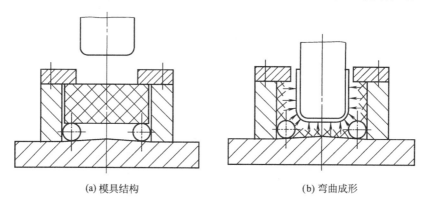

(a) 模具结构　　(b) 弯曲成形

图 2-184　聚氨酯橡胶 U 形弯曲模

2. 说说图 2-185 所示模具工艺名称、模具工作过程以及该模具结构的优缺点。

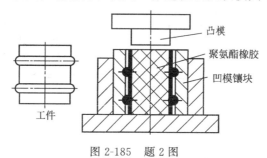

图 2-185　题 2 图

三、测试

（一）看图回答问题

1. 请说说图 2-186 至图 2-194 中各结构的主要功能以及各结构中主要零件的名称与作用。

2. 说说图 2-187 中三种结构的区别。

3. 图 2-188 中所设计的 1mm 与 0.5mm 尺寸有什么目的？

4. 图 2-193 中所设计的 1mm 尺寸有什么目的？

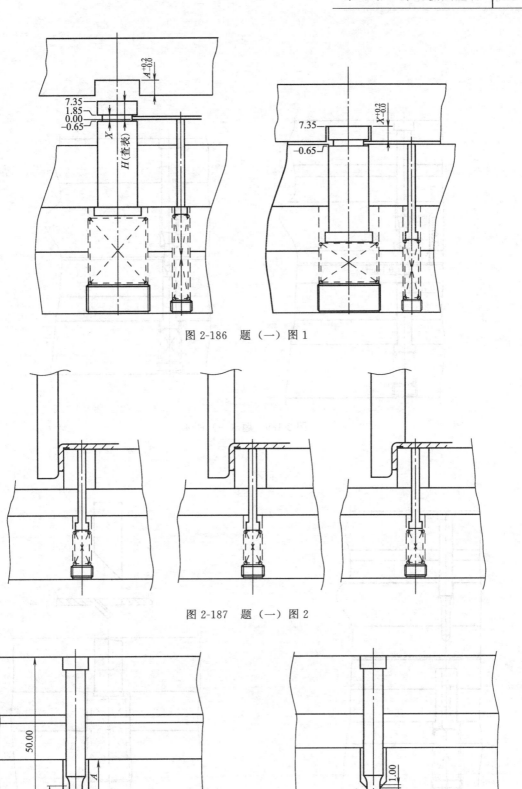

图 2-186　题（一）图 1

图 2-187　题（一）图 2

图 2-188　题（一）图 3

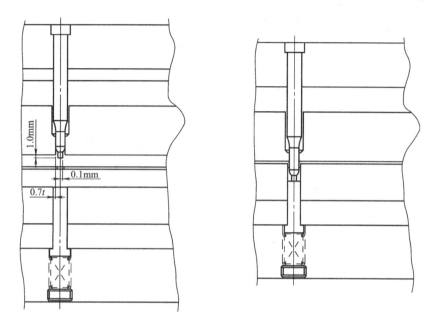

图 2-189 题（一）图 4

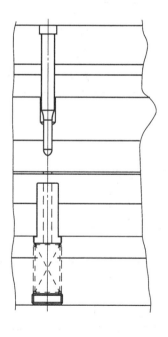

图 2-190 题（一）图 5

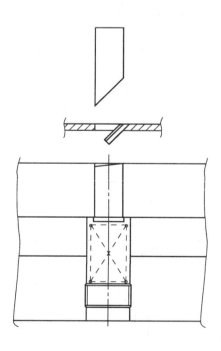

图 2-191 题（一）图 6

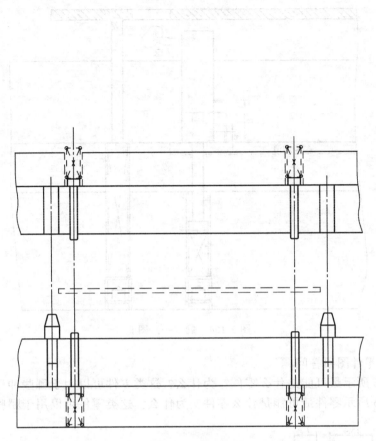

图 2-192 题（一）图 7

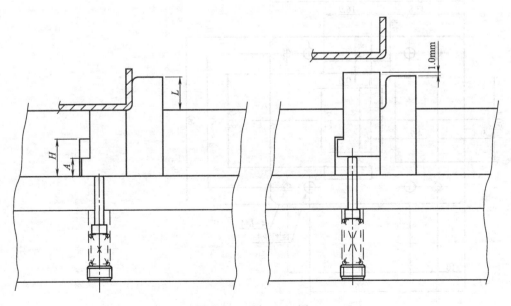

图 2-193 题（一）图 8

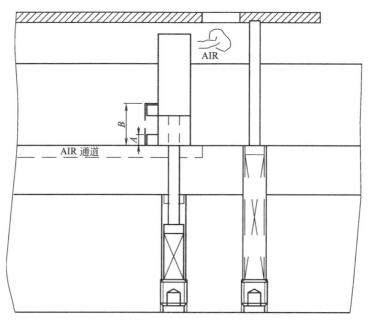

图 2-194　题（一）图 9

（二）识读零件图回答问题

1. 图 2-195 所示最可能是什么零件？为什么？这类零件可以用于哪些冲压模具？
2. 图 2-196 所示零件最可能是什么零件？为什么？这类零件可以用于哪些冲压模具？

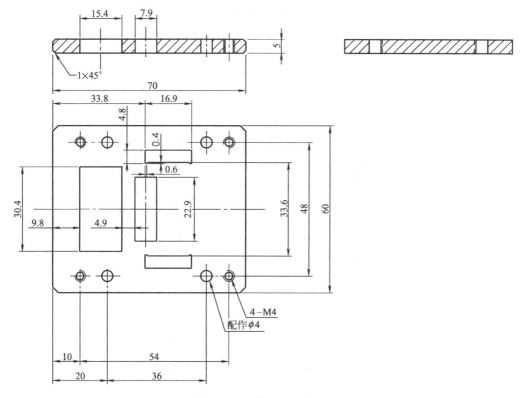

图 2-195　题（二）图 1

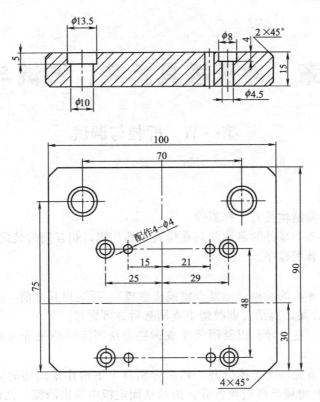

图 2-196 题（二）图 2

第三章　冲压模具拆装、调试与测绘

第一节　拆装与调试

一、模具拆装
（一）实训目的
① 了解典型冲模结构及其工作原理。
② 了解冲模上各个零件的名称及其在模具中的作用，相互间的装配关系。
③ 熟悉模具的装配程序。
（二）实训内容
① 拆装两套有导柱的冲模（如复合模或级进模）。拆装模具之前，应先分清可拆卸件和不可拆卸件，制定方案，提请实训教师审查同意后方可拆卸。
② 一般冲模的导柱、导套以及用浇注或铆接方法固定的凸模等为不可拆卸件或不宜拆卸件。
③ 拆卸时一般首先将上下模分开，然后分别将上下模作紧固用的紧固螺钉拧松，再打出销钉，用拆卸工具将模具各板块拆分，最后从固定板中压出凸模、凸凹模等，达到可拆卸件全部分离。
（三）实训用具
① 有导柱的模具两套。
② 锤子（铜锤）、内六角扳手、活动扳手等。
（四）实训步骤
① 在教师指导下，首先初步了解冲模的总体结构和工作原理。
② 按拆卸顺序拆卸冲模，详细了解冲模每个零件的结构和用途。
③ 将冲模重新组装好，进一步了解冲模的结构和冲模在冲床上工作时各部分的动作及作用。
（五）实习结果分析
① 每人独立（用直尺、圆规，按近似比例）绘制两张冲模结构草图与各零件草图。
② 详细列出冲模上全部零件的名称、数量、用途及其所选用的材料；若选用的是标准件则列出标准代号。
③ 简要说明复合冲裁模和级进模的工作过程。

二、模具安装与调试
（一）实训目的
① 了解模具安装过程与模具调试方法。
② 了解间隙大小、凸凹模刃口状态对冲裁件断面质量的影响。
③ 了解间隙大小对冲裁件尺寸精度的影响。
④ 会分析和解决调试过程中出现的一些问题。
（二）实训内容
① 在压力机上安装与调整模具，是一件很重要的工作，它直接影响到冲件质量和安全生产。

因此安装和调整冲模不但要熟悉压力机和模具的结构性能，而且要严格执行安全操作制度。

模具安装的一般注意事项有：

检查压力机上的打料装置，将其暂时调整到最高位置，以免在调整压力机闭合高度时被压弯；检查模具的闭合高度与压力机的闭合高度是否合理；检查下模顶杆和上模打料杆是否符合压力机的打料装置的要求（大型压力机则应检查气垫装置）；模具安装前应将上下模板和滑块底面的油污揩拭干净，并检查有无遗物，防止影响正确安装和发生意外事故。

② 冲裁间隙是指冲裁模中凸、凹模刃口尺寸的差值。间隙值对冲裁件质量、冲裁力和模具寿命都有很大的影响，是冲裁工艺与冲裁模设计中的一个重要的工艺参数。

间隙大小合适，则可得到好的断面质量；同样，刃口锐利，也可得到好的断面质量。

间隙大小合适，得到的冲裁件尺寸精度高，即零件的实际尺寸和冲模工作部分的尺寸之间的偏差小。

（三）实训用设备、工具和材料

① 设备：25t 曲柄冲床一台。
② 工具：冲压模一套、千分尺、放大镜、钢尺、固定模具所需的工具等。
③ 材料：铁皮（$t=1$mm）。

（四）实训步骤

① 冲裁模的安装。根据冲模的闭合高度调整压力机滑块的高度，使滑块在下极点时其底平面与工作台面之间的距离大于冲模的闭合高度。

先将滑块升到上极点，冲模放在压力机工作台面规定位置，再将滑块停在下极点，然后调节滑块的高度，使其底平面与上模座上平面接触。带有模柄的冲模，应使模柄进入模柄孔，并通过滑块上的压块和螺钉将模柄固定住。对于无模柄的大型冲模，一般用螺钉、压板等将上模座紧固在压力机滑块上，并将下模座初步固定在压力机台面上（不拧紧螺钉）。

将压力机滑块上调 3~5mm，开动压力机，空行程 1~2 次，将滑块停于下极点，固定住下模座。

进行试冲，并逐步调整滑块到所需的高度。如上模有推杆，则应将压力机上的制动螺钉调整到需要的高度。

② 用同一个凹模，更换不同直径的凸模，以改变间隙的大小进行冲裁。然后用放大镜观察每个零件的断面质量及测量每个零件的外径，将结果记入实训报告中。

③ 凹模不更换，换装上钝刃口凸模进行冲裁；钝刃口凸模不换，换装上钝刃口凹模进行冲裁；钝刃口凹模不换，换装上利刃口凸模进行冲裁。最后用放大镜观察每个零件的断面质量，画出断面形状汇入实训报告中。

（五）实训结果分析

① 分析间隙大小对冲裁件断面质量的影响并说明原因。
② 分析叙述钝刃口的凸、凹模对落料及冲孔件断面质量的影响并说明原因。
③ 分析间隙大小对冲裁件尺寸精度的影响并说明原因。

第二节 测 绘

一、装配体测绘

（一）图面布置规范

为了绘制一张美观、正确的模具装配图，必须掌握模具装配图面的布置规范。图 3-1 所

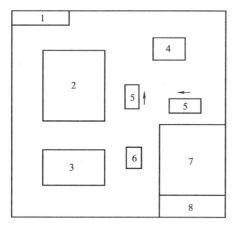

图 3-1 图面布置示意图
1—档案编号处；2—布置主视图；3—布置俯视图；
4—布置产品图；5—布置排样图；6—技术要求
说明处；7—明细表；8—标题栏

示为模具装配图的图面布置示意图，可参考使用。

图纸的左上角 1 处是档案编号。如果这份图纸将来要归档，就在该处编上档案号（且档案号是倒写的），以便存档。不能随意在此处填写其他内容。

2 处通常布置模具结构主视图。在画主视图前，应先估算整个主视图大致的长与宽，然后选用合适的比例作图。主视图画好后其四周一般与其他图或外框线之间应保持约 50～60mm 的空白，不要画得"顶天立地"，也不要画得"缩成一团"，这就需要选择一合适的比例。推荐尽量采用 1：1 的比例，如不合适，再考虑选用其他《机械制图国家标准》上推荐的比例。

3 处布置模具结构俯视图。应画拿走上模部分后的结构形状，其重点是为了反映下模部分所安装的工作零件的情况。俯视图与边框、主视图、标题栏或明细表之间也应保持约 50～60mm 的空白。

4 处布置冲压产品图。并在冲压产品图的右方或下方标注冲压件的名称、材料及料厚等参数。对于不能在一道工序内完成的产品，装配图上应将该道工序图画出，并且还要标注本道工序有关的尺寸。

5 处布置排样图。排样图上的送料方向与模具结构图上的送料方向必须一致，以使其他读图人员一目了然。

6 处布置主要技术要求。如模具的闭合高度、标准模架及代号及装配要求和所用的冲压设备型号等。

7 处布置明细表及标题栏。

8 处布置标题栏。作为课程设计，标题栏主要填写的内容有模具名称、作图比例及签名等内容。其余内容可不填。

结合图 3-2 标题栏及明细表填写示例，应注意的要点如下。

① 明细表至少应有序号、图号、零件名称、数量、材料、标准代号和备注等栏目。

② 在填写零件名称一栏时，应使名称的首尾两字对齐，中间的字则均匀插入。

③ 在填写图号一栏时，应给出所有零件图的图号。数字序号一般应与序号一样以主视图画面为中心依顺时针旋转的方向为序依次编定。由于模具装配图一般算作图号 00，因此明细表中的零件图号应从 01 开始计数。没有零件图的零件则没有图号。

④ 备注一栏主要标标准件规格、热处理、外购或外加工等说明。一般不另注其他内容。

（二）装配图的绘制要求

图 3-3 所示为垫圈冲孔落料复合模的装配图，在绘制模具装配图时，初学者的主要问题是图面紊乱无条理、结构表达不清、剖面选择不合理等，还有作图质量差，如引出线"重叠交叉"、螺销钉作图比例失真，漏线条等错误。上述问题除平时练习过少外，更主要的是缺乏作图技巧所致。一旦掌握了必要的技巧，这些错误是可以避免的。结合范例，下面简要地叙述绘制模具装配图的具体要求。

要说清这个问题，先要了解为什么要绘制模具装配图。绘制模具装配图最主要的是要反映模具的基本构造，表达零件之间的相互装配关系。从这个目的出发，一张模具装配图所必须达到的最起码要求：一是模具装配图中各个零件（或部件）不能遗漏，不论哪个模具零

12		弹顶器			1	
11	CM-07	模柄	GB 2862.4—81	Q235	1	
10		圆柱销φ6×70	GB 119—76	35	2	
9	CM-06	弯曲凸模		T10A	1	50～54HRC
8	CM-05	定位板		45	2	40～45HRC
7		螺钉M4×10	GB 70—76	45	4	
6	CM-04	顶料板		45	1	40～45HRC
5	CM-03	弯曲凹模		T10A	2	50～54HRC
4		圆柱销φ6×70	GB 119—76	35	4	
3		内六角螺钉M6×70	GB 70—76	45	4	
2	CM-02	顶料螺钉	GB 2867.5—81	45	2	
1	CM-01	下模座板		HT250	1	
序号	图号	名称	标准代号	材料	数量	备注

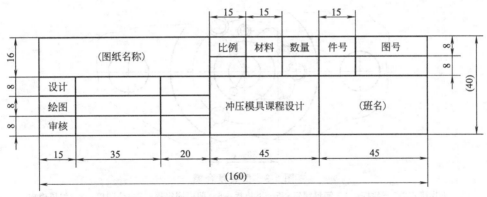

图 3-2 标题栏及明细表填写示例

件，装配图中均应有所表达；二是模具装配图中各个零件位置及与其他零件间的装配关系应明确。下面简要叙述装配图的作图技巧。

1. 装配图的作图状态

冲裁模装配图可以画成敞开状态（即开模状态），上模部分和下模部分敞开 10～15mm，具有读图直观的优点。对于初学者则建议画合模的工作状态，这有助于校核各模具零件之间的相关关系。

2. 剖面的选择

图 3-3 所示模具的上模部分剖面的选择应重点反映凸模的固定，凹模洞口的形状，各模板之间的装配关系（即螺钉、销钉的安装情况），模柄与上模座间的安装关系及由打杆、打板、顶杆和推块等组成的打料系统的装配关系等。上述需重点突出的地方应尽可能地采用全剖或半剖，而除此之外的一些装配关系则可不剖而用虚线画出或省去不画，在其他图上（如俯视图）另作表达即可。

模具下模部分剖面的选择应重点反映凸凹模的安装关系、凸凹模的洞口形状、各模板间的安装关系（即螺钉、销钉如何安装）、漏料孔的形状等，这些地方应尽可能考虑全剖，其

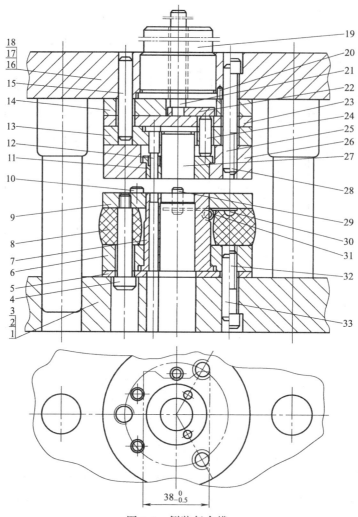

图 3-3 倒装复合模

1—下模座；2,3—导柱；4—卸料螺钉；5—下垫板；6—凹模固定板；7—凸凹模；8—弹压橡皮；9—卸料板；10—挡料钉；11—推块；12,27—冲孔凸模；13—冲孔凸模固定板；14—开制三叉通孔的垫板；15,25,33—销钉；16—上模座；17,18—导套；19—模柄；20—防转销；21—打杆；22—三叉打板；23—上垫板；24—顶杆；26—凹模；28—内六角螺钉；29—活动挡料销；30—半圆头螺钉；31—扭簧；32—内六角螺钉

他一些非重点之处则尽量简化。

图 3-3 中上模部分全剖了凸模的固定，凹模洞口形状及螺销钉的安装情况（并在左面布置销钉、右面布置紧固螺钉及另一销钉显得错落有致），对于模柄与上模座的连接情况进行了局部剖（并顺便画出防转销钉显得构图极为巧妙），而对打料系统的装配关系也尽量全剖，使其他读图者一目了然。

下模部分对凸凹模的固定，凸凹模洞口及漏料孔的形状，卸料板与卸料螺钉的连接情况，紧固螺钉与圆柱销的结构情况都进行了全剖。而对活动挡料钉的安装情况则采取了用虚线表达的方式。这样的布置需要设计者经过一番精心运筹后才能获得。

3. 序号引出线的画法

在画序号引出线前应先数出模具中零件的个数，然后再作统筹安排。在图 3-3 的模具装配图中，在画序号引出线前，数出整副模具中有 33 个零件，因此设计者考虑左方布置 18 个序号，右方再布置 15 个序号。根据上述布置，然后用相等间距画出 33 个短横线，最后从模具内引画零件到短横线之间的序号引出线。按照"数出零件数目→布置序号位置→画短横线→引画序号引出线"的作图步骤,可使所有序号引出线布置整齐、间距相等,避免了初学者画序号引出线常出现的"重叠交叉"现象。

4. 关于螺钉、销钉的画法

画螺钉应注意以下几点。

① 螺钉各部分尺寸必须画正确。螺钉的近似画法是：如螺纹部分直径为 D,则螺钉头部直径画成 $1.5D$,内六角螺钉的头部沉头深度应为 $D+(1\sim3)$ mm；销钉与螺钉联用时,销钉直径应选用与螺钉直径相同或小一号（即如选用 M8 的螺钉,销钉则应选 $\phi8$ 或 $\phi6$）。

② 画螺钉连接时应注意不要漏线条。以图 3-3 中螺钉 28 为例,螺钉只与尾部的凹模 26 螺纹连接,而螺钉经过冲孔凸模固定板 13、上垫板 14 及上模座 16 均应为过孔。

③ 画销钉连接时也要注意不要漏线条。以图 3-3 中的销钉 15 为例,在销钉经过的通孔凸模固定板 13 与上模座 16 零件需用销钉进行定位,而上垫板 14 则无需用销钉 15 来定位,所以应为过孔。

模具装配图绘制完成后,要审核模具的闭合高度、漏料孔直径、模柄直径及高度、打杆高度、下模座外形尺寸等与压力机有关技术参数间的关系是否正确。

二、零件测绘

（一）图形的绘制方法

1. 图形的不绘条件

画零件图的目的是为了反映零件的构造,为加工该零件提供图示说明。那么哪些零件需要画零件图呢？这可用一句话概括：一切非标准件、或虽是标准件但仍需进一步加工的零件均需绘制零件图。以图 3-3 倒装复合模为例,下模座 1 虽是标准件,但仍需要上面加工漏料孔、螺钉过孔及销钉孔,因此要画零件图；导柱、导套及螺销钉等零件是标准件也不需进一步加工,因此可以不画零件图。

2. 零件图的视图布置

为保证绘制零件图正确,建议按装配位置画零件图,但轴类零件按加工位置（一般轴心线为水平布置）。以图 3-3 所示的凹模 26（见图 3-4）为例,装配图上该零件的主视图反映了厚度方向的结构,俯视图则为原平面内的结构情况,在绘该凹模 26 的零件图时,建议就按装配图上的状态来布置零件图的视图,实践证明：这样能有效地避免投影关系绘制的错误。

3. 零件图的绘制步骤

绘制模具装配图后,应对照装配图来拆画零件图。推荐如下步骤：

绘制所有零件图的图形,尺寸线可先引出,相关尺寸后标注,以图 3-3 为例。模具可分为上下两大部分。在画上半部分的零件图时,绘制的顺序一般采用"自下往上,相关零件优先"的步骤进行。凹模 26 是工作零件可以首先画出；绘完凹模 26 的图形后,对照装配图,推块 11 与凹模 26 相关,其外形与凹模洞口完全一致,厚度应比凹模大出 0.5mm,根据这一关系马上画出推块 11 的图形；接下来再画冲孔凸模固定板 13 的图形,画好凸模固定板 13 以后,再对照模具装配图画出装在冲孔凸模固定板 13 内的冲孔凸模 12、冲孔凸模 27 等与之相关零件的图形……在画上模部分的零件图时,应注意经过上模座 16、上垫板 14、冲孔凸模固定板 13 及凹模 26 等模板上的螺销钉孔的位置一致。

在画下模部分的零件图时,一般采用"自上往下,相关零件优先"的步骤进行。先画卸料板 9 的图形,然后对照装配图上的装配关系,画活动挡料钉 29、挡料钉 10 的图形。再画凸凹模 7 的图形……在画下模的零件图时,也应注意经过卸料板 9、凹模固定板 6、下垫板 5、下模座 1 上的螺丝钉孔的位置及凸凹模 7、下垫板 5、下模座 1 上漏料孔位置的一致。

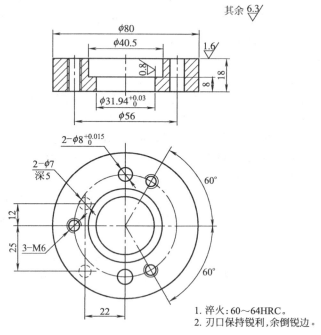

图 3-4　凹模（材料：T10A）

按照上述步骤，根据装配关系对零件形状的要求，绘制各零件图的图形，能很容易地正确绘制出模具零件的图形，并使之与装配关系完全吻合。

（二）尺寸标注方法

从事模具设计的人都有这样的体会：画图容易标注尺寸难。将一张零件图的图形绘制正确和将一张零件图上的所有尺寸标注正确相比要容易得多。然而初学者中普遍存在一种"重图形、轻尺寸标注"的倾向，一旦进行课程设计，所标注的尺寸或错误百出或紊乱不堪，令人难以读图；甚至出现螺销钉孔错位致使模具无法装配的严重错误，漏尺寸漏公差值等现象更是比比皆是。究其原因除了平时练习少外，更为重要的是缺乏必要的方法。进行尺寸标注时，建议根据装配图上的装配关系，用"联系对照"的方法标注尺寸，可有效地提高尺寸标注的正确率，具有较好的合理性。

1. 尺寸的布置方法

对于初学者出现尺寸标注紊乱、无条件等现象，主要是尺寸"布置"方法不当。要使用所有标注的尺寸在图面上布置合理、条理清晰，必须很好地运筹。图 3-5 所示的冲孔凸模固定板 13 的零件图中共有近 20 个尺寸，其中俯视图左侧布置螺销钉及顶杆过孔尺寸；下方布置顶杆过孔孔距尺寸、冲孔凸模 12 固定孔孔距尺寸、螺销钉孔的孔距尺寸及模板的外形直径尺寸；上方则布置孔距的角度尺寸。主视图上布置了冲孔凸模 27 和 12 的固定孔形状尺寸及模板的厚度等尺寸。这种布置方法合理地利用了零件图形周围的空白，既条理分明，又方便了别人读图。

尺寸布置还要求其他相关零件图相关尺寸的"布置地"尽量一致。如图 3-6 所示的上垫板 14 中的尺寸就参照了图 3-5 中布置方法，尽量地做到"同一尺寸在图纸的同一地点出现"。如 $\phi9$、$\phi7$、$\phi30$、$\phi56$、$\phi80$、30°、厚度 14 等尺寸的"布置地"基本上同图 3-5 冲孔凸模固定板零件图中的"布置地"相同。这样的尺寸标注方式极大地便利了读图者。学生要确立"图纸主要是画给别人看的！"的观念，学习与借鉴本例中的尺寸布置方法。

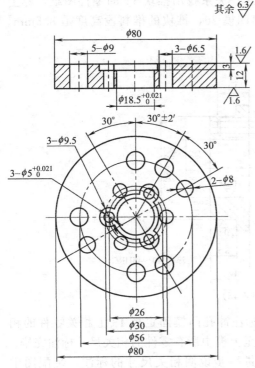

图3-5 冲孔凸模固定板（材料：Q235）

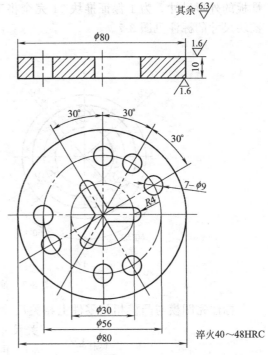

图3-6 开制三叉型孔的上垫板（材料：45）

2. 尺寸标注的思路

要使尺寸标注正确，就要把握尺寸标注的"思路"。前面要求绘制所要零件图的图形而先不标注任何尺寸，就是为了在标注尺寸时能够统筹兼顾，用一种正确的"思路"来正确地标注尺寸。下面以图3-3倒装复合模为例阐述尺寸标注的"思路"。

（1）标注工作零件的刃口尺寸　根据模具设计法则，先标注基准件上刃口尺寸（即冲孔凸模和落料上的刃口尺寸），再标注对应件上的刃口尺寸（即凸凹模上的刃口尺寸）；但复合模中也可将凸凹模作为基准件，凸模、凹模作为对应件进行尺寸标注。所有零件图的图形绘好后，先找出本模具的工作零件即凸凹模7、冲孔凸模12和27、落料凹模26，把这三张图纸对照起来，按照尺寸布置后安排好的"地点"标注刃口尺寸。这样可保证刃口尺寸标注的正确性。

（2）标注相关零件的相关尺寸　相关尺寸正确，各模具零件才能装配组成一幅模具，必须保证正确。在上模部分，相关尺寸的标注建议按照"自上而下"的顺序进行。先从工作零件凹模26开始，观察图3-3所示装配图，与该零件相关的模具零件有内六角螺钉28、销钉25、推块11、冲孔凸模固定板13，应从分析这些相关关系入手进行"相关尺寸"的标注。

凹模26与销钉25成H7/m6配合，故销钉孔直径为$\phi 8$H7。销钉25要通过26、13、14、16等模板，其中26与16成H7/m6配合，因此上模座16上销钉孔直径也应为$\phi 8$H7，可立即在上模座16的零件图上标出该尺寸。而销钉通过13、14模板的孔是应有0.5~1mm的间隙，因此13、14上相应的过孔直径为$\phi 9$，也应在相应的图纸上立即标出。

凹模26与3个M8的内六角螺钉28是螺纹连接，因此凹模26的图纸上对应螺纹孔应标注为3-M8；螺钉28也过16、13、14、16等模板，其中与13、14、16上的过孔也有0.5~1mm的间隙，相应的图纸上应立即标注$\phi 9$，各模板上的螺纹孔距均为$\phi 9$，各模板上的螺纹孔距均为$\phi 56$，一并标出。

凹模26还与推块11相关。从装配关系知：推块11的外形应与凹模洞口一致，只是尺寸比洞口尺寸小，四周有 0.2~0.6mm 的间隙，按这一关系找出推块 11 的零件图纸，标上推板的外形尺寸。为了保证推块 11 完全将工件推出凹模 26，推块的推料段高度是 8.5mm。推块尺寸的标注见图 3-7。

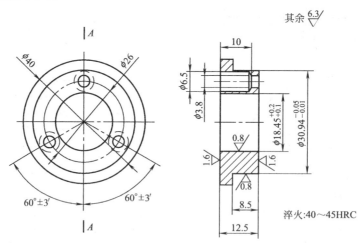

图 3-7　推块（材料：45）

标注完凹模与凸模相关零件上相关尺寸后，再标注冲孔凸模固定板 13 上相关零件的相关尺寸……直至上模中所有零件的相关尺寸标注完毕。

再举一例进一步说明相关尺寸的标注。装配图中的冲孔凸模 27 与冲孔凸模固定板 13 和推块 11 相关；其中冲孔凸模固定板 13 相应处为一吊装固定台阶孔，大孔高度与凸模吊装段等高，即同为 3mm，孔径应比凸模台阶直径大出 0.5~1mm，是 22.5mm；小孔与凸模固定段成 H7/m6 的配合，即冲孔凸模固定板 13 上的小孔直径应为 φ18.5，而推块 11 上开制的凸模过孔应比凸模刃口部分直径大出 0.5~1mm，实际为 φ18.8mm。上述尺寸应依次同时标注。冲孔凸模 27 的零件图见图 3-8。

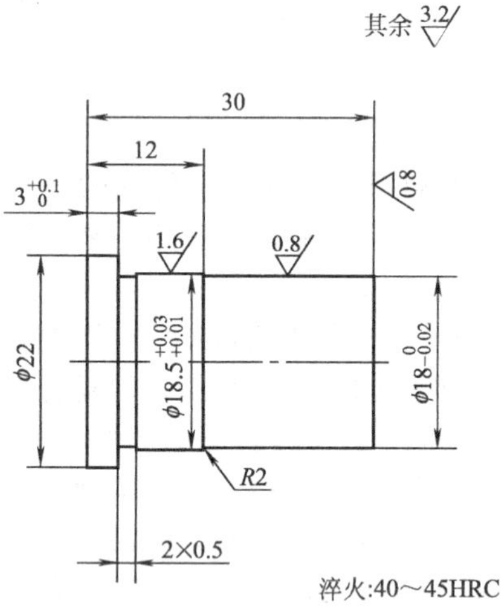

图 3-8　冲孔凸模（材料：T10A）

模具下模部分的相关尺寸标注可按"自上而下"的顺序进行。先标注弹压卸料板 9 与挡料钉 10、28，弹压卸料板与卸料螺钉 4 之间的相关尺寸；再标注凸凹模固定板 6 与凸凹模 7、卸料螺钉 4、紧固螺钉 32、圆柱销 33 之间的相关尺寸……直至所有相关尺寸标注完毕。

（3）复杂型孔的尺寸标注　形状越复杂，尺寸就越多，由此造成的标注困难是初学者设计冲压模时的主要障碍。图 3-9 所示的凸模零件，因洞口形状的尺寸繁多而出现标注困难。有两个解决方法：一是放大标注法，将凹模零件图适当放大后再标注尺寸；二是移出放大标注法，将复杂的洞口型孔单独移至零件图外面的适合位置，再单独标记繁多的型孔尺寸，而零件图内仅标注型孔图形的位置尺寸即可。图 3-9 中采用了移位标注法。

（4）未注公差尺寸的标注　判断冲压件上未注公差尺寸的偏差方向。采用"入体原则"，可先画出该冲压件的假想磨损图。图 3-10 所示工件的假想磨损图用双点画线画出，再根据以下方法进行判断。如该尺寸磨损后变小为负偏差；变大为正偏差；不变则为正负偏差。据此可确定图 3-10 中，26.2，24.2、20.8 等尺寸为负偏差；15、12、2 及 3-φ5 等尺寸为正偏

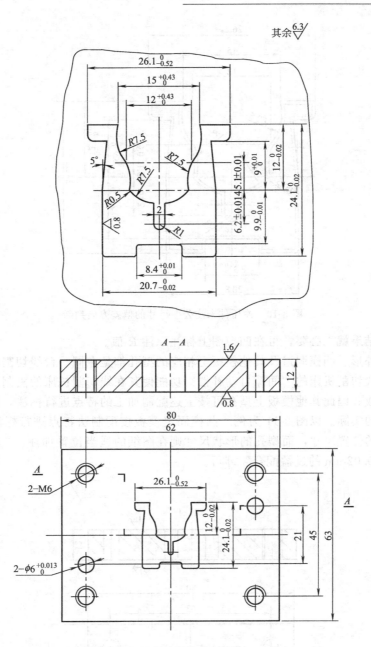

图 3-9 复杂模洞口的移位标注

差；而尺寸 14.5 则为正负偏差。若需判别半径 R 及角度尺寸的偏差方向同样可采用此法。

冲压件未注公差配合尺寸极限偏差一般为 IT12～IT14，常用 IT14。若该冲压件使用时与其他工件并无装配关系，则未注公差尺寸的偏差方向及极限偏差可按国际 GB/T 15055—94 圆角半径等的极限偏差分为 f（fine 精密级）、m（medium 中等级）、c（coarse 粗糙级）、v（verycoarse 最粗级）四个公差等级。一般可选用 c 级。

(5) 其他模板上型孔的配制标注 在进行凹模洞口的刃口尺寸计算时如何处理半径尺寸 R？实践中视对 R 的测量手段以及使用要求而定，如有能精确测定 R 值的量具，则需对 R 值进行刃口尺寸的计算；如仅有靠尺等常规测量工具，则对 R 进行刃口尺寸计算并在凹模

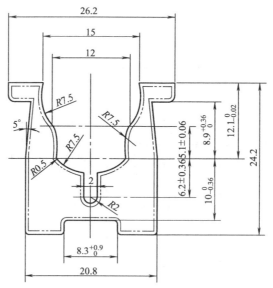

图 3-10 冲压件未注公差尺寸的偏差方向判断

图上标注计算结果就无必要，可在凹模图上标注原注 R 值。

由于凸模外形、凹模洞口及其他模板上相应的型孔都是在同一台线切割机床上用同一加工程序，根据线切割机床的"间隙自动补偿"功能使其在线切割机床的割制过程中自动配制一定的间隙而成。因此其他模板上型孔可按上述配制加工的特点进行标注，既简单明晰，又符合模具制作的实际。以图 3-11 为例，凸模固定模板按配制法特点进行标注时，仅需在模板内标注型孔的位置尺寸，而型孔的形状尺寸则在图纸的适当位置加注："型孔尺寸按凸模的实际尺寸成 0.02mm 的过盈配合"即可。

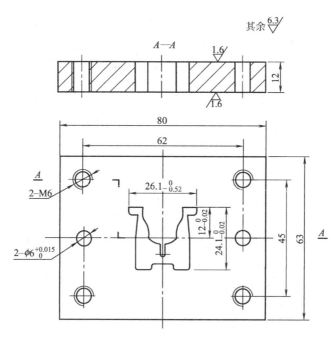

注：型孔尺寸按凸模的实际尺寸成 0.02mm 的过盈配合。

图 3-11 凸模固定板型孔的配制标注

（6）补全其他尺寸及技术要求　这个阶段可逐张零件进行，先补全其他尺寸，例如轮廓大小尺寸、位置尺寸等；再标注各加工面的粗糙度要求及倒角、圆角的加工情况，最后是选材及热处理，并对本零件进行命名等。

第三节　模具 CAD

一、模具 CAD 指导

冲压模具 CAD 举例。

（一）图例说明

图 3-12 为产品图，图 3-13 为模具装配图。模具为一套落料、拉深（属无凸缘筒形拉深）复合模，采用滑动导向后侧导柱标准模架。冲床一次工作行程中，坯料在模具的同一位置上实现落料和拉深两个冲压工序。在该模具中有一个凸凹模 25，它既是落料凸模又是拉深凹模。凸凹模 25 与落料凹模 10 作用完成落料工序，拉深凸模 27 与凸凹模 25 作用完成拉深工序。条料紧箍在凸凹模上，由卸料板 13 卸下，制件卡在凸凹模内和箍在拉深凸模 27 上，由推件板 26（推件装置元件）和顶件板 11（弹顶装置元件）卸下。

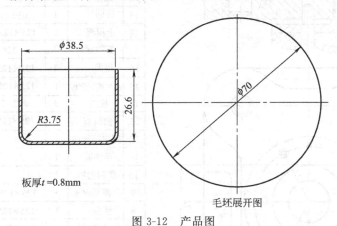

图 3-12　产品图

（二）CAD 绘图步骤

1. 准备工作

① 打开 AutoCAD，首先做好必要的绘图设置，如设置图层、设置线宽、捕捉方式等，用中心线画作图基准线。

② 导入或绘制冲压件的零件图，并根据模具装配图的要求将零件图调整成如图 3-14 所示的两个视图，主视图中制品调整成开口朝下，俯视图中应加毛坯图。

2. 绘装配图

以模具开模状态为例来讲述。

① 在规划好的模具主视图绘图位置上，以制品外形绘制模具工作零件（见图 3-15），上模有凸凹模、下模有拉深凸模。

② 同时在规划好的模具俯视图绘图位置上，以制品内形绘制模具工作零件，因俯视图仅画下模部分，所以俯视图上以制品内形绘出拉深凸模。

注意：以上两步应同时进行，并要根据视图之间的空间需要调整两视图的距离，一般移动俯视图。

③ 绘制其他工艺零件（见图 3-16），主视图中上模有推件板、卸料板，下模有顶件板；

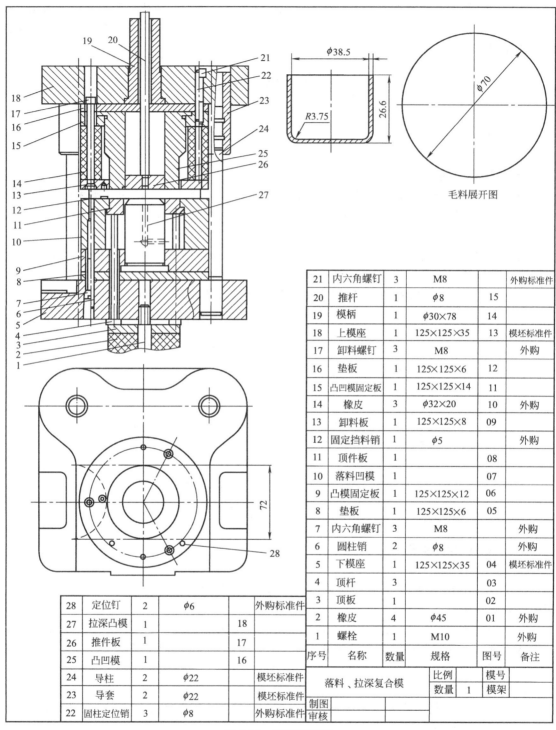

图 3-13 模具装配图

俯视图上有顶件板。

注意：绘制工艺零件之后可以将制品图删除或移走。

④ 再次调整好两个视图间的距离，绘制模具结构零件（见图 3-17）。主视图中上模有垫板、橡胶、上模座、模柄等，下模有拉深凸模的固定板、下模座等。按照零件的关系修剪多

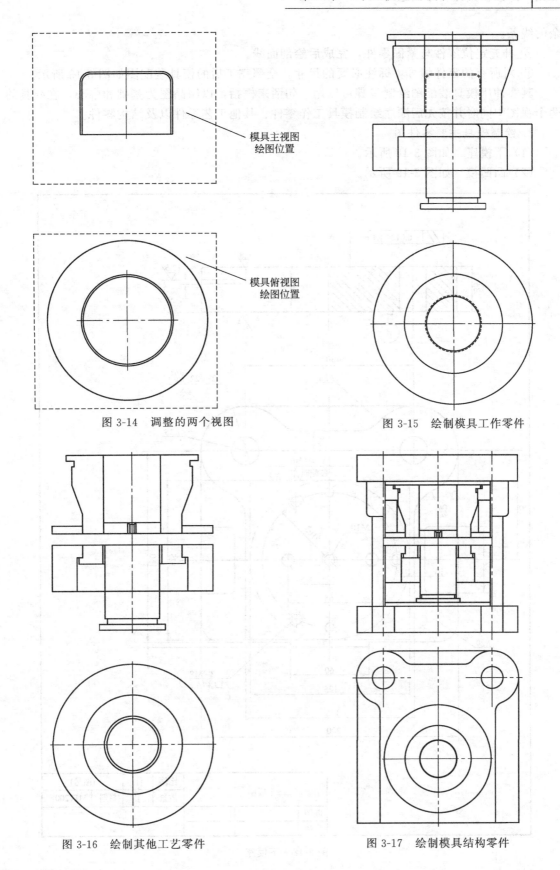

图 3-14 调整的两个视图

图 3-15 绘制模具工作零件

图 3-16 绘制其他工艺零件

图 3-17 绘制模具结构零件

余的线条。

⑤ 补充定位零件与紧固零件，完成后绘剖面线。

⑥ 对所有的零件编号，标注必要的尺寸，全部完工后的模具装配图如图 3-13 所示。

其实冲压模具装配图绘制步骤可以用一句话来概括：以制品图为基础和中心，在模具的两个视图中同时并按先后顺序绘制模具工作零件、其他工艺零件以及结构零件。

3. 绘制模具主要零件图

（1）下模座 如图 3-18 所示。

（2）凸凹模 如图 3-19 所示。

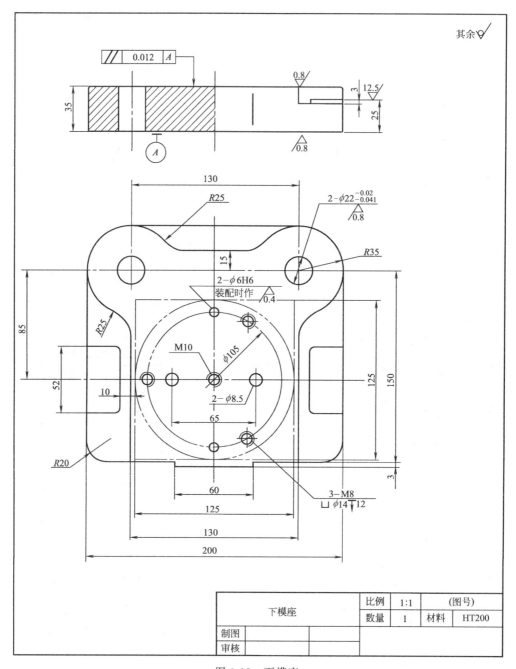

图 3-18 下模座

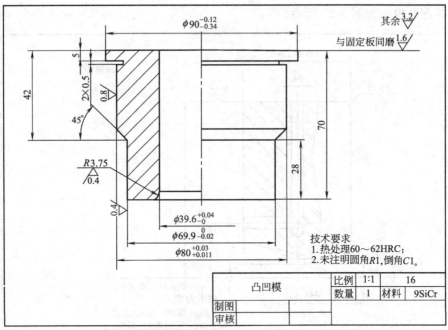

图 3-19 凸凹模

(3) 落料凹模 如图 3-20 所示。

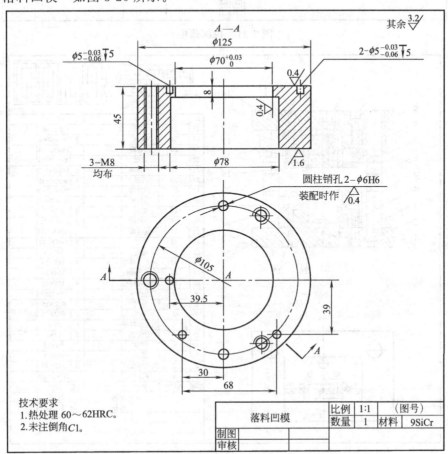

图 3-20 落料凹模

(4) 拉深凸模　如图 3-21 所示。

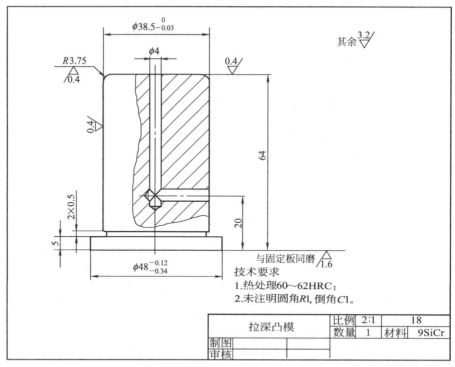

图 3-21　拉深凸模

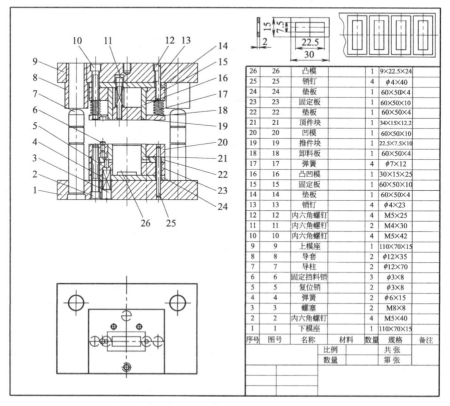

图 3-22　模具装配图

二、课题训练
(一) 课题说明
如图 3-22～图 3-26 所示为一套冲压模具的装配图与主要的零件图,根据训练内容完成训练。

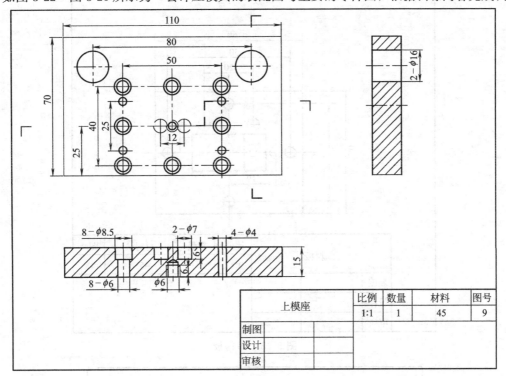

图 3-23 上模座

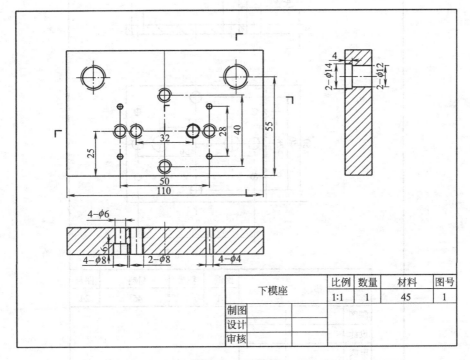

图 3-24 下模座

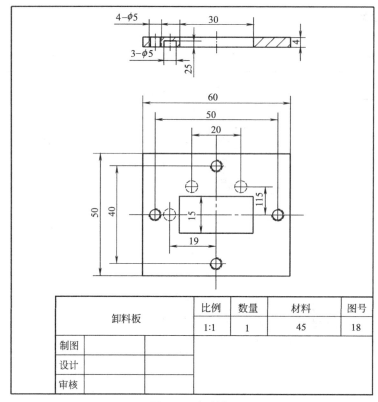

图 3-25 卸料板

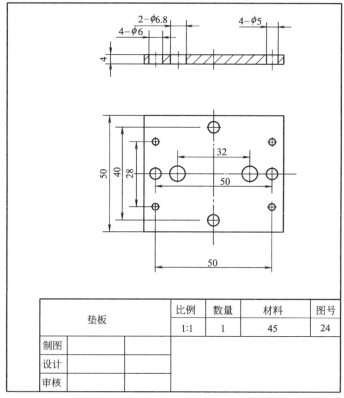

图 3-26 垫板

（二）训练内容

① 根据图 3-22～图 3-26 中图样及相关尺寸，抄画出模具装配图。
② 补充模具装配图所缺的零件，修正其中的绘图错误。
③ 拆画模具的工艺零件。
④ 在以上基础上，绘制模具的合模工作状态图样。

*第四节 模具设计

一、数据确定与尺寸计算

（一）冲裁模具

设计冲裁模具时，必须严格控制并确定凸模与凹模之间的间隙 Z，并根据间隙 Z 计算（或选取）并校核模具刃口尺寸，而真正要确定模板大小还需要依据通过计算而确定的排样与搭边相关数据，最后选取冲裁设备前要确定压力中心与冲裁力。

1. 冲裁模具间隙

冲裁间隙 Z 是指冲裁模中凹模刃口横向尺寸 D_A 与凸模刃口横向尺寸 d_T 的差值，如图 3-27 所示。Z 表示双面间隙，单面间隙用 $Z/2$ 表示，如无特殊说明，冲裁间隙就是指双面间隙。Z 值可为正，也可为负，但在普通冲裁中，均为正值。

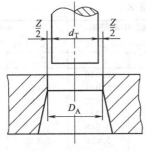
图 3-27 冲裁模间隙图

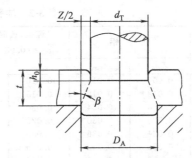
图 3-28 冲裁产生裂纹的瞬时状况

间隙对冲裁件质量、冲裁力、模具寿命等都有很大的影响。但很难找到一个固定的间隙值能同时满足冲裁件质量最佳、冲模寿命最长，冲裁力最小等各方面的要求。

因此，在冲压实际生产中，主要根据冲裁件断面质量、尺寸精度和模具寿命这三个因素综合考虑，给间隙规定一个范围值。只要间隙在这个范围内，就能得到质量合格的冲裁件和较长的模具寿命。这个间隙范围就称为合理间隙，这个范围的最小值称为最小合理间隙（Z_{min}），最大值称为最大合理间隙（Z_{max}）。

考虑到在生产过程中的磨损使间隙变大，故设计与制造新模具时应采用最小合理间隙 Z_{min}。确定合理间隙值有理论法和经验确定法两种。

（1）**理论确定法** 主要是根据凸、凹模刃口产生的裂纹相互重合的原则进行计算，图 3-28 所示为冲裁过程中开始产生裂纹的瞬时状态，根据图中几何关系可求得合理间隙

$$Z = 2(t - h_0)\tan\beta = 2t\left(1 - \frac{h_0}{t}\right)\tan\beta \tag{3-1}$$

式中　t——材料厚度；

h_0——产生裂纹时凸模挤入材料深度；

h_0/t——产生裂纹时凸模挤入材料的相对深度；

β——剪切裂纹与垂线间的夹角。

由上式可看出,合理间隙 Z 与材料厚度 t、凸模相对挤入材料深度 h_0、裂纹角 β 有关,而 h_0 及 β 又与材料塑性有关,见表 3-1。因此,影响间隙值的主要因素是材料性质和厚度。材料厚度越大,塑性越低的硬脆材料,则所需间隙 Z 值就越大;材料厚度越薄,塑性越好的材料,则所需间隙 Z 值就越小。由于理论计算法在生产中使用不方便,故目前广泛采用的是经验数据。

表 3-1 h_0/t 与 β 值

材　料	h_0/t		β	
	退火	硬化	退火	硬化
软钢、纯铜、软黄铜	0.5	0.35	6°	5°
中硬钢、硬黄铜	0.3	0.2	5°	4°
硬钢、硬青铜	0.2	0.1	4°	4°

(2) 经验确定法　根据研究与实际生产经验,间隙值可按要求分类查表确定。对于尺寸精度、断面质量要求高的冲裁件应选用较小间隙值(表 3-2,可详见 GB/T 16743—1997),这时冲裁力与模具寿命作为次要因素考虑。对于尺寸精度和断面质量要求不高的冲裁件,在满足冲裁件要求的前提下,应以降低冲裁力、提高模具寿命为主,选用较大的双面间隙值(表 3-3,可详见 GB/T 16743—1997)。

表 3-2 冲裁模初始双面间隙值 Z

材料厚度 t/mm	软铝		纯铜、黄铜、软钢 $w_C=(0.08\sim0.2)\%$		杜拉铝、中等硬钢 $w_C=(0.3\sim0.4)\%$		硬钢 $w_C=(0.5\sim0.6)\%$	
	$Z_{\min}$	$Z_{\max}$	$Z_{\min}$	$Z_{\max}$	$Z_{\min}$	$Z_{\max}$	$Z_{\min}$	$Z_{\max}$
0.2	0.008	0.012	0.010	0.014	0.012	0.016	0.014	0.018
0.3	0.012	0.018	0.015	0.021	0.018	0.024	0.021	0.027
0.4	0.016	0.024	0.020	0.028	0.024	0.032	0.028	0.036
0.5	0.020	0.030	0.025	0.035	0.030	0.040	0.035	0.045
0.6	0.024	0.036	0.030	0.042	0.036	0.048	0.042	0.054
0.7	0.028	0.042	0.035	0.049	0.042	0.056	0.049	0.063
0.8	0.032	0.048	0.040	0.056	0.048	0.064	0.056	0.072
0.9	0.036	0.054	0.045	0.063	0.054	0.072	0.063	0.081
1.0	0.040	0.060	0.050	0.070	0.060	0.080	0.070	0.090
1.2	0.050	0.084	0.072	0.096	0.084	0.108	0.096	0.120
1.5	0.075	0.105	0.090	0.120	0.105	0.135	0.120	0.150
1.8	0.090	0.126	0.108	0.144	0.126	0.162	0.144	0.180
2.0	0.100	0.140	0.120	0.160	0.140	0.180	0.160	0.200
2.2	0.132	0.176	0.154	0.198	0.176	0.220	0.198	0.242
2.5	0.150	0.200	0.175	0.225	0.200	0.250	0.225	0.275
2.8	0.168	0.225	0.196	0.252	0.224	0.280	0.252	0.308
3.0	0.180	0.240	0.210	0.270	0.240	0.300	0.270	0.330
3.5	0.245	0.315	0.280	0.350	0.315	0.385	0.350	0.420
4.0	0.280	0.360	0.320	0.400	0.360	0.440	0.400	0.480
4.5	0.315	0.405	0.360	0.450	0.405	0.490	0.450	0.540
5.0	0.350	0.450	0.400	0.500	0.450	0.550	0.500	0.600
6.0	0.480	0.600	0.540	0.660	0.600	0.720	0.660	0.780
7.0	0.560	0.700	0.630	0.770	0.700	0.840	0.770	0.910
8.0	0.720	0.880	0.800	0.960	0.880	1.040	0.960	1.120
9.0	0.870	0.990	0.900	1.080	0.990	1.170	1.080	1.260
10.0	0.900	1.100	1.000	1.200	1.100	1.300	1.200	1.400

注:1. 初始间隙的最小值相当于间隙的公称数值。

2. 初始间隙的最大值是考虑到凸模和凹模的制造公差所增加的数值。

3. 在使用过程中,由于模具工作部分的磨损,间隙将有所增加,因而间隙的使用最大数值会超过表列数值。

4. w_C 表示钢中的含碳量。

表 3-3 冲裁模初始双面间隙值 Z

材料厚度 t/mm	08、10、35、Q295、Q235A		Q345		40、50		65Mn	
	Z_{min}	Z_{max}	Z_{min}	Z_{max}	Z_{min}	Z_{max}	Z_{min}	Z_{max}
小于0.5	极 小 间 隙							
0.5	0.040	0.060	0.040	0.060	0.040	0.060	0.040	0.060
0.6	0.048	0.720	0.048	0.072	0.048	0.072	0.048	0.072
0.7	0.064	0.092	0.064	0.092	0.064	0.092	0.064	0.092
0.8	0.072	0.104	0.072	0.104	0.072	0.104	0.064	0.092
0.9	0.090	0.126	0.090	0.126	0.090	0.126	0.090	0.126
1.0	0.100	0.140	0.100	0.140	0.100	0.140	0.090	0.126
1.2	0.126	0.180	0.132	0.180	0.132	0.180		
1.5	0.132	0.240	0.170	0.240	0.170	0.240		
1.75	0.220	0.320	0.220	0.320	0.220	0.320		
2.0	0.246	0.360	0.260	0.380	0.260	0.380		
2.1	0.260	0.380	0.280	0.400	0.280	0.400		
2.5	0.360	0.500	0.380	0.540	0.380	0.540		
2.75	0.400	0.560	0.420	0.600	0.420	0.600		
3.0	0.460	0.640	0.480	0.660	0.480	0.660		
3.5	0.540	0.740	0.580	0.780	0.580	0.780		
4.0	0.640	0.880	0.680	0.920	0.680	0.920		
4.5	0.720	1.000	0.680	0.960	0.780	1.040		
5.5	0.940	1.280	0.780	1.100	0.980	1.320		
6.0	1.080	1.440	0.840	1.200	1.140	1.500		
6.5			0.940	1.300				
8.0			1.200	1.680				

注：冲裁皮革、石棉和纸板时，间隙取 08 钢的 25%。

需要指出的是，当模具采用线切割加工，若直接从凹模中制取凸模，此时凸、凹模间隙决定于电极丝直径、放电间隙和研磨量，但其总和不能超过最大单面初始间隙值（见表 3-2）。

2. 凸模与凹模刃口尺寸

凸模与凹模的刃口尺寸和公差，直接影响冲裁件的尺寸精度。模具的合理间隙值也靠凸、凹模刃口尺寸及其公差来保证。因此，正确确定凸、凹模刃口尺寸和公差，是冲裁模设计中的一项重要工作。

(1) 确定凸、凹模刃口尺寸的原则　冲裁过程中，凸、凹模要与冲裁零件或废料发生摩擦，凸模轮廓越磨越小，凹模轮廓越磨越大，结果使间隙越用越大。因此，确定凸、凹模刃口尺寸应区分落料和冲孔工序，并遵循如下原则。

① 设计落料模先确定凹模刃口尺寸，以凹模为基准，间隙取在凸模上，即冲裁间隙通过减小凸模刃口尺寸来取得；设计冲孔模先确定凸模刃口尺寸，以凸模为基准，间隙取在凹模上，冲裁间隙通过增大凹模刃口尺寸来取得。

② 根据冲模在使用过程中的磨损规律，设计落料模时，凹模基本尺寸应取接近或等于工件的最小极限尺寸；设计冲孔模时，凸模基本尺寸则取接近或等于工件孔的最大极限尺寸。这样，凸、凹在磨损到一定程度时，仍能冲出合格的零件。

模具磨损预留量与工件制造精度有关，用 x、Δ 表示，其中 Δ 为工件的公差值，x 为磨损系数，其值在 $0.5\sim1$ 之间，根据工件制造精度进行选取：

工件精度 IT10 以上，$x=1$；

工件精度 IT11～IT13，$x=0.75$；

工件精度 IT14，$x=0.5$。

③ 不管落料还是冲孔，冲裁间隙一般选用最小合理间隙值（Z_{min}）。

④ 选择模具刃口制造公差时，要考虑工件精度与模具精度的关系，既要保证工件的精度要求，又要保证有合理的间隙值。一般冲模精度较工件精度高 2~4 级。对于形状简单的圆形、方形刃口，其制造偏差值可按 IT6~IT7 级来选取；对于形状复杂的刃口制造偏差可按工件相应部位公差值的 1/4 来选取；对于刃口尺寸磨损后无变化的制造偏差值可取工件相应部位公差值的 1/8 并冠以（±）。

⑤ 工件尺寸公差与冲模刃口尺寸的制造偏差原则上都应按"入体"原则标注为单向公差，所谓"入体"原则是指标注工件尺寸公差时应向材料实体方向单向标注。但对于磨损后无变化的尺寸，一般标注双向偏差。

(2) 确定凸、凹模刃口尺寸的方法　由于冲模加工方法不同，刃口尺寸的计算方法也不同，基本上可分为两类。

① 按凸模与凹模图样分别加工法。这种方法主要适用于圆形或简单规则形状的工件，因冲裁此类工件的凸、凹模制造相对简单，精度容易保证，所以采用分别加工，设计时，需在图纸上分别标注凸模和凹模刃口尺寸及制造公差。

冲模刃口与工件尺寸及公差分布情况如图 3-29 所示。其计算公式如下。

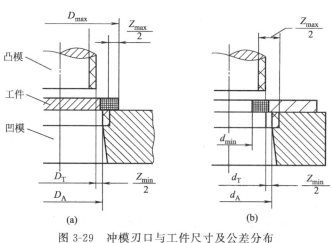

图 3-29　冲模刃口与工件尺寸及公差分布
▧ 凸模、凹模制造公差；▦ 工件公差

a. 落料。设工件的尺寸为 $D-\Delta$，根据计算原则，落料时以凹模为设计基准。首先确定凹模尺寸，使凹模的基本尺寸接近或等于工件轮廓的最小极限尺寸；将凹模尺寸减小最小合理间隙值即得到凸模尺寸。

$$D_A = (D_{max} - x\Delta)^{+\delta_A}_{0} \tag{3-2}$$

$$D_T = (D_A - Z_{min})^{0}_{-\delta_T} = (D_{max} - x\Delta - Z_{min})^{0}_{-\delta_T} \tag{3-3}$$

b. 冲孔。设冲孔尺寸为 $d+\Delta$，根据计算原则，冲孔时以凸模为设计基准。首先确定凸模尺寸，使凸模的基本尺寸接近或等于工件孔的最大极限尺寸；将凸模尺寸增大最小合理间隙值即得到凹模尺寸。

$$d_T = (d_{min} + x\Delta)^{0}_{-\delta_T} \tag{3-4}$$

$$d_A = (d_T + Z_{min})^{+\delta_A}_{0} = (d_{min} + x\Delta + Z_{min})^{+\delta_A}_{0} \tag{3-5}$$

c. 孔心距。孔心距属于磨损后基本不变的尺寸。在同一工步中，在工件上冲出孔距为 $L \pm \Delta/2$ 两个孔时，其凹模型孔中心距可按下式确定。

$$L_d = L \pm \frac{1}{8}\Delta \tag{3-6}$$

式中 D_A, D_T——落料凹、凸模尺寸;

d_T, d_A——冲孔凸、凹模尺寸;

D_{max}——落料件的最大极限尺寸;

d_{min}——冲孔件孔的最小极限尺寸;

L, L_d——工件孔心距和凹模孔心距的公称尺寸;

Δ——工件制造公差;

Z_{min}——最小合理间隙;

x——磨损系数;

δ_T, δ_A——凸、凹模的制造公差,其可按 IT6~IT7 级来选取,也可查表 3-4 选取,或取 $\delta_T \leqslant 0.4(Z_{max}-Z_{min})$、$\delta_A \leqslant 0.6(Z_{max}-Z_{min})$。

为了保证初始间隙不超过 Z_{max},即 $\delta_T + \delta_A + Z_{min} \leqslant Z_{max}$,$\delta_T$ 和 δ_A 选取必须满足以下条件

$$\delta_T + \delta_A \leqslant Z_{max} - Z_{min}$$

由上可见,凸、凹模分别加工法的优点是:凸、凹模具有互换性,制造周期短,便于成批制造。其缺点是:为了保证初始间隙在合理范围内,需要采用较小的凸、凹模具制造公差才能满足 $\delta_T + \delta_A \leqslant Z_{max} - Z_{min}$ 的要求,所以模具制造成本相对较高。

表 3-4 规则形状(圆形、方形)冲裁时凸模、凹模的制造偏差   mm

基本尺寸	凸模偏差	凹模偏差
≤18	0.020	0.020
>18~30	0.020	0.025
>30~80	0.020	0.030
>80~120	0.025	0.035
>120~180	0.030	0.040
>180~260	0.030	0.045
>260~360	0.035	0.050
>360~500	0.040	0.060
>500	0.050	0.070

【例 3-1】 冲制图 3-30 所示零件,材料为 Q235 钢,料厚 $t = 0.5$mm。计算冲裁凸、凹模刃口尺寸及公差。

解 由图可知,该零件属于无特殊要求的一般冲孔、落料。

外形 $\phi 36_{-0.62}^{0}$mm 由落料获得,$2-\phi 6_{0}^{+0.12}$mm 和 18 ± 0.09 由冲孔同时获得。查表 3-3 得 $Z_{min} = 0.04$mm,$Z_{max} = 0.06$mm,则

$$Z_{max} - Z_{min} = (0.06 - 0.04)\text{mm} = 0.02\text{mm}$$

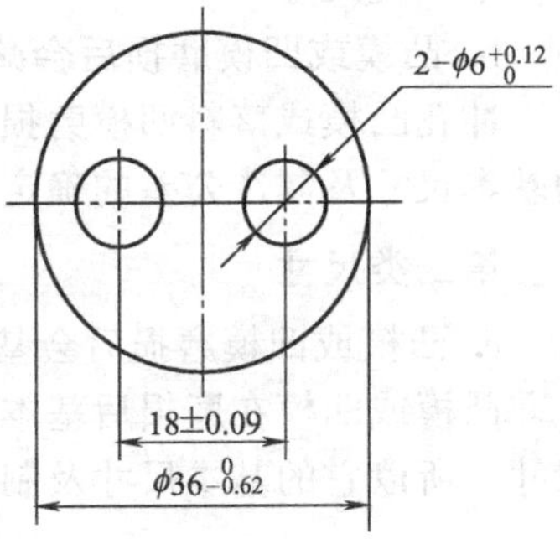

由公差表查得:$2-\phi 6_{0}^{+0.12}$mm 为 IT12 级,取 $x = 0.75$;$\phi 36_{-0.62}^{0}$mm 为 IT14 级,取 $x = 0.5$mm。

图 3-30 零件图

设凸、凹模分别按 IT6 和 IT7 级加工制造,则:

冲孔 $d_T = (d_{min} + x\Delta)_{-\delta_T}^{0} = (6 + 0.75 \times 0.12)_{-0.008}^{0} = 6.09_{-0.008}^{0}$mm

$d_A = (d_T + Z_{min})_{0}^{+\delta_A} = (6.09 + 0.04)_{0}^{+0.012} = 6.13_{0}^{+0.012}$

校核 $|\delta_T| + |\delta_A| \leqslant Z_{max} - Z_{min}$

$$0.008 + 0.012 \leqslant 0.06 - 0.04$$
$$0.02 = 0.02 \text{(满足间隙公差条件)}$$

孔距尺寸 $L_d = L \pm \frac{1}{8}\Delta = 18 \pm 0.125 \times 2 \times 0.09 = (18 \pm 0.023)\text{mm}$

落料 $D_A = (D_{max} - x\Delta)^{+\delta_A}_{0} = (36 - 0.5 \times 0.62)^{+0.025}_{0} = 35.69^{+0.025}_{0}\text{mm}$

$D_T = (D_A - Z_{min})^{0}_{-\delta_T} = (35.69 - 0.04)^{0}_{-0.016} = 35.65^{0}_{-0.016}\text{mm}$

校核 $0.016 + 0.025 = 0.04 > 0.02$（不能满足间隙公差条件）

因此，只有缩小 δ_T、δ_A，提高制造精度，才能保证间隙在合理范围内，由此可取

$$\delta_T \leqslant 0.4(Z_{max} - Z_{min}) = 0.4 \times 0.02 = 0.008\text{mm}$$

$$\delta_A \leqslant 0.6(Z_{max} - Z_{min}) = 0.6 \times 0.02 = 0.012\text{mm}$$

故 $D_A = 35.69^{+0.012}_{0}\text{mm}$

$D_T = 35.65^{0}_{-0.008}\text{mm}$

② 凸模与凹模配作法。采用凸、凹模分开加工法时，为了保证凸、凹模间一定的间隙值，必须严格限制冲模制造公差，因此，造成冲模制造困难。对于冲制薄材料（因 Z_{max} 与 Z_{min} 的差值很小）的冲模，或冲制复杂形状工件的冲模，或单件生产的冲模，常常采用凸模与凹模配作的加工方法。

配作法就是先按设计尺寸制出一个基准件（凸模或凹模），然后根据基准件的实际尺寸再按最小合理间隙配制另一件。这种加工方法的特点是模具的间隙由配制保证，工艺比较简单，不必校核 $\delta_T + \delta_A \leqslant Z_{max} - Z_{min}$ 的条件，并且还可放大基准件的制造公差，使制造容易。设计时，基准件的刃口尺寸及制造公差应详细标注，而配作件上只标注公称尺寸，不注公差，但在图纸上注明："凸（凹）模刃口按凹（凸）模实际刃口尺寸配制，保证最小双面合理间隙值 Z_{min}"。

采用配作法，计算凸模或凹模刃口尺寸，首先是根据凸模或凹模磨损后轮廓变化情况，正确判断出模具刃口各个尺寸在磨损过程中是变大、变小还是不变这三种情况，然后分别按不同的公式计算。

a. 凸模或凹模磨损后会增大的尺寸——第一类尺寸 A。

落料凹模或冲孔凸模磨损后将会增大的尺寸，相当于简单形状的落料凹模尺寸，所以它的基本尺寸及制造公差的确定的公式如下：

第一类尺寸 $\qquad A_j = (A_{max} - x\Delta)^{+\frac{1}{4}\Delta}_{0}$ （3-7）

b. 凸模或凹模磨损后会减小的尺寸——第二类尺寸 B。

冲孔凸模或落料凹模磨损后将会减小的尺寸，相当于简单形状的冲孔凸模尺寸，所以它的基本尺寸及制造公差的确定的公式如下：

第二类尺寸 $\qquad B_j = (B_{min} + x\Delta)^{0}_{-\frac{1}{4}\Delta}$ （3-8）

c. 凸模或凹模磨损后会基本不变的尺寸——第三类尺寸 C。

凸模或凹模在磨损后基本不变的尺寸，不必考虑磨损的影响，相当于简单形状的孔心距尺寸，所以它的基本尺寸及制造公差的确定公式如下：

第三类尺寸 $\qquad C_j = \left(C_{min} + \frac{1}{2}\Delta\right) \pm \frac{1}{8}\Delta$ （3-9）

式中 A_j，B_j，C_j——模具基准件尺寸，mm；

A_{max}，B_{min}，C_{min}——工件极限尺寸，mm；

Δ——工件公差，mm。

【例 3-2】 如图 3-31 所示的落料件，其中 $a = 80^{0}_{-0.42}\text{mm}$，$b = 40^{0}_{-0.34}\text{mm}$，$c = 35^{0}_{-0.34}\text{mm}$，$d = 22\text{mm} \pm 0.14\text{mm}$，$e = 15^{0}_{-0.12}\text{mm}$，板料厚度 $t = 1\text{mm}$，材料为 10 钢。试计算冲裁件的凸

模、凹模刃口尺寸及制造公差。

解 该冲裁件属落料件，选凹模为设计基准件，只需要计算落料凹模刃口尺寸及制造公差，凸模刃口尺寸由凹模实际尺寸按间隙要求配作。

由表 3-3 查得：$Z_{min}=0.1$mm，$Z_{max}=0.14$mm。由公差表查得工件各尺寸的公差等级，然后确定 x，对于尺寸 80mm，选 $x=0.5$；尺寸 15mm，选 $x=1$；其余尺寸均选 $x=0.75$。

落料凹模的基本尺寸计算为第三类尺寸——磨损后基本不变的尺寸

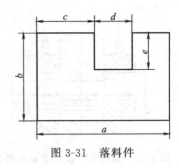

图 3-31 落料件

$$e_凹=(15-0.5\times0.12)\pm\frac{1}{8}\times0.12\text{mm}=14.94\text{mm}\pm0.015\text{mm}$$

落料凸模的基本尺寸与凹模相同，分别是 79.79mm，39.75mm，34.75mm，22.07mm，14.94mm，不必标注公差，但要在技术条件中注明：凸模实际刃口尺寸与落料凹模配制，保证最小双面合理间隙值。落料凹模、凸模的尺寸如图 3-32 所示。

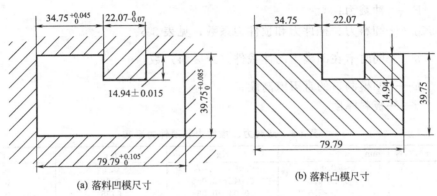

(a) 落料凹模尺寸　　(b) 落料凸模尺寸

图 3-32　落料凸模、凹模尺寸

3. 冲裁力

冲裁力是冲裁过程中凸模对板料施加的压力，它是随凸模进入材料的深度（凸模行程）而变化的。通常说的冲裁力是指冲裁力的最大值，它是选用压力机和设计模具的重要依据之一。

用普通平刃口模具冲裁时，其冲裁力 F 一般按下式计算

$$F=KLt\tau_b \qquad (3\text{-}10)$$

式中　F——冲裁力；

　　　L——冲裁周边长度；

　　　t——材料厚度；

　　　τ_b——材料抗剪强度，可从材料手册查得；

　　　K——系数。

系数 K 是考虑到实际生产中，模具间隙值的波动和不均匀、刃口的磨损、板料力学性能和厚度波动等因素的影响而给出的修正系数。一般取 $K=1.3$。

为计算简便，也可按下式估算冲裁力

$$F\approx Lt\sigma_b \qquad (3\text{-}11)$$

式中　σ_b——材料的抗拉强度，可从材料手册查得。

（1）卸料力、推件力和顶件力的计算　在冲裁结束时，由于材料的弹性回复（包括径向弹性回复和弹性翘曲的回复）及摩擦的存在，将使冲落部分的材料梗塞在凹模内，而冲裁剩

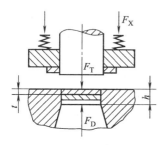

图 3-33 卸料力、推件力和顶件力

下的材料则紧箍在凸模上。为使冲裁工作继续进行，必须将箍在凸模上的料卸下，将卡在凹模内的料推出。从凸模上卸下箍着的料所需要的力称卸料力；将梗塞在凹模内的料顺冲裁方向推出所需要的力称推件力；逆冲裁方向将料从凹模内顶出所需要的力称顶件力，如图 3-33 所示。

卸料力、推件力和顶件力是由压力机和模具卸料装置或顶件装置传递的。所以在选择设备的公称压力或设计冲模时，应分别予以考虑。影响这些力的因素较多，主要有材料的力学性能、材料的厚度、模具间隙、凹模洞口的结构、搭边大小、润滑情况、制件的形状和尺寸等。所以要准确地计算这些力是困难的，生产中常用下列经验公式计算：

卸料力 $$F_X = K_X F \tag{3-12}$$
推件力 $$F_T = n K_T F \tag{3-13}$$
顶件力 $$F_D = K_D F \tag{3-14}$$

式中 F——冲裁力；
K_X、K_T、K_D——卸料力、推件力和顶件力系数，见表 3-5；
n——同时卡在凹模内的冲裁件（或废料）数，$n = \dfrac{h}{t}$。
h——凹模洞口的直刃壁高度；
t——板料厚度。

表 3-5 卸料力、推件力和顶件力系数

料厚 t/mm		K_X	K_T	K_D
钢	≤0.1	0.065~0.075	0.1	0.14
	>0.1~0.5	0.045~0.055	0.63	0.08
	>0.5~2.5	0.04~0.05	0.55	0.06
	>2.5~6.5	0.03~0.04	0.45	0.05
	>6.5	0.02~0.03	0.25	0.03
铝、铝合金		0.025~0.08	0.03~0.07	
纯铜、黄铜		0.02~0.06	0.03~0.09	

注：卸料力系数 K_X，在冲多孔、大搭边和轮廓复杂制件时取上限值。

(2) 压力机公称压力的确定 压力机的公称压力必须大于或等于各种冲压工艺力的总和 F_Z。F_Z 的计算应根据不同的模具结构分别对待，即采用弹性卸料装置和下出料方式的冲裁模时

$$F_Z = F + F_X + F_T \tag{3-15}$$

采用弹性卸料装置和上出料方式的冲裁模时

$$F_Z = F + F_X + F_D \tag{3-16}$$

采用刚性卸料装置和下出料方式的冲裁模时

$$F_Z = F + F_T \tag{3-17}$$

(3) 降低冲裁力的方法 为实现小设备冲裁大工件，或使冲裁过程平稳以减少压力机振动，常用下列方法来降低冲裁力。

① 阶梯凸模冲裁。在多凸模的冲模中，将凸模设计成不同长度，使工作端面呈阶梯式布置，如图 3-34 所示，这样，各凸模冲裁力的最大峰值不同时出现，从而达到降低冲裁力的目的。

在几个凸模直径相差较大，相距又很近的情况下，为能避免小直径凸模由于承受材料流动的侧压力而产生折断或倾斜现象，应该采用阶梯布置，即将小凸模做短一些。

凸模间的高度差 H 与板料厚度 t 有关，即 $t<3\text{mm}$，$H=t$；$t>3\text{mm}$ $H=0.5t$。

阶梯凸模冲裁的冲裁力，一般只按产生最大冲裁力的那一个阶梯进行计算。

② 斜刃冲裁。用平刃口模具冲裁时，沿刃口整个周边同时冲切材料，故冲裁力较大。若将凸模（或凹模）刃口平面做成与其轴线倾斜一个角度的斜刃，则冲裁时刃口就不是全部同时切入，而是逐步地将材料切离，这样就相当

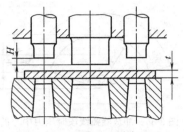

图 3-34 凸模的阶梯布置法

于把冲裁件整个周边长分成若干小段进行剪切分离，因而能显著降低冲裁力。

斜刃冲裁时，会使板料产生弯曲。因而，斜刃配置的原则是：必须保证工件平整，只允许废料发生弯曲变形。因此，落料时凸模应为平刃，将凹模做成斜刃，如图 3-35（a）、（b）所示。冲孔时则凹模应为平刃，凸模为斜刃，如图 3-35（c）、（d）、（e）所示。斜刃还应当对称布置，以免冲裁时模具承受单向侧压力而发生偏移，啃伤刃口，如图 3-35（a）～（e）所示。向一边斜的斜刃，只能用于切舌或切开，如图 3-35（f）所示。

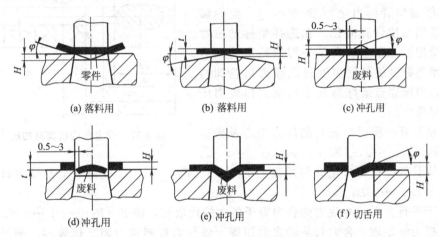

图 3-35 各种斜刃的形式

斜刃冲模虽有降低冲裁力使冲裁过程平稳的优点，但模具制造复杂，刃口易磨损，修磨困难，冲件不够平整，且不适于冲裁外形复杂的冲件，因此在一般情况下尽量不用，只用于大型冲件或厚板的冲裁。

最后应当指出，采用斜刃冲裁或阶梯凸模冲裁时，虽然减低了冲裁力，但凸模进入凹模较深，冲裁行程增加，因此这些模具省力而不省功。

③ 加热冲裁（红冲）。金属在常温时其抗剪强度是一定的，但是，当金属材料加热到一定的温度之后，其抗剪强度显著降低，所以加热冲裁能降低了冲裁力。但加热冲裁易破坏工件表面质量，同时会产生热变形，精度低，因此应用比较少。

4. 冲模压力中心的确定

模具的压力中心就是冲压力合力的作用点。为了保证压力机和模具的正常工作，应使模具的压力中心与压力机滑块的中心线相重合。否则，冲压时滑块就会承受偏心载荷，导致滑块导轨和模具导向部分不正常的磨损，还会使合理间隙得不到保证，从而影响制件质量和降低模具寿命甚至损坏模具。在实际生产中，可能会出现由于冲件的形状特殊或排样特殊，从模具结构设计与制造考虑不宜使压力中心与模柄中心线相重合的情况，这时应注意使压力中心的偏离不致超出所选用压力机允许的范围。

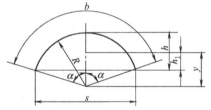

图 3-36 冲裁圆弧线段时压力中心的位置

(1) 简单几何图形压力中心的位置

① 对称冲件的压力中心，位于冲件轮廓图形的几何中心上。

② 冲裁直线段时，其压力中心位于直线段的中心。

③ 冲裁圆弧线段时，其压力中心的位置，如图 3-36 所示，按下式计算：

$$y = 180R\sin\alpha/\pi\alpha = Rs/b \tag{3-18}$$

式中　b——弧长；

其他符号意义见图。

(2) 确定多凸模模具的压力中心　确定多凸模模具的压力中心，是将各凸模的压力中心确定后，再计算模具的压力中心（见图 3-37）。计算其压力中心的步骤如下。

① 按比例画出每一个凸模刃口轮廓的位置。

② 在任意位置画出坐标轴线 x，y。坐标轴位置选择适当可使计算简化。在选择坐标轴位置时，应尽量把坐标原点取在某一刃口轮廓的压力中心，或使坐标轴线尽量多通过凸模刃口轮廓的压力中心，坐标原点最好是几个凸模刃口轮廓压力中心的对称中心。

③ 分别计算凸模刃口轮廓的压力中心及坐标位置 x_1、x_2、x_3、…、x_n 和 y_1、y_2、y_3、…、y_n。

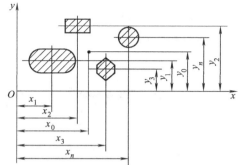

图 3-37　确定多凸模模具的压力中心

④ 分别计算凸模刃口轮廓的冲裁力 F_1、F_2、F_3、…、F_n 或每一个凸模刃口轮廓的周长 L_1、L_2、L_3、…、L_n。

⑤ 对于平行力系，冲裁力的合力等于各力的代数和，即 $F = F_1 + F_2 + \cdots + F_n$。

⑥ 根据力学定理，合力对某轴之力矩等于各分力对同轴力矩之代数和，则可得压力中心坐标 (x_0，y_0) 计算公式。

$$x_0 = \frac{F_1 x_1 + F_2 x_2 + \cdots + F_n x_n}{F_1 + F_2 + \cdots + F_n} = \frac{\sum_{i=1}^{n} F_i x_i}{\sum_{i=1}^{n} F_i} \tag{3-19}$$

$$y_0 = \frac{L_1 y_1 + L_2 y_2 + \cdots + L_n y_n}{L_1 + L_2 + \cdots + L_n} = \frac{\sum_{i=1}^{n} L_i y_i}{\sum_{i=1}^{n} L_i} \tag{3-20}$$

因为冲裁力与周边长度成正比，所以式中个冲裁力 F_1、F_2、F_3、…、F_n 可分别用冲裁周边长度 L_1、L_2、L_3、…、L_n 表示。

(3) 复杂形状零件模具压力中心的确定　复杂形状零件模具压力中心的计算原理与多凸模冲裁压力中心的计算原理相同（见图 3-38）。其具体步骤如下。

① 选定坐标轴 x 和 y。

② 将组成图形的轮廓线划分为若干简单的线段，求出各线段长度 L_1、L_2、L_3、…、L_n。

③ 确定各线段的重心位置 x_1、x_2、x_3、…、x_n 和 y_1、y_2、y_3、…、y_n。

④ 然后按公式（3-1）、公式（3-2）算出压力中心的坐标（x_0，y_0）。

冲裁模压力中心的确定，除上述的解析法外，还可以用作图法和悬挂法。但因作图法精确度不高，方法也不简单，因此在应用中受到一定限制。

悬挂法的理论根据是：用匀质金属丝代替均布于冲裁件轮廓的冲裁力，该模拟件的重心就是冲裁的压力中心。具体作法是：用匀质细金属丝沿冲裁轮廓弯制成模拟件，然后用缝纫线将模拟件悬吊起来，并从吊点作铅垂线；再取模拟件的另一点，以同样的方法作另一铅垂线，两垂线的交点即为压力中心。悬挂法多用于确定复杂零件的模具压力中心。

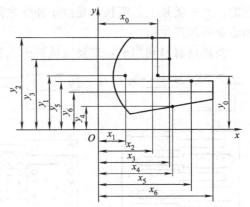

图 3-38　复杂形状零件模具压力中心

5. 排样与搭边

冲裁件在条料、带料或板料上的布置方法叫排样。合理的排样是提高材料利用率、降低成本，保证冲件质量及模具寿命的有效措施。

排样时冲裁件之间以及冲裁件与条料侧边之间留下的工艺废料叫搭边。搭边的作用一是补偿定位误差和剪板误差，确保冲出合格零件；二是增加条料刚度，方便条料送进，提高劳动生产率；同时，搭边还可以避免冲裁时条料边缘的毛刺被拉入模具间隙，从而提高模具寿命。

(1) 材料利用率　冲裁件的实际面积与所用板料面积的百分比叫材料利用率，它是衡量合理利用材料的经济性指标。

一个步距内的材料利用率（见图 3-39）可用下式表示

$$\eta = \frac{A}{BS} \times 100\% \tag{3-21}$$

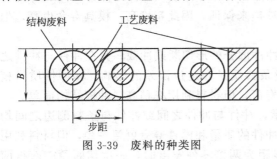

图 3-39　废料的种类图

式中　A——一个步距内冲裁件的实际面积；
　　　B——条料宽度；
　　　S——步距。

若考虑到料头、料尾和边余料的材料消耗，则一张板料（或带料、条料）上总的材料利用率

$$\eta_{总} = \frac{nA_1}{LB} \times 100\% \tag{3-22}$$

式中　n——一张板料（或带料、条料）上冲裁件的总数目；
　　　A_1——一个冲裁件的实际面积；
　　　L——板料长度；
　　　B——板料宽度。

值越大，材料的利用率就越高，在冲裁件的成本中材料费用一般占 60% 以上，可见材料利用率是一项很重要的经济指标。

冲裁所产生的废料可分为两类（见图 3-39）：一类是结构废料，是由冲件的形状特点产

生的；另一类是工艺废料，是由于冲件之间和冲件与条料侧边之间的搭边，以及料头、料尾和边余料而产生的。

要提高材料利用率，主要应从减少工艺废料着手。减少工艺废料的有力措施是：设计合理的排样方案，选择合适的板料规格和合理的裁板法（减少料头、料尾和边余料），或利用废料作小零件（如表 3-6 中的混合排样）等。

对一定形状的冲件，结构废料是不可避免的，但充分利用结构废料是可能的。当两个不同冲件的材料和厚度相同时，在尺寸允许的情况下，较小尺寸的冲件可在较大尺寸冲件的废料中冲制出来。如电动机转子硅钢片，就是在定子硅钢片的废料中取出的，这样就使结构废料得到了充分

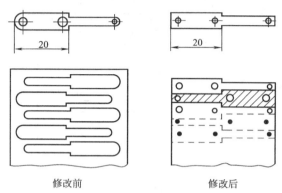

图 3-40 零件形状不同材料利用情况的对比

利用。另外，在使用条件许可下，当取得零件设计单位同意后，也可以改变零件的结构形状，提高材料利用率，如图 3-40 所示。

（2）排样方法　根据材料的合理利用情况，条料排样方法可分为三种。

① 有废料排样。如图 3-41（a）所示，沿冲件全部外形冲裁，冲件与冲件之间、冲件与条料之间都存在有搭边废料。冲件尺寸完全由冲模来保证，因此精度高，模具寿命也高，但材料利用率低。

② 少废料排样。如图 3-41（b）所示，沿冲件部分外形切断或冲裁，只在冲件与冲件之间或冲件与条料侧边之间留有搭边。因受剪裁条料质量和定位误差的影响，其冲件质量稍差，同时边缘毛刺被凸模带入间隙也影响模具寿命，但材料利用率稍高，冲模结构简单。

③ 无废料排样。如图 3-41（c）、（d）所示，冲件与冲件之间或冲件与条料侧边之间均无搭边，沿直线或曲线切断条料而获得冲件。冲件的质量和模具寿命更差一些，但材料利用率最高。另外，如图 3-41（c）所示，当送进步距为两倍零件宽度时，一次切断便能获得两个冲件，有利于提高劳动生产率。

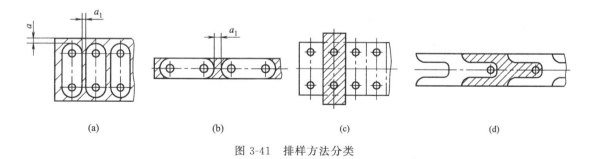

图 3-41 排样方法分类

采用少、无废料的排样可以简化冲裁模结构，减小冲裁力，提高材料利用率。但是，因条料本身的公差以及条料导向与定位所产生的误差影响，冲裁件公差等级低。同时，由于模具单边受力（单边切断时），不但会加剧模具磨损，降低模具寿命，而且也直接影响冲裁件的断面质量。为此，排样时必须统筹兼顾、全面考虑。

对有废料排样，少、无废料排样还可以进一步按冲裁件在条料上的布置方法加以分类，其主要形式列于表 3-6。

表 3-6　有废料排样和少、无废料排样主要形式的分类

排样形式	有废料排样		少、无废料排样	
	简　图	应　用	简　图	应　用
直排		用于简单几何形状（方形、圆形、矩形）的冲件		用于矩形或方形冲件
斜排		用于T形、L形、S形、十字形、椭圆形冲件		用于L形或其他形状的冲件，在外形上允许有不大的缺陷
直对排		用于T形、Ⅱ形、山形、梯形、三角形、半圆形的冲件		用于T形、Ⅱ形、山形、梯形、三角形冲件，在外形上允许有少量的缺陷
斜对排		用于材料利用率比直对排高时的情况		多用于T形冲件
混合排		用于材料和厚度都相同的两种以上的冲件		用于两个外形互相嵌入的不同冲件（铰链等）
多排		用于大批生产中尺寸不大的圆形、六角形、方形、矩形冲件		用于大批量生产中尺寸不大的方形、矩形及六角形冲件
冲裁搭边		大批生产中用于小的窄冲件（表针及类似的冲件）或带料的连续拉深		用于以宽度均匀的条料或带料冲裁长形件

对于形状复杂的冲件，通常用纸片剪成 3～5 个样件，然后摆出各种不同的排样方法，经过分析和计算，决定出合理的排样方案。

在冲压生产实际中，由于零件的形状、尺寸、精度要求、批量大小和原材料供应等方面的不同，不可能提供一种固定不变的合理排样方案。但在决定排样方案时应遵循的原则是：保证在最低的材料消耗和最高的劳动生产率的条件下得到符合技术条件要求的零件，同时要考虑方便生产操作、冲模结构简单、寿命长以及车间生产条件和原材料供应情况等，总之要

从各方面权衡利弊,以选择出较为合理的排样方案。

(3) 影响搭边值的因素与搭边值的经验确定　搭边值对冲裁过程及冲裁件质量有很大的影响,因此一定要合理确定搭边数值。搭边过大时,材料利用率低;搭边过小时,搭边的强度和刚度不够,冲裁时容易翘曲或被拉断,不仅会增大冲裁件毛刺,有时甚至单边拉入模具间隙,造成冲裁力不均,损坏模具刃口。根据生产的统计,正常搭边比无搭边冲裁时的模具寿命高50%以上。影响搭边值的因素有:

① 材料的力学性能,硬材料的搭边值可小一些;软材料、脆材料的搭边值要大一些;

② 材料厚度,材料越厚,搭边值也越大;

③ 冲裁件的形状与尺寸,零件外形越复杂,圆角半径越小,搭边值取大些;

④ 送料及挡料方式,用手工送料,有侧压装置的搭边值可以小一些;用侧刃定距比用挡料销定距的搭边小一些。

⑤ 卸料方式,弹性卸料比刚性卸料的搭边小一些。

搭边值是由经验确定的。表 3-7 为最小搭边值的经验数表之一,供设计定位元件时参考。

表 3-7　最小搭边值　　　　　　　　　　　　　　　　　　mm

材料厚度 t	圆形或圆角 $r>2t$ 的工件		矩形件边长 $L<50$mm		矩形件边长 $L \geqslant 50$mm 或圆角 $r \leqslant 2t$	
	工件间 a_1	侧面 a	工件间 a_1	侧面 a	工件间 a_1	侧面 a
<0.25	1.8	2.0	2.2	2.5	2.8	3.0
0.25~0.5	1.2	1.5	1.8	2.0	2.2	2.5
0.5~0.8	1.0	1.2	1.5	1.8	1.8	2.0
0.8~1.2	0.8	1.0	1.2	1.5	1.5	1.8
1.2~1.6	1.0	1.2	1.5	1.8	1.8	2.0
1.6~2.0	1.2	1.5	1.8	2.5	2.0	2.2
2.0~2.5	1.5	1.8	2.0	2.2	2.2	2.5
2.5~3.0	1.8	2.2	2.2	2.5	2.5	2.8
3.0~3.5	2.2	2.5	2.5	2.8	2.8	3.2
3.5~4.0	2.5	2.8	2.5	3.2	3.2	3.5
4.5~5.0	3.0	3.5	3.5	4.0	4.0	4.5
5.0~12	$0.6t$	$0.7t$	$0.7t$	$0.8t$	$0.8t$	$0.9t$

在排样方案和搭边值确定之后，就可以确定条料的宽度，进而确定导料板间的距离。由于表 3-7 所列侧面搭边值 a 已经考虑了剪料公差所引起的减小值，所以条料宽度的计算一般采用一些简化的公式。

（二）弯曲模具

1. 坯料尺寸计算

（1）弯曲中性层位置的确定　根据中性层的定义，弯曲件的坯料长度应等于中性层的展开长度。中性层位置以曲率半径 ρ 表示（见图 3-42），通常用下面经验公式确定：

$$\rho = r + xt \tag{3-23}$$

式中　r——零件的内弯曲半径；

t——材料厚度；

x——中性层位移系数，见表 3-8。

表 3-8　中性层位移系数 x 值

r/t	0.1	0.2	0.3	0.4	0.5	0.6	0.7	0.8	1	1.2
x	0.21	0.22	0.23	0.24	0.25	0.26	0.28	0.3	0.32	0.33
r/t	1.3	1.5	2	2.5	3	4	5	6	7	≥8
x	0.34	0.36	0.38	0.39	0.4	0.42	0.44	0.46	0.48	0.5

（2）坯料尺寸计算　中性层位置确定后，对于形状比较简单、尺寸精度要求不高的弯曲件，可直接采用下面介绍的方法计算坯料长度。而对于形状比较复杂或精度要求高的弯曲件，在利用下述公式初步计算坯料长度后，还需反复试弯不断修正，才能最后确定坯料的形状及尺寸。

① 圆角半径 $r > 0.5t$ 的弯曲件：对于 $r > 0.5t$ 的弯曲件，由于变薄不严重，按中性层展开的原理，坯料总长度应等于弯曲件直线部分和圆弧部分长度之和（见图 3-43），即

$$L_z = l_1 + l_2 + \frac{\pi \alpha}{180} \rho = l_1 + l_2 + \frac{\pi \alpha}{180}(r + xt) \tag{3-24}$$

式中　L_z——坯料展开总长度；

α——弯曲中心角，(°)。

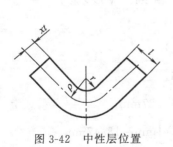

图 3-42　中性层位置

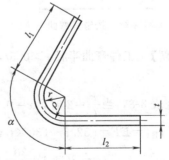

图 3-43　$r > 0.5t$ 的弯曲

② 圆角半径 $r < 0.5t$ 的弯曲件：对于 $r < 0.5t$ 的弯曲件，由于弯曲变形时不仅制件的圆角变形区产生严重变薄，而且与其相邻的直边部分也产生变薄，故应按变形前后体积不变条件确定坯料长度。通常采用表 3-9 所列经验公式计算。

③ 铰链式弯曲件：对于的铰链件（见图 3-44），通常采用推卷的方法成形，在卷圆过程中板料增厚，中性层外移，其坯料长度 L_z 可按下式近似计算：

$$L_z = l + 1.5\pi(r + x_1 t) + r \approx l + 5.7r + 4.7x_1 t \qquad (3\text{-}25)$$

式中 l——直线段长度；

　　　r——铰链内半径；

　　　x_1——卷边时中性层位移系数，查表 3-10。

表 3-9　$r < 0.5t$ 的弯曲件坯料长度计算公式

简　图	计算公式	简　图	计算公式
	$L_z = l_1 + l_2 + 0.4t$		$L_z = l_1 + l_2 + l_3 + 0.6t$（一次同时弯曲两个角）
	$L_z = l_1 + l_2 - 0.43t$		$L_z = l_1 + 2l_2 + 2l_3 + t$（一次同时弯曲四个角） $L_z = l_1 + 2l_2 + 2l_3 + 1.2t$（分为两次弯曲四个角）

表 3-10　卷边时中性层位移 x_1 值

r/t	>0.5~0.6	>0.6~0.8	>0.8~1	>1~1.2	>1.2~1.5	>1.5~8	>1.8~2	>2~2.2	>2.2
x_1	0.76	0.73	0.7	0.67	0.64	0.61	0.58	0.54	0.5

【例 3-3】　计算图 3-45 所示弯曲件的坯料展开长度。

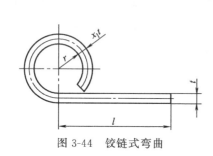

图 3-44　铰链式弯曲　　　　　　　图 3-45　V 形支架

【解】　工件弯曲半径 $r > 0.5t$，故坯料展开长度公式为

$$L_z = 2(l_{\text{直}1} + l_{\text{直}2} + l_{\text{弯}1} + l_{\text{弯}2})$$

查表 3-8，当 $\dfrac{r}{t} = 2$ 时，$x = 0.38$；当 $\dfrac{r}{t} = 3$ 时，$x = 0.4$。

式中　$l_{\text{直}1} = EF = [32.5 - (30 \times \tan 30° + 4 \times \tan 30°)]\,\text{mm} = 12.87\,\text{mm}$

$$l_{\text{直}2} = BC = \left[\frac{30}{\cos 30°} - (8 \times \tan 60° + 4 \times \tan 30°)\right]\,\text{mm} = 18.47\,\text{mm}$$

$$l_{\text{弯}1} = \frac{\pi\alpha}{180}(r + xt) = \frac{\pi \times 60}{180}(4 + 0.38 \times 2)\,\text{mm} = 4.98\,\text{mm}$$

$$l_{\text{弯}2} = \frac{\pi\alpha}{180}(r + xt) = \frac{\pi \times 60}{180}(6 + 0.4 \times 2)\,\text{mm} = 7.12\,\text{mm}$$

则坯料展开长度 L_z 为

$$L_z = 2(12.87 + 18.47 + 4.98 + 7.12)\,\text{mm} = 86.88\,\text{mm}$$

2. 弯曲力计算

(1) 自由弯曲时的弯曲力

V 形件弯曲力
$$F_{自} = \frac{0.6KBt^2\sigma_b}{r+t} \tag{3-26}$$

U 形件弯曲力
$$F_{自} = \frac{0.7KBt^2\sigma_b}{r+t} \tag{3-27}$$

式中　$F_{自}$——自由弯曲在冲压行程结束时的弯曲力；
　　　B——弯曲件的宽度；
　　　t——弯曲材料的厚度；
　　　r——弯曲件的内弯曲半径；
　　　σ_b——材料的抗拉强度；
　　　K——安全系数，一般取 $K=1.3$。

(2) 校正弯曲时的弯曲力
$$F_{校} = Ap \tag{3-28}$$

式中　$F_{校}$——校正弯曲应力；
　　　A——校正部分投影面积；
　　　p——单位面积校正力，其值见表 3-11。

表 3-11　单位面积校正力 p　　　　　　　　MPa

材料	料厚 t/mm ≤3	料厚 t/mm 3～10	材料	料厚 t/mm ≤3	料厚 t/mm 3～10
铝	30～40	50～60	10～20 钢	80～100	100～120
黄铜	60～80	80～100	25～35 钢	100～120	120～150

(3) 顶件力或压料力　若弯曲模设有顶件装置或压料装置，其顶件力 F_D（或压料力 F_Y）可近似取自由弯曲力的 30%～80%，即
$$F_D = (0.3 \sim 0.8) F_{自} \tag{3-29}$$

(4) 压力机公称压力的确定

对于有压料的自由弯曲
$$F_{压机} \geq (1.2 \sim 1.3)(F_{自} + F_Y)$$

对于校正弯曲，由于校正弯曲力比顶件力 F_D 或压料力 F_Y 大得多，故 F_D 或 F_Y 可以忽略，即
$$F_{压机} \geq (1.2 \sim 1.3) F_{校} \tag{3-30}$$

3. 弯曲模工作零件参数

(1) 弯曲凸模的圆角半径　当工件的相对弯曲半径 r/t 较小时，凸模圆角半径取等于工件的弯曲半径 r，但不应小于最小弯曲半径值 r_{min}。如果过小则先弯成较大圆角半径，然后再整形满足。

当 $r/t > 10$ 时，则应考虑回弹，将凸模圆角半径加以修正。

(2) 弯曲凹模的圆角半径　凹模的圆角半径的大小对弯曲变形力和制件质量均有较大影响，同时还关系到凹模厚度的确定。凹模圆角半径过小，坯料拉入凹模滑动阻力大，使制件表面擦伤甚至出现压痕。凹模圆角半径过大，会影响坯料定位的准确性。凹模两边的圆角要求制造均匀一致，当两边圆角有差异时，毛坯两侧移动速度不一致，使其发生偏移，生产中常根据材料的厚度来选择凹模圆角半径：

当 $t \leqslant 2mm$ 时 $\qquad r_{凹}=(3\sim6)t \qquad$ (3-31)

当 $4 \geqslant t > 2$ 时 $\qquad r_{凹}=(2\sim3)t \qquad$ (3-32)

当 $t > 4mm$ 时 $\qquad r_{凹}=2t \qquad$ (3-33)

(3) 凹模工作部分深度　弯曲凹模深度 L_0 要适当。过小时，若坯件弯曲变形的两直边自由部分长，弯曲件成形后回弹大，而且直边不平直。若过大，则模具材料消耗多，而且要求压力机具有较大的行程。

弯曲 V 形件时［见图 3-46（a）］，凹模深度及底部最小厚度参见表 3-12。弯曲 U 形件时，若弯边高度不大，或要求两边平直，则凹模深度应大于零件高度，如图 3-45（b）所示；如果弯曲件直边较大而制件对平直度要求不高时，可采用图 3-45（c）所示的凹模形式。弯曲 U 形件的凹模参数见表 3-13 与表 3-14。

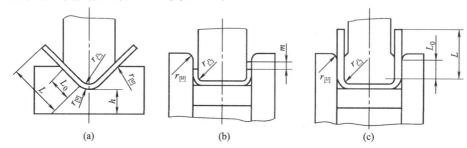

图 3-46　弯曲模工作尺寸

表 3-12　V 形件的凹模深度 L_0 及底部最小厚度值 h　　　　　　　　mm

弯曲件边长 L	材料厚度 t					
	<2		2~4		>4	
	h	L_0	h	L_0	h	L_0
>10~25	20	10~15	22	15	—	—
>25~50	22	15~20	27	25	32	30
>50~75	27	20~25	32	30	37	35
>75~100	32	25~30	37	35	42	40
>100~150	37	30~35	42	40	47	50

表 3-13　弯曲 U 形件凹模 m 值　　　　　　　　mm

材料厚度 t	≤1	>1~2	>2~3	>3~4	4~5	5~6	6~7	>7~8	8~10
m	3	4	5	6	8	10	15	20	25

表 3-14　弯曲 U 形件凹模深度 L_0　　　　　　　　mm

弯曲件边长 L	材料厚度				
	≤1	>1~2	>2~4	>4~6	>6~10
>50	15	20	25	30	35
50~75	20	25	30	35	40
75~100	25	30	35	40	40
100~150	30	35	40	50	50
150~200	40	45	55	65	65

(4) 凸模与凹模间隙　V 形件弯曲模，凸模、凹模之间的间隙是由调节压力机的装模高度来控制。对于 U 形弯曲模，则必须选择适当的间隙值。凸模和凹模的间隙值对弯曲件的回弹、

表面质量和弯曲力均有很大的影响。若间隙过大,弯曲件回弹量增大,误差增加,从而降低了制件的精度。当间隙过小时,会使零件直边料厚减薄和出现划痕,同时还降低凹模寿命。

生产中,凸模和凹模的间隙值可由下式决定:

弯曲有色金属 $\qquad c = t_{min} + nt \qquad$ (3-34)

弯曲黑色金属 $\qquad c = t + nt \qquad$ (3-35)

式中 c——弯曲凸模与凹模的单面间隙,mm;

t, t_{min}——材料厚度的基本尺寸和最小尺寸,mm;

n——间隙系数,取 $0.05 \sim 0.15$。

(5) 凸模与凹模工作尺寸及公差 凸模和凹模工作尺寸的计算与弯曲件的标注尺寸有关。其原则是:当弯曲件标注外形尺寸时,则以凹模为设计基准件,间隙取在凸模上;当弯曲件标注的是内形尺寸时,选择凸模为设计基准件,间隙取在凹模上。图 3-47 所示为工件的标注及模具尺寸示意图。在确定尺寸时,还应注意弯曲件精度、回弹趋势和模具的磨损规律等。

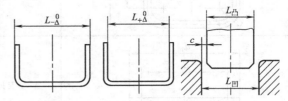

图 3-47 工作尺寸标注及模具尺寸

(三) 拉深模具

1. 拉深件毛坯尺寸计算

(1) 拉深件毛坯尺寸计算的原则 拉深时,金属材料按一定的规律流动,毛坯尺寸应满足成形后制件的要求,形状必须适应金属流动。毛坯尺寸的计算应遵循以下原则。

① 面积相等原则:对于不变薄拉深,因材料厚度拉深前后变化很小,毛坯的尺寸是按"拉深前毛坯表面积等于拉深后零件的表面积"的原则来确定(毛坯尺寸还可按等体积、等重量原则)。

② 形状相似原则:拉深毛坯的形状一般与拉深的截面形状相似。即零件的横截面是圆形、椭圆形时,其拉深前毛坯展开形状也基本上是圆形或椭圆形。对于异形件拉深,其毛坯的周边轮廓必须采用光滑曲线连接,应无急剧的转折和尖角。

拉深件毛坯形状的确定和尺寸计算是否正确,不仅直接影响生产过程,而且对冲压件生产有很大的经济意义,因为在冲压零件的总成本中,材料费用一般占到 60%～80%。

由于拉深材料厚度有公差,板料具有各向异性,模具间隙和摩擦阻力的不一致以及毛坯的定位不准确等原因,拉深后零件的口部将出现凸耳(尤其是多次拉深)。为了得到口部平齐高度一致的拉深件,通常需要增加拉深后的切边工序,将不平齐的部分切去。所以在计算毛坯之前,应先在拉深件上增加切边余量 2～5mm。

(2) 形状简单的旋转体拉深零件毛坯尺寸的确定 按等面积(即拉深前后材料面积不变)原则进行计算,再加上修边余量。也可直接查表 3-15 确定。

表 3-15 常用旋转体拉深件坯料直径的计算公式

零 件 形 状	坯 料 直 径 D
	$\sqrt{d_1^2 + 2l(d_1 + d_2)}$

续表

零 件 形 状	坯 料 直 径 D
	$\sqrt{d_1^2+2r(\pi d_1+4r)}$
	或 $\sqrt{d_1^2+4d_2h+6.28rd_1+8r^2}$ $\sqrt{d_2^2+2d_2H-1.72rd_2-0.56r^2}$
	当 $r \neq R$ 时 $\sqrt{d_1^2+6.28rd_1+8r^2+4d_2h+6.28Rd_2+4.56R^2+d_4^2-d_3^2}$ 当 $r=R$ 时 $\sqrt{d_4^2+4d_2H-3.44rd_2}$
	或 $\sqrt{8rh}$ $\sqrt{s^2+4h^2}$
	$\sqrt{2d^2}=1.414d$
	$\sqrt{d_1^2+4h^2+2l(d_1+d_2)}$
	$\sqrt{8r_1\left[x-b\left(\arcsin\dfrac{x}{r_1}\right)\right]+4d_2+8rh_1}$

零 件 形 状	坯 料 直 径 D
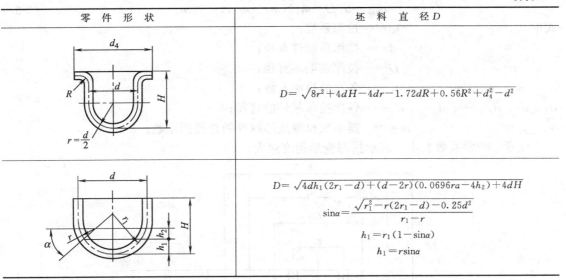	$D=\sqrt{8r^2+4dH-4dr-1.72dR+0.56R^2+d_4^2-d^2}$
	$D=\sqrt{4dh_1(2r_1-d)+(d-2r)(0.0696ra-4h_2)+4dH}$ $\sin\alpha=\dfrac{\sqrt{r_1^2-r(2r_1-d)}-0.25d^2}{r_1-r}$ $h_1=r_1(1-\sin\alpha)$ $h_1=r\sin\alpha$

注：1. 尺寸按工件材料厚度中心层尺寸计算。
2. 对厚度小于1mm的拉深件，可不按工件材料厚度中心层尺寸计算，而根据工件外壁尺寸计算。
3. 对于部分未考虑工件圆角半径的计算公式，在计算有圆角半径的工件时计算结果要偏大，故在此情形下，可不考虑或少考虑修边余量。

(3) 复杂旋转体拉深件坯料尺寸的确定　利用相似原则来进行计算，方法有解析法与形心法。

① 解析法：若拉深件可由若干个简单几何形状组成，则先分别求出各部分的表面积 F，再相加得出拉深件的总面积 ΣF，最后按下式计算毛坯直径。

$$D\sqrt{\frac{4}{\pi}\Sigma F}=1.13\sqrt{\Sigma F} \qquad (3-36)$$

② 形心法：任何形状的母线 AB 绕轴线 $Y—Y$ 旋转（见图 3-48），所得到的旋转体面积等于母线长度 L 与其重心旋转所得周长 $2\pi X$ 的乘积（X 是该段母线重心至轴线的距离）。

旋转体面积　　　　　$A=2\pi LX$

毛坯面积　　　　　　$A_0=\dfrac{\pi D^2}{4}$

因　　　　　　　　　$A=A_0$

故　　$D=\sqrt{8LX}=\sqrt{8(l_1x_1+l_2x_2+l_3x_3+\cdots+l_nx_n)}=\sqrt{8\Sigma lx} \qquad (3-37)$

图 3-48　旋转体母线

2. 无凸缘圆筒形件拉深计算

所谓拉深计算，主要是确定拉深件拉深次数与拉深工序（件）尺寸。计算之前须掌握两个拉深概念，一是拉深系数，二是极限拉深系数。

(1) 拉深系数　是指用于表示拉深变形程度的工艺指数，其值为拉深后制件直径与拉深前毛坯直径之比值（见图 3-49）。用公式表达为：$m=d/D$。

若需经过多次拉深方能成形，则首次拉深 $m_1=d_1/D$，以后各次拉深

$$m_2=d_2/d_1$$
$$m_3=d_3/d_2$$
$$\cdots\cdots$$

$$m_n = d_n/d_{n-1}$$
$$m_总 = d/D = m_1 \times m_2 \times m_3 \times \cdots \times m_n \tag{3-38}$$

式中　　　　　　　m——拉深系数；

　　　　　　　　　d——拉深后制件直径；

　　　　　　　　　D——拉深前毛坯直径；

　　$m_1、m_2、m_3、\cdots、m_n$——各次的拉深系数；

$d_1、d_2、d_3、\cdots、d_{n-1}、d_n$——各次拉深制件的直径；

　　　　　　　　$m_总$——需多次拉深成形制件的总拉深系数。

注意：拉深系数愈小，表示拉深变形程度愈大。

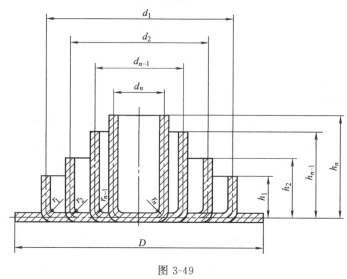

图 3-49

（2）极限拉深系数　是指当拉深系数减小至使拉深件起皱、断裂或严重变薄超差时的临界拉深系数。

（3）确定拉深次数　当 $m_d = d/D > m$ 极限时，可以一次拉深，否则需多次拉深。多次拉深次数可以用两种方法来确定。

一是推算法，根据极限拉深系数和毛坯直径，从第一道拉深工序开始逐步向后推算各工序的直径，一直算到得出的直径小于或等于工件直径，即可确定所需的拉深次数。

$$d_1 = [m_1]D$$
$$d_2 = [m_2]d_1$$
$$\cdots\cdots$$
$$d_n = [m_n]d_{n-1} \tag{3-39}$$

式中　$d_1、d_2 \cdots d_{n-1}、d_n$——第 1、2、$\cdots$、$n-1$、$n$ 道工序的直径；

　　$[m_1]、[m_2]、\cdots、[m_n]$——第 1、2、$\cdots$、n 道工序的极限拉深系数；

　　　　　　　　　D——毛坯直径。

二是根据工件的相对高度 H/d 和毛坯的相对厚度 t/D，查表（见表 3-16）确定拉深次数 n。

（4）确定拉深件工序（件）三个尺寸　工序（件）三个尺寸主要有直径、圆角半径与高度，这三个尺寸与拉深模具凸模与凹模对应尺寸直接相关。

① 直径：确定拉深次数后，应调整拉深系数，使首次拉深尽可能接近极限拉深系数，其余拉深逐渐增加，使 $m_1 < m_2 < \cdots < m_n$，并且 $d/D = m_1 \times m_2 \times \cdots \times m_n$，再算出各工序件直径。

表 3-16　坯料的相对厚度（t/D）与拉深次数的关系（无凸缘圆筒形件）

拉深次数	坯料的相对厚度(t/D)×100					
	2~1.5	1.5~1.0	1.0~0.6	0.6~0.3	0.3~0.15	0.15~0.08
1	0.94~0.77	0.84~0.65	0.71~0.57	0.62~0.5	0.52~0.45	0.46~0.38
2	1.88~1.54	1.60~1.32	1.36~1.1	1.13~0.94	0.96~0.83	0.9~0.7
3	3.5~2.7	2.8~2.2	2.3~1.8	1.9~1.5	1.6~1.3	1.3~1.1
4	5.6~4.3	4.3~3.5	3.6~2.9	2.9~2.4	2.4~2.0	2.0~1.5
5	8.9~6.6	6.6~5.1	5.2~4.1	4.1~3.3	3.3~2.7	2.7~2.0

注：本表只适合 08 及 10 钢的拉深件。

$$d_1 = m_1 D$$
$$d_2 = m_2 d_1$$
$$\cdots\cdots$$
$$d_n = m_n d_{n-1} \tag{3-40}$$

式中　d_1、d_2、$\cdots$、d_{n-1}、d_n——第 1、2、$\cdots$、$n-1$、n 道工序的直径；

　　　m_1、m_2、$\cdots$、m_n——第 1、2、$\cdots$、n 道工序的拉深系数；

　　　D——毛坯直径。

② 高度：

$$h_n = 0.25 \left(\frac{D^2}{d_n} - d_n \right) + 0.43 \frac{r_n}{d_n} (d_n + 0.32 r_n) \tag{3-41}$$

③ 工序件底部圆角半径：合理选配各次拉深工序件的底部圆角半径。

【例 3-4】　求图 3-50 所示筒形件的坯料尺寸及拉深各工序件尺寸。材料为 10 钢，板料厚度 $t=2$mm。

【解】　因板料厚度 $t>1$mm，故按板厚中径尺寸计算。

(1) 计算坯料直径　根据零件尺寸，其相对高度为

$$\frac{H}{d} = \frac{76-1}{30-2} = \frac{75}{28} \approx 2.7$$

设切边量 $\Delta h = 6$mm（切边量大小可查主设计手册确定），坯料直径为

$$D = \sqrt{d^2 + 4d(H+\Delta h) - 1.72 dr - 0.56 r^2}$$

依图 $d=28$mm，$r=4$mm，$H=75$mm。

代入上式得

$$D = 98.2 \text{mm}$$

(2) 确定拉深次数　坯料相对厚度为

$$\frac{t}{D} = \frac{2}{98.2} \times 100\% = 2.03\% > 2\%$$

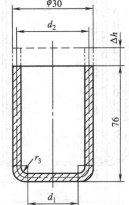

图 3-50　无凸缘圆筒形件

查设计手册知模具可不用压料圈，但为了保险起见，首次拉深仍采用压料圈。采用压料圈后，首次拉深的可以选择较小的拉深系数，有利于减少了拉深次数。

根据 $t/D=2.03\%$，查设计手册知各次极限拉深系数 $m_1=0.50$，$m_2=0.75$，$m_3=0.78$，$m_4=0.80$，$\cdots$。

故

$$d_1 = m_1 D = 0.50 \times 98.2 \text{mm} = 49.2 \text{mm}$$
$$d_2 = m_2 d_1 = 0.75 \times 49.2 \text{mm} = 36.9 \text{mm}$$
$$d_3 = m_3 d_2 = 0.78 \times 36.9 \text{mm} = 28.8 \text{mm}$$
$$d_4 = m_4 d_3 = 0.8 \times 28.8 \text{mm} = 23 \text{mm}$$

因 $d_4=23\mathrm{mm}<28\mathrm{mm}$，所以应该用 4 次拉深成形。

(3) 各次拉深工序件尺寸的确定　经调整后的各次拉深系数为：$m_1=0.52$，$m_2=0.78$，$m_3=0.83$，$m_4=0.846$。

各次工序件直径为

$$d_1=0.52\times 98.2\mathrm{mm}=51.6\mathrm{mm}$$
$$d_2=0.78\times 51.6\mathrm{mm}=39.9\mathrm{mm}$$
$$d_3=0.83\times 39.9\mathrm{mm}=33.1\mathrm{mm}$$
$$d_4=0.846\times 33.1\mathrm{mm}=28\mathrm{mm}$$

各次工序件底部圆角半径取以下数值：

$$r_1=8\mathrm{mm},\ r_2=5\mathrm{mm},\ r_3=4\mathrm{mm}$$

各次工序件高度为

$$h_1=\left[0.25\times\left(\frac{98.2^2}{51.6}-51.6\right)+0.43\times\frac{8}{51.6}\times(51.6+0.32\times 8)\right]\mathrm{mm}=37.4\mathrm{mm}$$

$$h_2=\left[0.25\times\left(\frac{98.2^2}{39.9}-39.9\right)+0.43\times\frac{5}{39.9}\times(39.9+0.32\times 5)\right]\mathrm{mm}=52.7\mathrm{mm}$$

$$h_3=\left[0.25\times\left(\frac{98.2^2}{33.1}-33.1\right)+0.43\times\frac{4}{33.1}\times(33.1+0.32\times 4)\right]\mathrm{mm}=66.3\mathrm{mm}$$

$$h_4=81\mathrm{mm}$$

以上计算所得工序件有关尺寸都是中径尺寸，换算成工序件的外径和总高度后，绘制的工序件草图如图 3-51 所示。

3. 拉深凸模与凹模工作尺寸

(1) 凸模与凹模的圆角半径

① 凹模圆角半径的确定。

首次（包括只有一次）拉深凹模圆角半径可按下式计算：

$$r_{A1}=0.8\sqrt{(D-d)t} \quad (3-42)$$

或

$$r_{A1}=c_1 c_2 t \quad (3-43)$$

式中　r_{A1}——凹模圆角半径；

　　　D——坯料直径；

　　　d——凹模内径；

　　　t——板料厚度；

　　　c_1——考虑材料力学性能系数，对于软钢、硬铝 $c_1=1$，纯铜、铝 $c_1=0.8$；

　　　c_2——考虑板料厚度与拉深系数的系数（见表 3-17）。

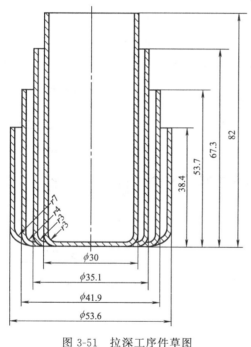

图 3-51　拉深工序件草图

以后各次拉深凹模圆角半径应逐渐减小，一般按下式确定

$$r_{Ai}=(0.6\sim 0.8)r_{Ai-1}(i=2、3、\cdots、n) \quad (3-44)$$

盒形件拉深模凹模圆角半径按下式计算

$$r_A=(4\sim 8)t \quad (3-45)$$

式中　t——板料厚度。

由于盒形件拉深时，角部变形量较大，为了便于金属流动，角部的凹模圆角要比直边部分大一些。

表 3-17 拉深凹模圆角半径系数

材料厚度 t/mm	拉深件直径 d/mm	拉深系数 c_2		
		0.48~0.55	≥0.55~0.6	m_1≥0.6
0.5	~50	7~9.5	7.5	5~6
	>50~200	8.5~10	7~8.5	6~7.5
	>200	9~10	8~10	7~9
>0.5~1.5	~50	6~8	5~6.5	4~5.5
	>50~200	7~9	6~7.5	5~6.5
	>200	8~10	7~9	6~8
>1.5~3	~50	5~6.5	4.5~5.5	4~5
	>50~200	6~7.5	5~6.5	4.5~5.5
	>200	7~8.5	6~7.5	5~6.5

以上计算所得凹模圆角半径一般应符合 $r_A \geq 2t$ 的要求。

② 凸模圆角半径的确定。

首次拉深可取

$$r_{T1} = (0.7 \sim 1.0) r_{A1} \tag{3-46}$$

最后一次拉深凸模圆角半径 r_{Tn}，即等于零件圆角半径 r。但零件圆角半径如果小于拉深工艺性要求时，则凸模圆角半径应按工艺性的要求确定（即 $r_T \geq t$），然后通过整形工序得到零件要求的圆角半径。

中间各拉深工序凸模圆角半径可按下式确定

$$r_{Ti-1} = \frac{d_{i-1} - d_i - 2t}{2} (i = 3, 4, \cdots, n) \tag{3-47}$$

式中 d_{i-1}, d_i——各工序件的外径。

(2) 拉深模间隙 拉深模的凸、凹模之间间隙对拉深力、零件质量、模具寿命等都有影响。间隙小，拉深力大、模具磨损大，过小的间隙会使零件严重变薄甚至拉裂；但间隙小，冲件回弹小，精度高；间隙过大，坯料容易起皱，冲件锥度大，精度差。因此，生产中应根据板料厚度及公差、拉深过程板料的增厚情况、拉深次数、零件的形状及精度要求等，正确确定拉深模间隙。

① 无压料圈的拉深模。

其间隙为

$$Z/2 = (1 \sim 1.1) t_{\max} \tag{3-48}$$

式中 $Z/2$——拉深模单边间隙；

$t_{\max}$——板料厚度的最大极限尺寸。

对于系数 1~1.1，小值用于末次拉深或精密零件的拉深，大值用于首次和中间各次拉深或精度要求不高零件的拉深。

② 有压料圈的拉深模。

其间隙可按表 3-18 确定。对于精度要求高的零件，为了减小拉深后的回弹，常采用负间隙拉深模，其单边间隙值为

$$Z/2 = (0.9 \sim 0.95) t \tag{3-49}$$

③ 盒形件拉深模的间隙。

根据零件精度确定，当尺寸精度要求高时

$$Z/2 = (0.9 \sim 1.05) t \tag{3-50}$$

表 3-18　有压料圈拉深时单边间隙值　　　　　　　　　　　　　　　　　mm

总拉深次数	拉深工序	单边间隙 $Z/2$	总拉深次数	拉深工序	单边间隙 $Z/2$
1	一次拉深	$(1\sim1.1)t$	4	第一、二次拉深	$1.2t$
2	第一次拉深	$1.1t$		第三次拉深	$1.1t$
	第二次拉深	$(1\sim1.05)t$		第四次拉深	$(1\sim1.05)t$
3	第一次拉深	$1.2t$	5	第一、二、三次拉深	$1.2t$
	第二次拉深	$1.1t$		第四次拉深	$1.1t$
	第三次拉深	$(1\sim1.05)t$		第五次拉深	$(1\sim1.05)t$

注：1. t 厚度，取材料偏差的中间值，mm。
2. 当拉深精密工件时，对最末一次拉深间隙取 $Z/2=t$。

当精度要求不高时

$$Z/2=(1.1\sim1.3)t \tag{3-51}$$

末道拉深取较小值。最后一道拉深模间隙，直边和圆角部分是不同的，圆角部分的间隙比直边部分大 $0.1t$。

（3）凸模与凹模的结构工艺数据

① 不用压料的拉深模凸、凹模结构。

图 3-52 为不用压料的一次拉深成形时所用的凹模结构形式。锥形凹模和等切面曲线形状凹模对抗失稳起皱有利。

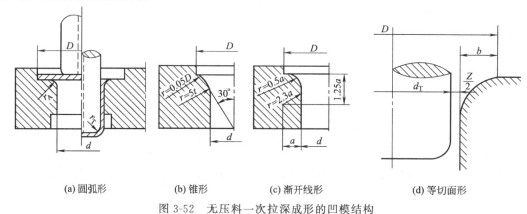

(a) 圆弧形　　(b) 锥形　　(c) 渐开线形　　(d) 等切面形

图 3-52　无压料一次拉深成形的凹模结构

图 3-53 为无压料多次拉深的凸、凹模结构，其中尺寸 $a=5\sim10$mm，$b=2\sim5$mm。

② 有压料的拉深模凸、凹模结构。

图 3-54 为有压料多次拉深的凸、凹模结构。其中图 3-55（a）用于直径小于 100mm 的拉深件，图 3-55（b）用于直径大于 100mm 的拉深件。凸凹模的锥角 α 大，对拉深有利。但坯料相对厚度较小时，α 过大，容易起皱。板厚为 $0.5\sim1$mm 时，α 取 $30°\sim40°$；板厚为 $1\sim2$mm 时，α 取 $40°\sim50°$。

设计拉深凸、凹模结构时，必须十分注意前后两道工序的凸、凹模形状和尺寸的正确关系，做到前道工序所得工序件形状和尺寸有利于后一道工序的成形和定位，而后一道工序的压料圈的形状与前道工序所得工序件相吻合，拉深凹模的锥角要与前道工序凸模的斜角一致，尽量避免坯料转角部在成形过程中不必要的反复弯曲。

对于最后一道拉深工序，为了保证成品零件底部平整，应按图 3-55 所示的确定凸模圆角半径。对于盒形件，$n-1$ 次拉深所得工序件形状对最后一次拉深成形影响很大。因此，$n-1$ 次拉深凸模的形状应该设计成底部具有与拉深件底部相似的矩形（或方形），然后用

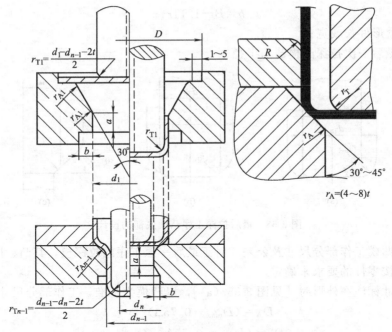

图 3-53 无压料多次拉深的凸、凹模结构

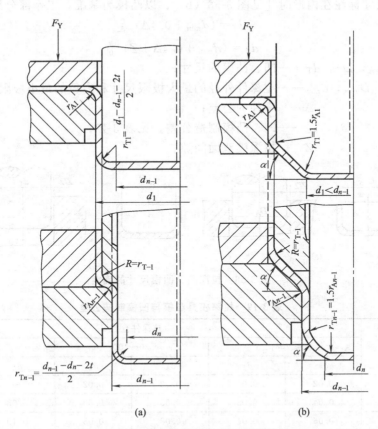

图 3-54 有压料多次拉深的凸、凹模结构

45°斜角向壁部过渡［见图 3-55（c）］，这样有利于最后拉深时金属的变形。图中斜度开始的尺寸为

$$b = B - 1.11 r_{Tn} \tag{3-52}$$

式中 B——盒形件长或宽；

r_{Tn}——最后一次拉深凸模圆角半径。

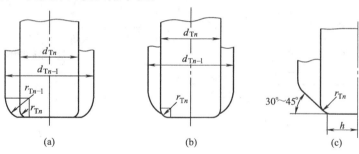

图 3-55 最后拉深工序凸模底部的设计

(4) 凸、凹模工作部分尺寸及公差 对于最后一道工序的拉深模，其凸、凹模工作部分尺寸及公差应按零件的要求来确定。

当零件尺寸标注在外形时 [见图 3-55 (a)]，以凹模为基准，工作部分尺寸为

$$D_A = (D_{max} - 0.75\Delta)^{+\delta_A}_{0} \tag{3-53}$$

$$D_T = (D_{max} - 0.75\Delta - Z)^{0}_{-\delta_T} \tag{3-54}$$

当零件尺寸标注在内形时 [见图 3-56 (b)]，以凸模为基准，工作部分尺寸为

$$d_T = (d_{min} + 0.4\Delta)^{0}_{-\delta_T} \tag{3-55}$$

$$d_A = (d_{min} + 0.4\Delta + Z)^{+\delta_A}_{0} \tag{3-56}$$

式中 D_A, d_A, D_T, d_T——凹、凸模的尺寸；

D_{max}, d_{min}——拉深件外径的最大极限尺寸和内径的最小极限尺寸；

Δ——零件的公差；

δ_A, δ_T——凹、凸模制造公差，见表 3-19；

Z——拉深模双面间隙。

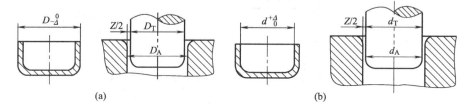

图 3-56 拉深凸、凹模尺寸的确定

表 3-19 拉深模具凸模与凹模制造公差

材料厚度 t	拉深件直径 d					
	$\leq 20\delta_T$		$20 \sim 100$		$\delta_A > 100$	
	δ_A	δ_T	δ_A	δ_T	δ_A	δ_T
≤ 0.5	0.02	0.01	0.03	0.02	—	—
$> 0.5 \sim 1.5$	0.04	0.02	0.05	0.03	0.08	0.05
> 1.5	0.06	0.04	0.08	0.05	0.10	0.06

注：凸模的制造公差在必要时可提高至 IT6~IT8 级（GB 1800—79），若零件公差在 IT13 级以下，则制造公差可以采用 IT10 级。

对于多次拉深，工序尺寸无需严格要求，所以中间各工序的凸、凹模尺寸可按下式计算

$$D_A = D_0^{+\delta_A} \tag{3-57}$$

$$D_T = (D-Z)_{-\delta_T}^{0} \tag{3-58}$$

式中 D——各工序件的基本尺寸。

(5) 凸模与凹模工作表面粗糙度 凹模：型腔表面 $R_a 0.8\mu m$，圆角表面 $R_a 0.4\mu m$。凸模：$R_a 1.6 \sim 0.8\mu m$。

二、课题指导

（一）说明

设计如图 3-57 所示垫圈零件的冲裁模。工件需要大批量生产，材料为 Q235 钢。

（二）步骤

1. 冲压件工艺分析

该零件形状简单、对称，是由圆弧和直线组成的。由模具设计手册查得，冲裁件内外所能达到的经济精度为 IT14，孔中心与边缘距离尺寸公差为 ±0.2mm。将以上精度与零件简图中所标注的尺寸公差相比较，可认为该零件的精度要求能够在冲裁加工中得到保证。其他尺寸标注、生产批量等情况，也均符合冲裁的工艺要求，故决定采用利用导正销进行定位、刚性卸料装置、自然漏料方式的冲孔落料模进行加工。

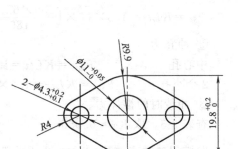

图 3-57 零件图

方案一采用复合模加工。复合模的特点是生产率高，冲裁件的内孔与外缘的相对位置精度高，冲模的轮廓尺寸较小。但复合模结构复杂，制造精度要求高，成本高。复合模主要用于生产批量大、精度要求高的冲裁件。

方案二采用级进模加工。级进模比单工序模生产率高，减少了模具和设备的数量，工件精度较高，便于操作和实现生产自动化。对于特别复杂或孔边距较小的冲压件，用简单模或复合模冲制有困难时，可用级进模逐步冲出。但级进模轮廓尺寸较大，制造较复杂，成本较高，一般适用于大批量生产小型冲压件。

比较方案一与方案二，对于所给零件，由于两小孔比较接近边缘，复合模冲裁零件时受到壁厚的限制，模具结构与强度方面相对较难实现和保证，所以根据零件性质故采用级进模加工。

2. 模具设计计算

(1) 排样、计算条料宽度及确定步距 采用单排方案，如图 3-58 所示。由表 3-7 确定

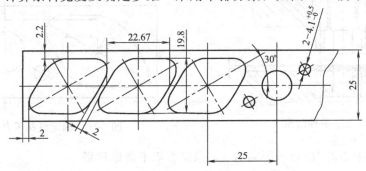

图 3-58 单排方案

搭边值，根据零件形状两式件间按矩形取搭边值 $b=2.0$mm，侧边取搭边值 $a=2.2$mm。

则进距 $h=22.65+2=25$mm

条料宽度 $b_{-\Delta}^{~0}=(D+2a+\Delta)_{-\Delta}^{~0}$

查带（条）料的剪切偏差表，取 $\Delta=0.7$

$$b_{-\Delta}^{~0}=(19.8+2\times2.2+0.7)_{-0.7}^{~~0}=2.5_{-0.7}^{~~0}\text{mm}$$

（2）计算冲压力　该模具采用钢性卸料和下出料方式。

① 落料力。

查材料手册，得 $\tau=300$MPa

$$F_{落}=KLt\tau=1.3\times\left[2\times\left(\frac{9.9\times62\times\pi}{180}+2\times9.87+\frac{2\times118\times\pi}{180}\right)\right]\times2\times300=53920\text{N}$$

② 冲孔力。

中心孔　　　$F_{孔1}=KLt\tau=1.3\times11\times\pi\times2\times300=26941$N

2 个小孔　　$F_{孔2}=KLt\tau=1.3\times(4.1\times\pi\times2)\times2\times300=20083$N

③ 冲裁时的推件力。

查表 3-5，取 $K_T=0.055$

凹模刃口选直壁形式，查设计手册，知 $h=4$mm，则 $n=\dfrac{h}{t}=\dfrac{4}{2}=2$ 个，即卡在凹模洞口的工件为 2 个。

故　　　　　$F_{推落}=n\times K_T\times F_{落}=2\times0.055\times53920=5931$N

$F_{推孔1}=2\times0.055\times26941=2964$N

$F_{推孔2}=2\times0.055\times20083=2209$N

为避免各凸模冲裁力的最大值同时出现，且考虑到凸模相距很近时避免小直径凸模由于承受材料流动挤压力作用而产生倾斜或折断，故把三冲孔凸模设计成阶梯凸模（见图 3-59）。

则最大冲压力

$$F_{总}=F_{落}+F_{孔1}+F_{推落}+F_{推孔1}=53920+26941+5931+2964=89756\text{N}$$

（3）确定模具压力中心　如图 3-60，根据图形分析，因为工件图形对称，故落料时 $F_{落}$ 的压力中心在上 O_1；冲孔时 $F_{孔1}$、$F_{孔2}$ 的压力中心在 O_2 上。

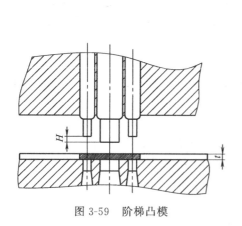

图 3-59　阶梯凸模

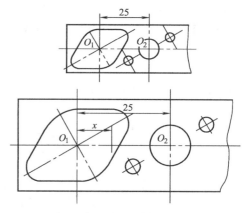

图 3-60　确定模具压力中心

设冲模压力中心离 O_1 点的距离为 x，根据力矩平衡原理得

$$F_{落}\ x=(25-x)(F_{孔1}+F_{孔2})$$

由此算得 $x = 11.65 \text{mm}$

(4) 冲模刃口尺寸及公差的计算

① 冲孔部分。

对冲孔 $\phi 11$ 和 $\phi 4.1$ 采用凸、凹模分开的加工方法。

由表 3-3 查得：
$$Z_{\min} = 0.246 \text{mm}, Z_{\max} = 0.360 \text{mm}$$
$$Z_{\max} - Z_{\min} = 0.360 - 0.246 = 0.114 \text{mm}$$

由表 3-4 查得：

对冲 $\phi 11$ 孔时　$\delta_p = 0.020 \text{mm}, \delta_d = 0.020 \text{mm}$

对冲 $\phi 4.1$ 孔时　$\delta_p = 0.020 \text{mm}, \delta_d = 0.020 \text{mm}$
$$\delta_p + \delta_d = 0.04 \text{mm}$$

故满足 $\delta_p + \delta_d < Z_{\max} - Z_{\min}$ 条件

磨损系数 x 取 0.5，则：

冲 $\phi 11$ 孔部分　$d_p = (d + x\Delta)_{-\delta_0}^{0}$
$$= (11 + 0.5 \times 0.05)_{-0.020}^{0} = 11.025_{-0.020}^{0} \text{mm}$$
$$d_d = (d_p + Z_{\min})_{0}^{+\delta_d}$$
$$= (11.025 + 0.246)_{0}^{+0.020} = 11.271_{0}^{+0.020} \text{mm}$$

冲 $\phi 4.1$ 孔部分

尺寸极限偏差转化为 $\phi 4.2_{0}^{+0.2}$
$$d_p = (d + x\Delta)_{-\delta_0}^{0}$$
$$= (4.2 + 0.5 \times 0.2)_{-0.02}^{0} = 4.3_{-0.02}^{0}$$
$$d_d = (d_p + Z_{\min})_{0}^{+\delta_d}$$
$$= (4.3 + 0.246)_{0}^{+0.02} = 4.546_{0}^{+0.02}$$

② 落料部分。

对外轮廓的落料，由于形状较复杂，故采用配合加工方法。当以凹模为基准件时，凹模磨损后刃口部分尺寸都增大，因此均属于 A 类尺寸。

零件图中未注公差的尺寸先查出其极限偏差：

$R4_{-0.20}^{0}$、$R9.9_{-0.36}^{0}$、$31_{0}^{+0.5}$、$19.8_{0}^{-0.2}$，尺寸极限偏差转化为 $30.5_{-0.5}^{0}$、$19.6_{+0.2}^{0}$。

磨损系数 x 取 0.5，则
$$A_{d30} = (A - x\Delta)_{0}^{+\delta_d} = (31.5 - 0.5 \times 0.5)_{0}^{+\frac{0.2}{4}} = 31.25_{0}^{+0.125}$$
$$A_{d19.8} = (19.6 - 0.5 \times 0.2)_{0}^{+\frac{0.2}{4}} = 19.5_{0}^{+0.09}$$
$$A_{d9.9} = (9.9 - 0.5 \times 0.36)_{0}^{+\frac{0.36}{4}} = 9.72_{0}^{+0.09}$$
$$A_{d4} = (4 - 0.5 \times 0.30)_{0}^{+\frac{0.30}{4}} = 3.85_{0}^{+0.075}$$

该零件凸模刃口各部分尺寸按上述凹模的相应部分尺寸配制，保证双面间隙值 $Z_{\min} \sim Z_{\max} = 0.246 \sim 0.360 \text{mm}$。

(5) 确定各主要零件结构尺寸

① 凹模外形尺寸的确定。

凹模厚度的确定
$$H = \sqrt[3]{0.1p} = \sqrt[3]{0.1 \times 89756} = 21 \text{mm}, \quad p \text{——取总压力}$$
$$W = 1.2H = 26 \text{mm}$$

$$L_d = b + 2W = 30 + 2 \times 26 = 82 \text{mm}$$

工件长 $b = 30 \text{mm}$

凹模宽度 B_d 的确定

$$B_d = 步距 + 工件宽 + 2W_2$$

取步距 = 25mm，工件宽 19.8mm，$W_2 = 1.5H = 32$mm

$$B_d = 25 + 19.8 + 2 \times 32 = 109 \text{mm}$$

② 凸模长度 L_p 的确定。

凸模长度计算为 $L_p = h_1 + h_2 + h_3 + Y$，其中初定：导尺厚 $h_1 = 6$mm、卸料板厚 $h_2 = 12$mm、凸模固定板厚 $h_3 = 18$mm、凸模修磨量 $Y = 18$mm，则 $L_p = 6 + 12 + 18 + 18 = 54$mm。

选用冲床的公称压力应大于计算出的总压力 $F_总 = 89756$N；最大闭合高度应大于冲模闭

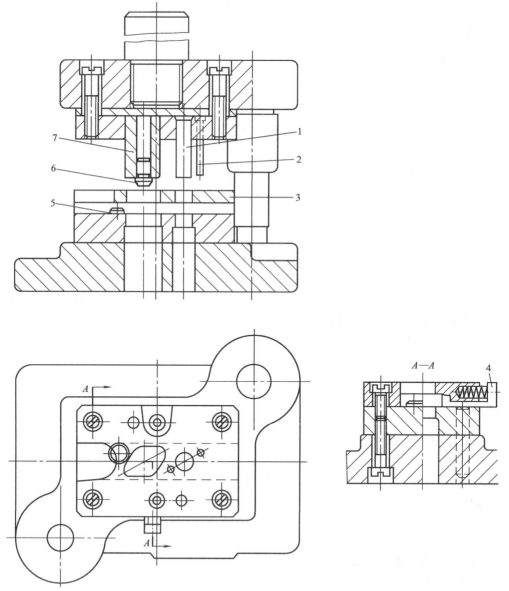

图 3-61 单排冲孔落料连续模

1,2—冲孔凸模；3—卸料板；4—初始挡料销；5—挡料销；6—导正销；7—落料凸模

合高度+5mm；工作台台面尺寸应能满足模具的正确安装。按上述要求，结合工厂实际，可称用 J23-16 开式双柱可倾压力机。并需在工作台面上配备垫块，垫块实际尺寸可配制。

双柱可倾压力机 J23-16 参数如下。

公称压力：160kN。滑块行程：70mm。最大闭合高度：220mm。连杆调节量：60mm。工作台尺寸（前后 mm×左右 mm）：300×450。垫板尺寸（厚度 mm×孔径 mm）：40×110。模柄尺寸（直径 mm×深度 mm）：ϕ30×50。最大倾斜角度：30°。

3. 设计并绘制总图、选取标准件

① 按已确定的模具形式及参数，从冷冲模标准中选取标准模架；

② 绘制总图（如图 3-61 所示）；

③ 按模具标准，选取所需的标准件，查清标准件代号及标记，写在总图明细表内，并将各零件标出统一代号。

部分零件尺寸：

零件名称	选用尺寸	零件名称	选用尺寸
上模座	$D×t=160×40$	导套(右)	$d×L×h=32×100×38$
下模座	$D×t=160×45$	垫板	$L×B×h=120×100×8$
导柱(左)	$d×L=28×150$	凸模固定板	$L×B×h=120×100×20$
导柱(右)	$d×L=32×150$	凹模	$L×B×h=120×100×25$
导套(左)	$d×L×h=28×100×38$	卸料板	$L×B×h=120×100×12$

4. 绘制非标准零件图

本实例只绘制凸模、凹模、凸模固定板三个零件的图样，供初学者参考，见图 3-62～图 3-65。

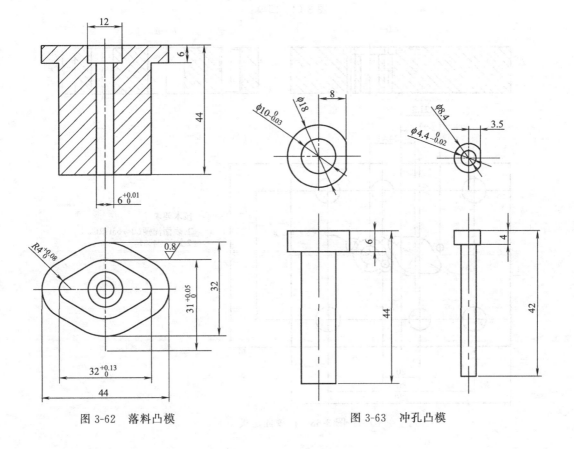

图 3-62 落料凸模　　　　　图 3-63 冲孔凸模

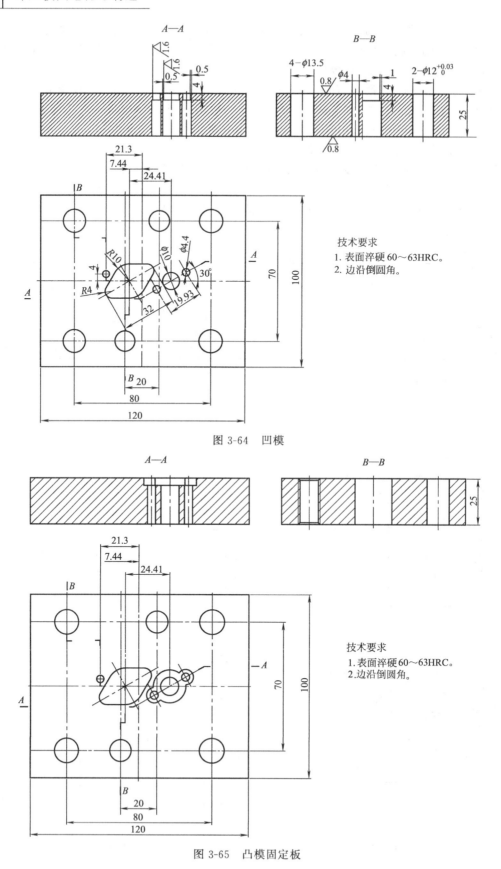

图 3-64 凹模

图 3-65 凸模固定板

三、课题训练

（一）课题1

1. 课题说明

根据如图 3-66 所示的模具结构简图与工件图，设计该模具。

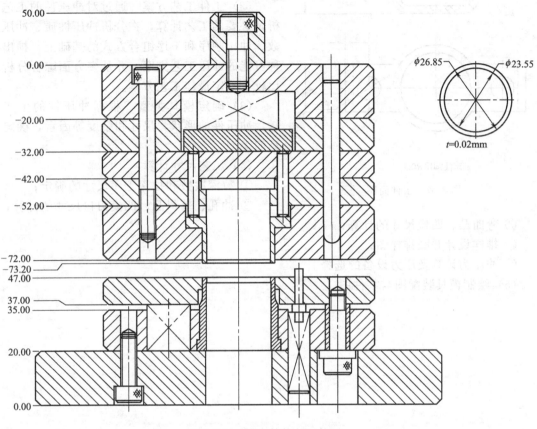

图 3-66 模具结构与工件图

2. 要求

（1）工件工艺分析　根据工件图，分析该冲压件的形状、尺寸，精度要求和材料性能等因素是否符合冲压工艺的要求。

（2）工件工艺方案　通过对冲压件的工艺分析及必要的工艺计算，在分析冲压性质、冲压次数、冲压顺序和工序组合方式的基础上，提出各种可能的冲压工艺方案，并从多方面综合分析和比较，确定最佳工艺方案。

（3）确定模具类型　根据冲压件的形状，尺寸和精度等因素，确定模具的类型。

（4）工艺尺寸计算

① 冲孔、落料凸、凹模刃口尺寸的计算；

② 根据条形板材设计排样并画排样图；

③ 冲压力计算及压力设备的选择。

（5）绘制模具装配图与零件图

（二）课题2

1. 工件说明

工件简图如图 3-67 所示，生产批量为大批量，材料为 08F，料厚为 1mm。

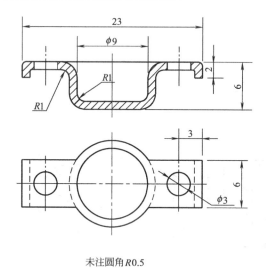

未注圆角R0.5

图 3-67 工件简图

2. 设计要求

(1) 工件工艺分析　根据工件图纸，分析该冲压件的形状、尺寸，精度要求和材料性能等因素是否符合冲压工艺的要求。

(2) 工件工艺方案　通过对冲压件的工艺分析及必要的工艺计算，在分析冲压性质、冲压次数、冲压顺序和工序组合方式的基础上，提出各种可能的冲压工艺方案，并从多方面综合分析和比较，确定最佳工艺方案。

(3) 确定模具类型　根据冲压件的生产批量，冲压件的形状，尺寸和精度等因素，确定模具的类型。

(4) 工艺尺寸计算

① 拉深次数和拉深工序尺寸的确定；

② 冲孔、落料凸、凹模刃口尺寸的计算；

③ 弯曲凸、凹模尺寸的计算；

④ 排样设计并画排样图；

⑤ 冲压力计算及压力设备的选择。

(5) 绘制模具装配图与零件图

第四章 冲压模具制造

第一节 模具制造指导

一、冲压模具典型零件加工

本节主要介绍冲压模具工作零件与常用结构零件的加工。

(一) 工作零件加工简介

模具的工作零件一般比较复杂,而且有较高的加工精度要求,其加工质量直接影响到产品的质量与模具的使用寿命。模具工作零件工作型面的形状多种多样,但归纳起来不外乎两类:一是凸模,二是凹模。

1. 模具工作零件的加工方法

工作零件的加工方法根据加工条件和工艺方法可分为三大类,即通用机床加工、数控机床加工和采用特种工艺加工。

通用机床加工模具零件,主要依靠工人的熟练技术,利用铣床、车床等进行粗加工、半精加工,然后由钳工修正、研磨、抛光。这种工艺方案,生产效率低、周期长、质量也不易保证。但设备投资较少,机床通用性强,作为精密加工、电加工之前的粗加工和半精加工又不可少,因此仍被广泛采用。

数控机床加工是指采用数控铣、加工中心等机床对模具零件进行粗加工、半精加工、精加工以及采用高精度的成形磨床、坐标磨床等进行热处理后的精加工,并采用三坐标测量仪进行检测。这种工艺降低了对熟练工人的依赖程度,生产效率高,特别是对一些复杂工作零件,采用通用机床加工很困难,不易加工出合格的产品,采用数控机床加工显然是很理想的。但是一次性投资大。

所谓特种工艺,主要是指电火花加工、电解加工、挤压、精密铸造、电铸等成形方法。

模具常用加工方法能达到的加工精度、表面粗糙度和所需的加工余量见表 4-1。

表 4-1 模具常用加工方法的加工余量、加工精度、表面粗糙度

制造方法		本道工序经济加工余量(单面)/mm	经济加工精度	表面粗糙度 $R_a/\mu m$
刨削	半精刨	0.8~1.5	IT10~12	6.3~12.5
	精刨	0.2~0.5	IT8~9	3.2~6.3
铣削	划线铣	1~3	1.6mm	1.6~6.3
	靠模铣	1~3	0.04mm	1.6~6.3
	粗铣	1~2.5	IT10~11	3.2~12.5
	精铣	0.5	IT7~9	1.6~3.2
	仿形雕刻	1~3	0.1mm	1.6~3.2
车削	靠模车	0.6~1	0.24mm	1.6~3.2
	成形车	0.6~1	0.1mm	1.6~3.2

续表

制造方法		本道工序经济加工余量(单面)/mm	经济加工精度	表面粗糙度 $R_a/\mu m$
车削	粗车	1	IT11~12	6.3~12.5
	半精车	0.6	IT8~10	1.6~6.3
	精车	0.4	IT6~7	0.8~1.6
	精细车、金刚车	0.15	IT5~6	0.1~0.8
钻		—	IT11~14	6.3~12.5
扩	粗扩	1~2	IT12	6.3~12.5
	细扩	0.1~0.5	IT9~10	1.6~6.3
铰	粗铰	0.1~0.15	IT9	3.2~6.3
	精铰	0.05~0.1	IT7~8	0.8
	细铰	0.02~0.05	IT6~7	0.2~0.4
锪	无导向锪	—	IT11~12	3.2~12.5
	有导向锪	—	IT9~11	1.6~3.2
镗削	粗镗	1	IT11~12	6.3~12.5
	半精镗	0.5	IT8~10	1.6~6.3
	高速镗	0.05~0.1	IT8	0.4~0.8
	精镗	0.1~0.2	IT6~7	0.8~1.6
	精细镗、金刚镗	0.05~0.1	IT6	0.2~0.8
磨削	粗磨	0.25~0.5	IT7~8	3.2~6.3
	半精磨	0.1~0.2	IT7	0.8~1.6
	精磨	0.05~0.1	IT6~7	0.2~0.8
	细磨、超精磨	0.005~0.05	IT5~6	0.025~0.1
仿形磨		0.1~0.3	0.01mm	0.2~0.8
成形磨		0.1~0.3	0.01mm	0.2~0.8
坐标镗		0.1~0.3	0.01mm	0.2~0.8
珩磨		0.005~0.03	IT6	0.05~0.4
钳工划线		—	0.25~0.5mm	
钳工研磨		0.002~0.015	IT5~6	0.025~0.05
钳工抛光	粗抛	0.05~0.15	—	0.2~0.8
	细抛、镜面抛	0.005~0.01		0.001~0.1
电火花成形加工		—	0.05~0.1mm	1.25~2.5
电火花线切割			0.005~0.01mm	1.25~2.5
电解成形加工		—	±0.05~0.2mm	0.8~3.2
电解抛光		0.1~0.15		0.025~0.8
电解磨削		0.1~0.15	IT6~7	0.025~0.8
照相腐蚀		0.1~0.4		0.1~0.8
超声抛光		0.02~0.1		0.01~0.1
磨料流动抛光		0.02~0.1		0.01~0.1
冷挤压		—	IT7~8	0.08~0.32

注：经济加工余量是指本道工序的比较合理、经济的加工余量。本道工序加工余量要视加工基本尺寸、工件材料、热处理状况、前道工序的加工结果等具体情况而定。

2. 模具工作零件的制造过程

模具工作零件的制造过程与一般机械零件的加工过程相类似，可分为毛坯准备、毛坯加工、零件加工、装配与修整等几个过程。

(1) 毛坯准备 主要内容为工作零件毛坯的锻造、铸造、切割、退火或正火等。

(2) 毛坯加工 主要内容为进行毛坯粗加工，切除加工表面上的大部分余量。工种有锯、刨、铣、粗磨等。

(3) 零件加工 主要内容为进行模具零件的半精加工和精加工，使零件各主要表面达到图样要求的尺寸精度和表面粗糙度。工种有划线、钻、车、铣、镗、仿刨、插、热处理、磨、电火花加工等。

(4) 光整加工 主要对精度和表面粗糙度要求很高的表面进行光整加工，工种有研磨、抛光等。

(5) 装配与修正 主要包括工作零件的钳工修配及镶拼零件的装配加工等。

在零件加工过程中，需要涉及机加工的顺序安排和热处理工序安排。

安排机加工的顺序应考虑到：

先粗后精、先主后次、基面先行、先面后孔的原则。零件的热处理加工，包括预先热处理和最终热处理，预先热处理的目的是改善切削加工性能，其工序位置多在粗加工前后，最终热处理的目的是提高零件材料的硬度和耐磨性，常安排在精加工前后。

在零件的加工中，工序的划分及采用的工艺方法和设备是要根据零件的形状、尺寸大小、结构工艺及工厂设备技术状况等条件决定的。不同的生产条件采用的设备及工序划分也不同。所以零件具体的加工方法与工序应根据零件要求和所在单位的技术与设备来综合考虑制定。

(二) 凸模加工

凸模是用来成形制件内表面的。由于成形制件的形状各异，尺寸差别较大，所以凸模的品种也是多种多样的。按凸模断面形状，大致可以分为圆形和异形两类。

圆形凸模加工比较容易，一般可采用车削、铣削、磨削等进行粗加工和半精加工。经热处理后在外圆磨床上精加工，再经研磨、抛光即可达到设计要求。异形凸模在制造上较圆形凸模要复杂得多。

本节主要讨论异形凸模的加工。

【例 4-1】 某冲孔的凸模如图 4-1 所示。

(1) 工艺性分析 该零件是冲孔模的凸模，工作零件的制造方法采用"实配法"。冲孔加工时，凸模是"基准件"，凸

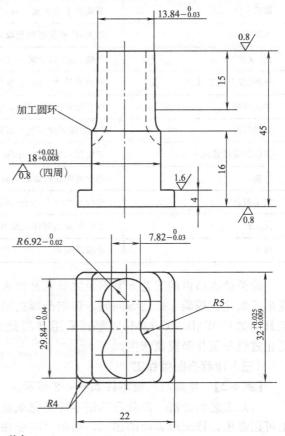

图 4-1 冲孔模凸模

模的刃口尺寸决定制件尺寸，凹模型孔加工是以凸模制造时刃口的实际尺寸为基准来配制冲裁间隙的，凹模是"基准件"。因此凸模在冲孔模中是保证产品制件型孔的关键零件。冲孔凸模零件"外形表面"是矩形，尺寸为22mm×32mm×45mm，在零件开始加工时，首先保证"外形表面"尺寸。零件的"成形表面"是由$R6.92_{-0.02}^{0}$ mm × $29.84_{-0.04}^{0}$ mm × $13.84_{-0.02}^{0}$mm×$R5×7.82_{-0.03}^{0}$mm组成的曲面，零件的固定部分是矩形，它和成形表面呈台阶状，该零件属于小型工作零件，成形表面在淬火前的加工方法采用仿形刨削或压印法；淬火后的精密加工可以采用坐标磨削和钳工修研的方法。

零件的材料是MnCrWV，热处理硬度58～62HRC，是低合金工具钢，也是低变形冷作模具钢，具有良好的综合性能，是锰铬钨系钢的代表钢种。由于材料含有微量的钒，能抑制碳化物网，增加淬透性和降低热敏感性，使晶粒细化。零件为实心零件，各部位尺寸差异不大，热处理较易控制变形，达到图样要求。

(2) 工艺步骤 对复杂型面凸模的制造工艺应根据凸模形状、尺寸、技术要求并结合设备情况等具体条件来制定，此类复杂凸模的工艺步骤见表4-2。

表4-2 复杂凸模的工艺

备料	弓形锯床
锻造	锻成一个长×宽×高、每边均含有加工余量的长方体
热处理	退火（按模具材料选取退火方法及退火工艺参数）
刨（或铣）	六面，单面留余量0.2～0.25mm
平磨（或万能工具磨）	六面至尺寸上限，基准面对角尺，保证相互平行垂直
钳工划线	或采用刻线机划线、或仿形刨划线
粗铣外形	（立式铣床或万能工具铣床）留单面余量0.3～0.4mm
仿形刨或精铣成形表面	单面留0.02～0.03mm研磨量
检查	用放大图在投影仪上将工件放大检查其型面（适用于中小工件）
钳工粗研	单面0.01～0.015mm研磨量（或按加工余量表选择）
热处理	工作部分局部淬火及回火
钳工	精研及抛光

此类结构凸模的工艺方案不足之处就是淬火之前机械加工成形，这样势必带来热处理的变形、氧化、脱碳、烧蚀等问题，影响凸模的精度和质量。在选材时应采用热变形小的合金工具钢如CrWMn，Cr12MoV等；采用高温盐浴炉加热、淬火后采用真空回火稳定处理，防止过烧和氧化等现象产生。

（三）冲裁凸凹模加工

【例4-2】 冲裁凸凹模零件如图4-2所示。

(1) 工艺性分析 冲裁凸凹模零件是完成制件外形和两个圆柱孔的工作零件，从零件图上可以看出，该成形表面的加工，采用"实配法"，外成形表面是非基准外形，它与落料凹模的实际尺寸配制，保证双面间隙为0.06mm；凸凹模的两个冲裁内孔也是非基准孔，与冲孔凸模的实际尺寸配间隙。

该零件的外形表面尺寸是104mm×40mm×50mm。成形表面是外形轮廓和两个圆孔。结构表面是用于固紧的两个M8mm的螺纹孔。凸凹模的外成形表面是分别由$R14$、$\phi40$、$R5$

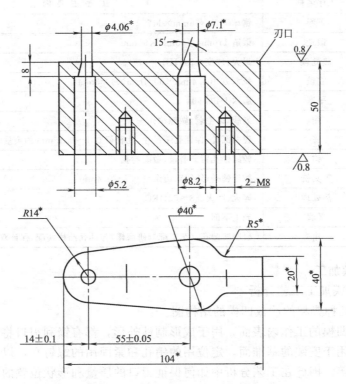

零件名称：凸凹模　材料：Cr6WV　热处理：58～62HRC
*尺寸与凸模和凹模实际尺寸配制保证双面隙 0.06mm
说明：该模具的凹模与凸模分别加工到该图所示的基本尺寸

图 4-2　冲裁凸凹模

的五个圆弧面和五个平面组成，形状比较复杂。该零件是直通式的。外成形表面的精加工可以采用电火花线切割、成形磨削和连续轨迹坐标磨削的方法。该零件的底面还有两个M8mm 的螺纹孔，可供成形磨削夹紧固定用。凸凹模零件的两个内成形表面为圆锥形，带有 15′的斜度，在热处理前可以用非标准锥度铰刀铰削，在热处理后进行研磨，保证冲裁间隙。因此，应该进行二级工具锥度铰刀的设计和制造。如果具有切割斜度的线切割机床，两内孔可以在线切割机床上加工。

凸凹模零件材料为 Cr6WV 高强度微变形冷冲压模具钢。热处理硬度 58～62HRC。Cr6WV 材料易于锻造，共晶碳化物数量少。有良好的切削加工性能，而且淬水后变形比较均匀，几乎不受锻件质量的影响。它的淬透性和 Cr12 系钢相近。它的耐磨性、淬火变形均匀性不如 Cr12MoV 钢。

零件毛坯形式应为锻件。

(2) 工艺方案　根据一般工厂的加工设备条件，可以采用两个方案。

方案一：备料—锻造—退火—铣六方—磨六面—钳工划线作孔—镗内孔及粗铣外形—热处理—研磨内孔—成形磨削外形。

方案二：备料—锻造—退火—铣六方—磨六面—钳工作螺孔及穿丝孔—电火花线切割内外形。

(3) 工艺过程的制定　采用第一工艺方案，见表 4-3。

表 4-3 工艺方案

序号	工序名称	工 序 主 要 内 容
1	下料	锯床下料,$\phi 56mm \times 117^{+4}_{0}mm$
2	锻造	锻造 $110mm \times 45mm \times 55mm$
3	热处理	退火,硬度≤241HB
4	立铣	铣六方 $104.4mm \times 50.4mm \times 40.3mm$
5	平磨	磨六方,对 $90°$
6	钳	划线,去毛刺,做螺纹孔
7	镗	镗两圆孔,保证孔距尺寸,孔径留 $0.1 \sim 0.15mm$ 的余量
8	钳	铰圆锥孔留研磨量,做漏料孔
9	工具铣	按线铣外形,留双边余量 $0.3 \sim 0.4mm$
10	热处理	淬火、回火、$58 \sim 62HRC$
11	平磨	光上下面
12	钳	研磨两圆孔,(车工配制研磨棒)与冲孔凸模实配,保证双面间隙为 $0.06mm$

(四) 凹模加工

1. 冲裁凹模加工工艺分析

图 4-3 是几种典型的冲裁凹模的结构图。

这些冲裁凹模的工作内表面,用于成形制件外形,都有锋利刃口将制件从条料中切离下来,此外还有用于安装的基准面,定位用的销孔和紧固用的螺钉孔,以及用于安装其他零部件用的孔、槽等。因此在工艺分析中如何保证刃口的质量和形状位置的精度是至关重要的。

对于圆凹模 [见图 4-3 (a)] 其典型工艺方案是:备料—锻造—退火—车削—平磨—划线—钳工(螺孔及销孔)—淬火—回火—万能磨内孔及上端面—平磨下端面—钳工装配。

对图 4-3 (b) 的整体复杂凹模其工艺方案与简单凹模有所不同,具体为:备料—锻造—退火—刨六面—平磨—划线—铣空刀—钳工(钻各孔及中心工艺孔)—淬火—回火—平磨—数控线切割—钳工研磨。

如果没有电火花线切割设备,其工艺可按传统的加工方法:即先用仿形刨或精密铣床等设备将凸模加工出来,用凸模在凹模坯上压印,然后借助精铣和钳工研配的方法来加工凹模。其方案为:刨—平磨—划线—钳压印—精铣内形—钳修至成品尺寸—淬火回火—平磨—钳研抛光。

对图 4-3 (c) 组合凹模,常用于汽车等大型覆盖件的冲裁。对大型冲裁模的凸、凹模因其尺寸较大(在 $800mm \times 800mm$ 以上),在加工时如没有大型或重型加工设备(锻压机、加热炉、机床等),可采用将模具分成若干小块,以便采用现有的中小设备来制造,分块加工完毕后再进行组装。

2. 举例

【例 4-3】 如图 4-4 所示级进冲裁模凹模加工。

(1) 工艺性分析 该零件是级进冲裁模的凹模,采用整体式结构,零件的外形表面尺寸是 $120mm \times 80mm \times 18mm$,零件的成形表面尺寸是三组冲裁凹模型孔,第一组是冲定距孔和两个圆孔,第二组是冲两个长孔,第三组是一个落料型孔。这三组型孔之间有严格的孔距精度要求,它是实现正确级进和冲裁,保证产品零件各部分位置尺寸的关键。再就是各型孔的孔径尺寸精度,它是保证产品零件尺寸精度的关键。这部分尺寸和精度是该零件加工的关键。结构表面包括螺纹连接孔和销钉定位孔等。

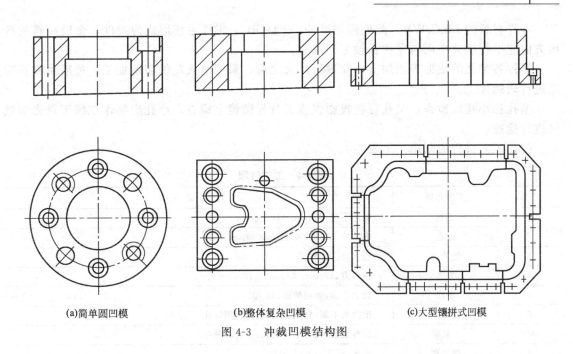

(a)简单圆凹模　　(b)整体复杂凹模　　(c)大型镶拼式凹模

图 4-3　冲裁凹模结构图

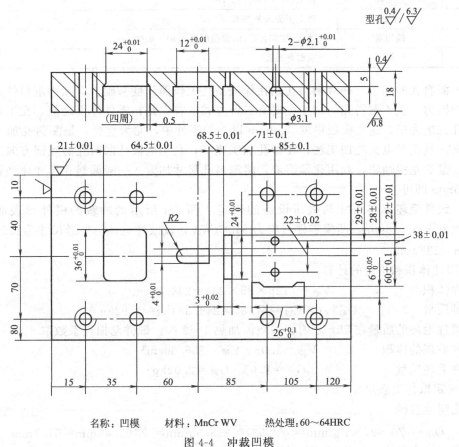

名称：凹模　　材料：MnCrWV　　热处理：60～64HRC

图 4-4　冲裁凹模

该零件是模具装配和加工的基准件,模具的卸料板、固定板,模板上的各孔都和该零件有关,以该零件型孔的实际尺寸为基准来加工相关零件各孔。

零件材料为 MnCrWV，热处理硬度 60～64HRC。零件毛坯形式为锻件，金属材料的纤维方向应平行于大平面与零件长轴方向垂直。

零件各型孔的成形表面加工，在进行淬火之后，采用电火花线切割加工，最后由模具钳工进行研抛加工。

型孔和小孔的检查，型孔可在投影仪或工具显微镜上检查，小孔应制作二级工具光面量规进行检查。

(2) 工艺过程的制定　见表 4-4。

表 4-4　工艺过程

序号	工序名称	工 序 主 要 内 容
1	下料	锯床下料，$\phi 56\text{mm} \times 105^{+4}_{0}\text{mm}$
2	锻造	锻六方 125mm×85mm×23mm
3	热处理	退火，≤229HBS
4	立铣	铣六方，120mm×80mm×18.6mm
5	平磨	光上下面，磨两侧面，对 90°
6	钳	倒角去毛刺、划线、做螺纹孔及销钉孔
7	工具铣	钻各型孔，线切割穿丝孔，并铣漏料孔
8	热处理	淬火、回火，60～64HRC
9	平磨	磨上下面及基准面，对 90°
10	线切割	找正、切割各型孔，留研磨量 0.01～0.02mm
11	钳	研磨各型孔

(3) 漏料孔的加工　冲裁漏料孔是在保证型孔工作面长度基础上，减小落料件或废料与型孔的摩擦力。关于漏料孔的加工主要有三种方式。首先是在零件淬火之前，在工具铣床上将漏料孔铣削完毕。这在模板厚度≥50mm 以上的零件中，尤为重要，是漏料孔加工首先考虑的方案。其次是电火花加工法，在型孔加工完毕，利用电极从漏料孔的底部方向进行电火花加工。最后是浸蚀法，利用化学溶液，将漏料孔尺寸加大。一般漏料孔尺寸比型孔尺寸单边大 0.5mm 即可。

(4) 锻件毛坯下料尺寸与锻压设备的确定　图 4-4 所示的冲裁凹模外形表面尺寸为 120mm×80mm×18mm，凹模零件材料为 MnCrWV，设锻件毛坯的外形尺寸为 $125^{+4}_{0}\text{mm} \times 85^{+4}_{0}\text{mm} \times 23^{+4}_{0}\text{mm}$。

① 锻件体积和重量的计算。

锻件体积　　　　　$V_{锻} = (125 \times 85 \times 23) = 244.38 \text{cm}^3$

锻件质量　　　　　$G_{锻} = r \times V_{锻} = (7.85 \times 244.38)\text{kg} \approx 1.92\text{kg}$

当锻件毛坯的质量在 5kg 之内，一般需加热 1～2 次，锻件总损耗系数取 5%。

锻件毛坯的体积　　$V_{坯} = 1.05 \times V_{锻} = 256.60 \text{cm}^3$

锻件毛坯质量　　　$G_{坯} = 1.05 \times G_{锻} = 2.02\text{kg}$

② 确定锻件毛坯尺寸。

理论圆棒直径

$$D_{理} = \sqrt[3]{0.637 \times V_{坯}}\text{mm} = \sqrt[3]{0.637 \times 256.60}\text{mm} = \sqrt[3]{163.46}\text{mm} = 54.7\text{mm}$$

选取圆棒直径为 56mm 时，查圆棒料长度重量可知

当 $G_{坯} = 2.02\text{kg}$，$D_{坯} = 56\text{mm}$ 时，$L_{坯} = 105\text{mm}$。

验证锻造比 Y　　　　$Y = L_{坯} / D_{坯} = 105/56 = 1.875$

符合 $Y=1.25\sim2.5$ 的要求。则锻件下料尺寸为 $\phi56\text{mm}\times105^{+4}_{0}\text{mm}$。

③ 锻压设备吨位的确定。当锻件坯料质量为 2.02kg，材料为 MnCrWV 时，应选取 300kg 的空气锤。

（五）其他零件的加工

1. 杆类零件的加工工艺分析

（1）导柱的加工　各类模具应用的导柱的结构种类很多，但主要结构是表面为不同直径的同轴圆柱表面。因此，可根据导柱的结构尺寸和材料要求，直接选用适当尺寸的热轧圆钢为毛坯料。

在机械加工过程中，除保证导柱配合表面的尺寸和形状精度外，还要保证各配合表面之间的同轴度要求。导柱的配合表面是容易磨损的表面，应有一定的硬度要求，在精加工之前要安排热处理工序，以达到要求的硬度。

关于导柱的制造，下面以冲压模具滑动式标准导柱为例（见图 4-5）进行介绍。

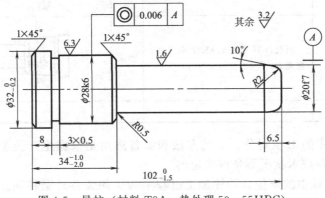

图 4-5　导柱（材料 T8A，热处理 50～55HRC）

① 导柱加工方案的选择。导柱的加工表面主要是外圆柱面，外圆柱面的机械加工方法很多。图 4-5 所示导柱的制造过程为：备料—粗加工—半精加工—热处理—精加工—光整加工。

② 导柱的制造工艺过程。图 4-5 所示导柱的加工工艺过程见表 4-5。

表 4-5　导柱的加工工艺过程

工序号	工序名称	工序内容	设备	工序简图
1	下料	按图纸尺寸 $\phi35\times105$	锯床	$\phi35$，长 105
2	车端面，打中心孔	车端面保持长度 103.5，打中心孔。调头车端面至尺寸 102，打中心孔	车床	102
3	车外圆	粗车外圆柱面至尺寸 $\phi20.4\times68$，$\phi28.4\times26$，并倒角。调头车外圆 $\phi35$ 至尺寸并倒角。切槽 3×0.5 至尺寸	车床	$1\times45°$，$10°$，$\phi32$，$\phi28.4$，$\phi20.4$，3×0.5，26

续表

工序号	工序名称	工序内容	设备	工序简图
4	检验			
5	热处理	按热处理工艺对导柱进行处理，保证表面硬度 50～55HRC		
6	研中心孔	研中心孔，调头研另一端中心孔	车床	
7	磨外圆	磨 $\phi 28k6$, $\phi 20f7$ 外圆柱面，留研磨余量 0.01，并磨 10°角	磨床	
8	研磨	研磨外圆 $\phi 28k6$, $\phi 20f7$ 至尺寸，抛光 $R2$ 和 10°角	磨床	
9	检验			

导柱加工过程中的工序划分、工艺方法和设备选用是根据生产类型、零件的形状、尺寸、结构及工厂设备技术状况等条件决定的。

③ 导柱加工过程中的定位。导柱加工过程中为了保证各外圆柱面之间的位置精度和均匀的磨削余量，对外柱面的车削和磨削一般采用设计基准和工艺基准重合的两端中心孔定位。因此，在车削和磨削之前先加工中心孔，为后继工序提供可靠的定位基准。中心孔加工的形状精度对导柱的加工质量有着直接影响，特别是加工精度要求高的轴类零件。另外保证中心孔与顶尖之间的良好配合也是非常重要的。导柱中心孔在热处理后需要修正，以消除热处理变形和其他缺陷，使磨削外圆柱面时能获得精确定位，保证外圆柱面的形状和位置精度。

中心孔的钻削和修正，是在车床、钻床或专用机床上按图纸要求的中心定位孔的形式进行的。如图 4-6 所示为在车床上修正中心孔示意图。用三爪卡盘夹持锥形砂轮，在被修正中心孔处加入少许煤油或机油，手持工件，利用车床尾座顶尖支承，利用车床主轴的转动进行磨削。此方法效率高，质量较好，但砂轮易磨损，需经常修整。

如果用锥形铸铁研磨头代替锥形砂轮，加研磨剂进行研磨，可达到更高的精度。

采用图 4-7 所示的硬质合金梅花棱顶尖修正中心定位孔的方法，效率高，但质量稍差，一般用于大批量生产，且要求不高的顶尖孔的修正。它是将梅花棱顶尖装入车床或钻床的主

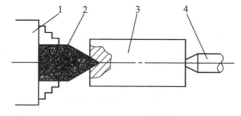

图 4-6 锥形砂轮修正中心定位孔

1—三爪卡盘；2—锥形砂轮；3—工件；4—尾座顶尖

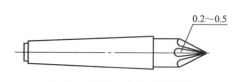

图 4-7 硬质合金梅花棱顶尖

轴孔内，利用机床尾座顶尖将工件压向梅花棱顶尖，通过硬质合金梅花棱顶尖的挤压作用，修正中心定位孔的几何误差。

④ 导柱的研磨。研磨导柱是为了进一步提高表面精度和降低表面粗糙度，以达到设计的要求。为保证图 4-5 所示导柱表面的精度和表面粗糙度 $R_a=0.63\sim0.16\mu m$，增加了研磨加工。

（2）套类零件的加工　导套、护套及套类凸模均属套类零件，其加工工艺基本相同。

导套和导柱一样，是模具中应用最广泛的导向零件。尽管其结构形状因应用部位不同而各异，但构成导套的主要表面是内、外圆柱表面，可根据其结构形状、尺寸和材料的要求，直接选用适当尺寸的热轧圆钢为毛坯。

在机械加工过程中，除保证导套配合表面的尺寸和形状精度外，还要保证内外圆柱配合表面的同轴度要求。导套的内表面和导柱的外圆柱面为配合面，使用过程中运动频繁，为保证其耐磨性，需有一定的硬度要求。因此，在精加工之前要安排热处理，以提高其硬度。

在不同的生产条件下，导套的制造所采用的加工方法和设备不同，制造工艺也不同。现以图 4-8 所示的冲压模滑动式导套为例，介绍导套的制造过程。

① 导套加工方案的选择。根据图 4-8 所示导套的精度和表面粗糙度要求，其加工方案可选择为：备料—粗加工—半精加工—热处理—精加工—光整加工。

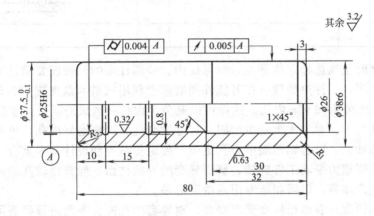

材料20钢,表面渗碳深度0.8～1.2mm,58～62HRC

图 4-8　冲压模具滑动式导套

② 导套的加工工艺过程。图 4-8 所示冲压模导套的加工工艺过程见表 4-6。

表 4-6　导套的加工工艺过程

工序号	工序名称	工序内容	设备	工序简图
1	下料	按尺寸 $\phi42\times85$ 切断	锯床	
2	车外圆及内孔	车端面保证长度 82.5； 钻 $\phi25$ 内孔至 $\phi23$； 车 $\phi38$ 外圆至 $\phi38.4$ 并倒角； 镗 $\phi25$ 内孔至 $\phi24.6$ 和油槽至尺寸； 镗 $\phi26$ 内孔至尺寸并倒角	车床	

续表

工序号	工序名称	工序内容	设备	工序简图
3	车外圆倒角	车 φ37.5 外圆至尺寸，车端面至尺寸	车床	
4	检验			
5	热处理	按热处理工艺进行，保证渗碳层深度为 0.8～1.2mm；硬度为 58～62HRC		
6	磨削内、外圆	磨 φ38 外圆达图纸要求；磨内孔 φ25 留研磨余量 0.01	万能磨床	
7	研磨内孔	研磨 φ25 内孔达图纸要求 研磨 R2 圆弧	车床	
8	检验			

在磨削导套时正确选择定位基准，对保证内、外圆柱面的同轴度要求是非常重要的。对单件或小批量生产，工件热处理后在万能外圆磨床上利用三爪卡盘夹持 φ37.5 外圆柱面，一次装夹后磨出 φ38 外圆和 φ25 内孔。这样可以避免多次装夹造成的误差，能保证内外圆柱配合表面的同轴度要求。对于大批量生产同一尺寸的套孔，可先磨好内孔，再将导套套装在专用小锥度磨削芯轴上。以芯轴两端中心孔定位，使定位基准和设计基准重合。借助芯轴和导套内表面之间的摩擦力带动工件旋转，磨削导套的外圆柱面，能获得较高的同轴度。这种方法操作简便、生产率高，但需制造专用高精度芯轴。

导套内孔的精度和表面粗糙度要求要高。对导套内孔配合表面进行研磨可进一步提高表面的精度和降低表面粗糙度，达到加工表面的质量和设计要求。

2. 板类零件的加工工艺分析

板类零件的种类繁多，模座、垫板、固定板、卸料板、推件板等均属此类。不同种类的板类零件其形状、材料、尺寸、精度及性能要求不同，但每一块板类零件都是由平面和孔系组成的。

(1) 板类零件的加工质量要求

① 表面间的平行度和垂直度。为了保证模具装配后各模板能够紧密贴合，对于不同功能和不同尺寸的模板其平行度和垂直度均按 GB 1184—80 执行。具体公差等级和公差数值应按冲模国家标准（GB/T 2851～2875—90）加以确定。

② 表面粗糙度和精度等级。一般模板平面的加工质量要达到 IT7～IT8，$R_a = 0.8$～$3.2\mu m$。对于平面为分型面的模板，加工质量要达到 IT6～IT7，$R_a = 0.4$～$1.6\mu m$。

③ 模板上各孔的精度、垂直度和孔间距。常用模板各孔径的配合精度一般为 IT6～IT7，$R_a = 0.4$～$1.6\mu m$。对安装滑动导柱的模板，孔轴线与上下模板平面的垂直度要求为 4 级精度。模板上各孔之间的孔间距应保持一致，一般误差要求在 ±0.02mm 以下。

（2）冲压模座的加工工艺分析

① 冲压模座加工的基本要求。为了保证模座工作时沿导柱上下移动平稳，无阻滞现象，模座上下平面应保持平行。上下模座的导柱、导套安装孔的孔间距应保持一致，孔的轴心线与模座的上下平面要垂直（对安装滑动导柱的模座其垂直度为4级精度）。

② 冲压模座的加工原则。模座的加工主要是平面加工和孔系加工。在加工过程中为了保证技术要求和加工方便，一般遵循"先面后孔"的原则。模座的毛坯经过刨削或铣削加工后，再对平面进行磨削可以提高模座平面的平面度和上下平面的平行度，同时容易保证孔的垂直度要求。

上、下模座孔的镗削加工，可根据加工要求和工厂的生产条件，在铣床或摇臂钻等机床上采用坐标或利用引导元件进行加工。批量较大时可以在专用镗床、坐标镗床上进行加工。为保证导柱、导套的孔间距离一致，在镗孔时经常将上、下模座重叠在一起，一次装夹同时镗出导柱和导套的安装孔。

③ 获得不同精度平面的加工工艺方案。模座平面的加工可采用不同的机械加工方法，其加工工艺方案不同，获得加工平面的精度也不同。具体方案要根据模座的精度要求，结合工厂的生产条件等具体情况进行选择。

④ 加工上、下模座的工艺方案。上、下模座的结构形式较多，现以图4-9所示的后侧导柱标准冲模座为例说明其加工工艺过程。加工上模座的工艺过程见表4-7。下模座的加工基本同上模座。

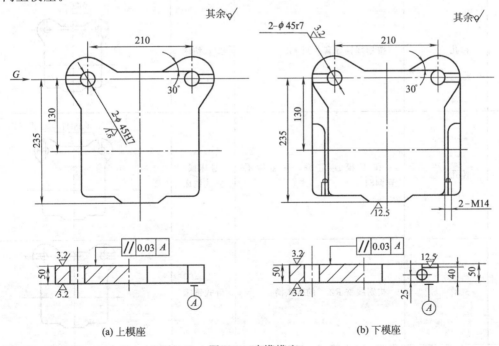

图 4-9 冲模模座

表 4-7 加工上模座的工艺过程

工序号	工序名称	工序内容	设备	工序简图
1	备料	铸造毛坯		
2	刨平面	刨上、下平面，保证尺寸50.8	牛头刨床	

工序号	工序名称	工序内容	设备	工序简图
3	磨平面	磨上、下平面,保证尺寸50	平面磨床	
4	钳工划线	划前部平面和导套孔中心线		
5	铣前部平面	按划线铣前部平面	立式铣床	
6	钻孔	按划线钻导套孔至$\phi 43$	立式钻床	
7	镗孔	和下模座重叠,一起镗孔至$\phi 45H7$	镗床或立式铣床	
8	铣槽	按划线铣$R2.5$的圆弧槽	卧式铣床	
9	检验			

二、冲压模具装配

模具装配是模具制造过程的最后阶段,装配质量的好坏将影响模具的精度、寿命和各部分的功能。要制造出一副合格的模具,除了保证零件的加工精度外还必须做好装配工作。同时模具装配阶段的工作量比较大,又将影响模具的生产制造周期和生产成本。因此模具装配是模具制造中的重要环节。

（一）简介

1. 模具装配的特点和内容

模具装配属单件小批装配生产类型，工艺灵活性大，工序集中，工艺文件不详细，设备、工具尽量选通用的。组织形式以固定式为多，手工操作比重大，要求工人有较高的技术水平和多方面的工艺知识。

模具装配过程是按照模具技术要求和各零件间的相互关系，将合格的零件连接固定为组件、部件，直至装配成合格的模具。它可以分为组件装配和总装配等。

模具装配内容包括：选择装配基准、组件装配、调整、修配、研磨抛光、检验和试冲（试压）等环节，通过装配达到模具各项精度指标和技术要求。通过模具装配和试冲（试压）考核制件成形工艺、模具设计方案和模具工艺编制等工作的正确性和合理性。在模具装配阶段发现的各种技术质量问题，必须采取有效措施妥善解决，以满足试制成形的需要。

模具装配工艺规程是指导模具装配的技术文件，也是制定模具生产计划和进行生产技术准备的依据。模具装配工艺规程的制定根据模具种类和复杂程度，各单位的生产组织形式和习惯作法等具体情况可简可繁。模具装配工艺规程包括：模具零件和组件的装配顺序，装配基准的确定，装配工艺方法和技术要求，装配工序的划分以及关键工序的详细说明，必备的二级工具和设备，检验方法和验收条件等。

2. 装配精度要求

模具装配精度包括：

① 相关零件的位置精度，例如定位销孔与型孔的位置精度，上、下模之间，定、动模之间的位置精度，凸模与凹模之间的位置精度等；

② 相关零件的运动精度，包括直线运动精度、圆周运动精度及传动精度，例如导柱和导套之间的配合状态，顶块和卸料装置的运动是否灵活可靠，进料装置的送料精度等；

③ 相关零件的配合精度，相互配合零件之间的间隙和过盈程度是否符合技术要求；

④ 相关零件的接触精度，例如模具凸模与凹模间隙大小是否符合技术要求，弯曲模的上、下成形表面的吻合一致性，拉深模定位套外表面与凹模进料表面的吻合程度等。

（二）模具零件的固定方法

模具和其他机械产品一样，各个零件、组件通过定位和固定而连接在一起，确定各自的相互位置。因此零件的固定方法会因具体情况而不同，有时会影响模具装配工艺路线。

1. 紧固件法

紧固件固定法如图 4-10 所示，主要通过定位销和螺钉将零件相连接。图 4-10 (a) 主要适用于大型截面成形零件的连接，其圆柱销的最小配合长度 $H_2 \geqslant 2d_2$；螺钉拧入连接长度，对于钢件 $H_1=d_1$ 或稍长，对于铸铁件 $H_1=1.5d_1$ 或稍长。图 4-10 (b) 图为螺钉吊装固定方式，凸模定位部分与固定板配合孔采用基孔制过渡配合 H7/m6 和 H7/n6，或采用小间隙配合 H7/h6。螺钉直径大小视卸料力大小而定。图 4-10 (c)、图 4-10 (d) 适用于截面形状比较复杂的凸模零件，其定位部分配合长度应保持在板厚的 2/3，用圆柱销卡紧。

2. 压入法

压入法如图 4-11 所示，定位配合部位采用 H7/m6、H7/n6 和 H7/r6 配合，适用于冲裁板厚 $t \leqslant 6mm$ 的冲裁凸模与各类模具零件，利用台阶结构限制轴向移动，注意台阶结构尺寸，应使 $H > \Delta D$，$\Delta D = 1.5 \sim 2.5$，$H = 3 \sim 8$。

它的特点是连接牢固可靠，对配合孔的精度要求较高，加工成本高。装配压入过程如图 4-11 (b) 所示，将凸模固定板型孔台阶朝上，放在两个等高垫铁上，将凸模工作端朝上放入型孔对正，用压入机慢慢压入，要边压入边检查凸模垂直度，并注意过盈量、表面粗糙

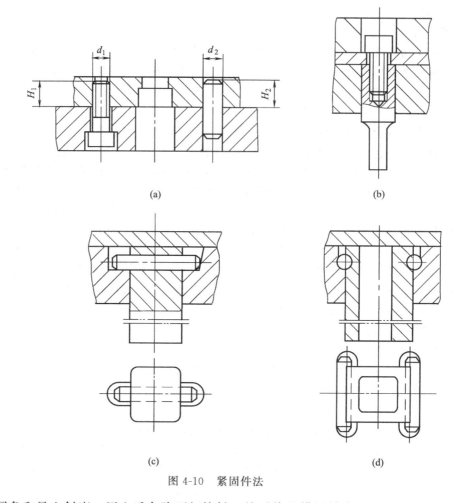

图 4-10 紧固件法

度,导入圆角和导入斜度。压入后台阶面相接触,然后将凸模尾端磨平。

3. 铆接法

铆接法如图 4-12 所示。它主要适用于冲裁板厚 $t \leqslant 2mm$ 的冲裁凸模和其他轴向拨力不太大的零件。和型孔配合部分保持 $0.01\sim0.03mm$ 的过盈量,铆接端凸模硬度 30HRC 以内。固定板型孔铆接端周边倒角 $0.5\times45°\sim1\times45°$。

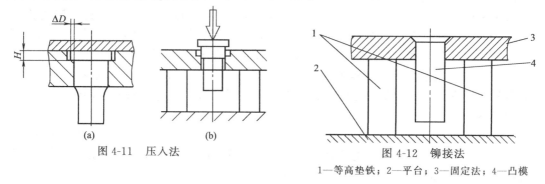

图 4-11 压入法

图 4-12 铆接法
1—等高垫铁;2—平台;3—固定法;4—凸模

4. 热套法

热套法如图 4-13 所示。主要用于固定凹模和凸模拼块以及硬质合金模块。当只要连接起固定作用时,其配合过盈量要小些;当要求连接并有预应力作用时,其配合过盈量要大些。过盈量控制在 $(0.001～0.002)D$ 范围。对于钢质拼块一般不预热，只是将模套预热到 $300～400℃$ 保持 1h，即可热套。对于硬质合金模块应在 $200～250℃$ 预热，模套在 $400～450℃$ 预热后热套。一般在热套后继续进行型孔的精加工。

5. 焊接法

焊接法如图 4-14 所示。主要用于硬质合金模。焊接前要在 $700～800℃$ 进行预热，并清理焊接面，再用火焰钎焊或高频钎焊，在 $1000℃$ 左右焊接，焊缝为 $0.2～0.3mm$，焊料为黄铜，并加入脱水硼砂。焊后放入木炭中缓冷，最后在 $200～300℃$，保温 $4～6h$ 去应力。

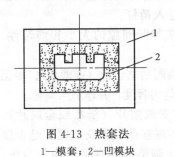

图 4-13 热套法
1—模套；2—凹模块

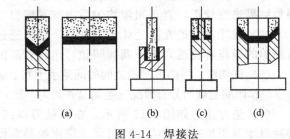

图 4-14 焊接法

6. 低熔点合金法

低熔点合金在冷凝时有体积膨胀的特点，利用这个特点在模具装配中固定零件。如固定凸模、凹模、导柱和导套，以及浇注成形卸料板型孔等。如图 4-15 所示。

7. 粘接法

(1) 环氧树脂粘接法　环氧树脂是有机合成树脂的一种，当其硬化后对金属和非金属材料有很强的粘接力，连接强度高；化学稳定性好，能耐酸碱；粘接方法简单。但环氧树脂脆性好，硬度低，不耐高热，使用温度低于 $100℃$。

环氧树脂粘接法常用于固定凸模、导柱和导套以及浇注成形卸料孔型孔等。适用固定冲裁板厚 $t≤0.8mm$ 板料的凸模。采用粘接法可降低固定板连接孔的制造精度，尤其对于多凸模及形状复杂的凸模效果显著。如图 4-16 所示粘接固定导柱和导套的结构形式。

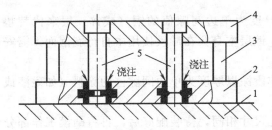

图 4-15 低熔点合金固定浇注示意图
1—平板；2—凸模固定板；3—等高垫块；
4—凹模；5—凸模

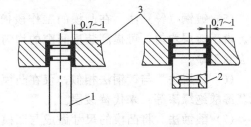

图 4-16 环氧树脂粘接固定导套导柱
1—导柱；2—导套；3—模板

(2) 无机粘接剂固定法　采用无机粘接剂粘接固定模具零件，其结构形式和要求与环氧树脂粘接固定法基本相同。只是要求粘接缝更小些，对于小尺寸单边缝隙取 $0.1～0.3mm$，对于较大尺寸的单边缝隙取 $1～1.25mm$。同时粘接表面更粗糙些，$R_a≥12.5～20μm$，以增强粘接强度。

(三) 模具间隙及位置的控制方法

1. 凸、凹模间隙的控制

冷冲模装配的关键是如何保证凸、凹模之间具有正确合理而又均匀的间隙。这既与模具有关零件的加工精度有关，也与装配工艺的合理与否有关。为了保证凸、凹模间的位置正确和间隙的均匀，装配时总是依据图纸要求先选择其中某一主要件（如凸模或凹模、或凸凹模）作为装配基准件。以该件位置为基准，用找正间隙的方法来确定其他零件的相对位置，以确保其相互位置的正确性和间隙的均匀性。

控制间隙均匀性常用的方法有如下几种。

（1）测量法　测量法是将凸模和凹模分别用螺钉固定在上、下模板的适当位置，将凸模插入凹模内（通过导向装置），用厚薄规（塞尺）检查凸、凹模之间的间隙是否均匀，根据测量结果进行校正，直至间隙均匀后再拧紧螺钉、配作销孔及打入销钉。

（2）透光法　透光法是凭肉眼观察，根据透过光线的强弱来判断间隙的大小和均匀性。有经验的操作者凭透光法来调整间隙可达到较高的均匀程度。

（3）试切法　当凸、凹模之间的间隙小于 0.1mm 时，可将其装配后试切纸（或薄板）。根据切下制作四周毛刺的分布情况（毛刺是否均匀一致）来判断间隙的均匀程度，并作适当调整。

（4）垫片法　如图 4-17 所示，在凹模刃口四周的适当地方安放垫片（纸片或金属片），垫片厚度等于单边间隙值，然后将上模座的导套慢慢套进导柱，观察凸模Ⅰ及凸模Ⅱ是否顺利进入凹模与垫片接触，由等高垫铁垫好，用敲击固定板的方法调整间隙直到其均匀为止，并将上模座事先松动的螺钉拧紧。放纸试冲，由切纸观察间隙是否均匀。不均匀时再调整，直至均匀后再将上模座与固定板同钻，铰定位销孔并打入销钉。

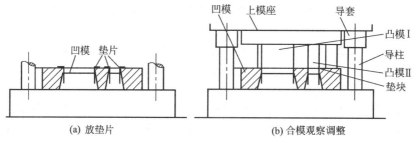

图 4-17　凹模刃口处用垫片控制间隙

（5）镀铜（锌）法　在凸模的工作段镀上厚度为单边间隙值的铜（或锌）层来代替垫片。由于镀层均匀，可提高装配间隙的均匀性。镀层本身会在冲模使用中自行剥落而无需安排去除工序。

（6）涂层法　与镀铜法相似，仅在凸模工作段涂以厚度为单边间隙值的涂料（如磁漆或氨基醇酸绝缘漆等）来代替镀层。

（7）酸蚀法　将凸模的尺寸做成与凹模型孔尺寸相同，待装配好后，再将凸模工作部分用酸腐蚀以达到间隙要求。

（8）利用工艺定位器调整间隙　如图 4-18 所示，用工艺定位器来保证上、下模同轴。工艺定位器尺寸 d_1、d_2、d_3 分别按凸模、凹模以及凸凹模之实测尺寸，按配合间隙为零来配制（应保证 d_1、d_2、d_3 同轴）。

（9）利用工艺尺寸调整间隙　对于圆形凸模和凹模，可在制造凸模时在其工作部分加长 1～2mm，并使加长部分的尺寸按凹模孔的实测尺寸零间隙配合来加工，以便装配时凸、凹模对中（同轴），并保证间隙的均匀。待装配完后，将凸模加长部分磨去。

2. 凸、凹模位置的控制　为了保证级进模、复合模及多冲头简单模凸、凹模相互位置的准确，除要尽量提高凹模及凸模固定板型孔的位置精度外，装配时还要注意以下几点。

① 级进模常选凹模作为基准件，先将拼块凹模装入下模座，再以凹模定位，将凸模装

入固定板，然后再装入上模座。当然这时要对凸模固定板进行一定的钳修。

② 多冲头导板模常选导板作为基准件。装配时应将凸模穿过导板后装入凸模固定板，再装入上模座，然后再装凹模及下模座。

③ 复合模常选凸凹模作为基准件，一般先装凸凹模部分，再装凹模、顶块以及凸模等零件，通过调整凸模和凹模来保证其相对位置的准确性。

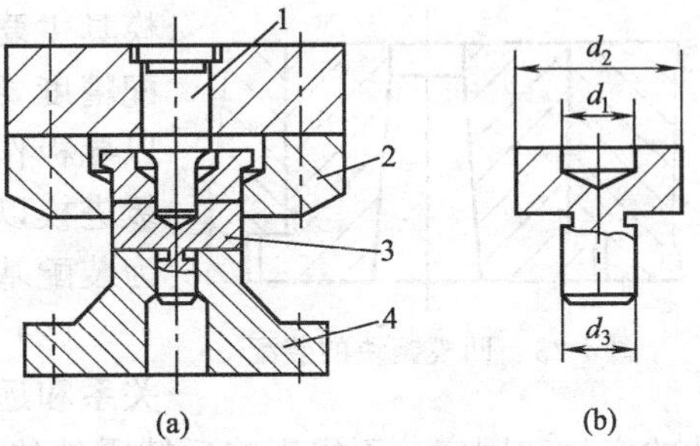

（四）冲裁模的装配

冲裁模的装配包括组件装配和总装配。在装配时首先确定装配基准件，按照零件之间的相互关系，确定装配顺序。

图 4-18 用工艺定位器保证上、下模同轴
1—凸模；2—凹模；3—工艺定位器；4—凸凹模

1. 组件装配

（1）模柄的装配（模柄组件） 压入式模柄的装配过程如图 4-19 所示。装配前要检查模柄和上模座配合部位的尺寸精度和表面粗糙度，并检验模座安装面与平面的垂直度精度。装配时将上模座放平，在压力机上将模柄慢慢压入（或用铜棒打入）模座，要边压边检查模柄垂直度，直至模柄台阶面与安装孔台阶面接触为止。检查模柄相对上模座上平面的垂直度精度。合格后，加工骑缝销孔，安装骑缝销，最后磨平端面。

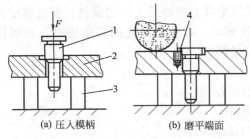

图 4-19 压入式模柄的装配
1—模柄；2—上模座；3—等高垫块；4—骑缝销

（2）凸模、凹模与固定板的装配（凸模组件、凹模组件）

① 铆接式凸模与固定板的装配。装配过程如图 4-20 所示，装配时将固定板置于等高垫块上，将凸模放入安装孔内，在压力机上慢慢压入，边压入边检验凸模垂直度。压入后用凿子和锤子将凸模端面铆合，然后在磨床上将其端面磨平，如图 4-21（a）所示。为保持凸模刃口锋利，以固定板支承板定位，磨削凸模工作端面，如图 4-21（b）所示。

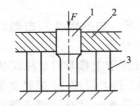

图 4-20 铆接式凸模与固定板的装配
1—凸模；2—固定板；3—等高垫块

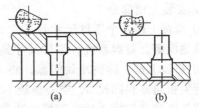

图 4-21 磨凸模端面

② 压入式凸模与固定板的装配。装配过程如图 4-22 所示。其装配过程和要点与模柄的装配相同。

③ 凹模镶块与固定板的装配。装配过程和模柄的装配过程相近，如图 4-23 所示。装配后在磨床上将组件的上、下平面磨平，并检验型孔中心线与平面的垂直度精度。

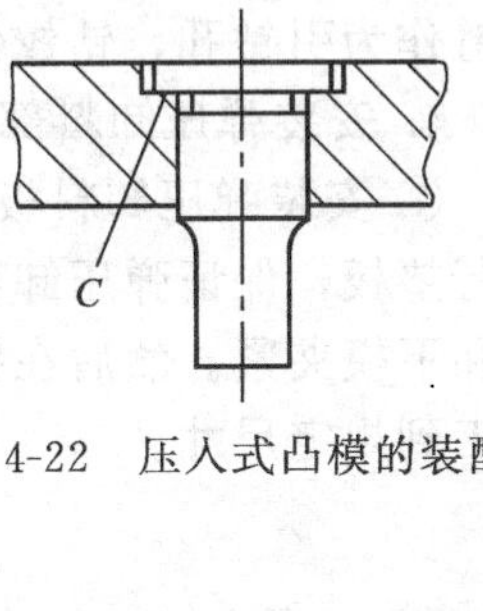

2. 冲裁模总装配要点

（1）选择装配基准孔 装配前首先确定装配基准件，根据

图 4-22 压入式凸模的装配

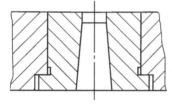

图 4-23 凹模镶块的装配

模具主要零件的相互依赖关系，以及装配方便和易于保证装配精度要求，确定装配基准件。依据模具类型不同，导板模以导板作为装配基准件，复合模以凸凹模作为装配基准件，级进模以凹模作为装配基准件，模座有窝槽结构的以窝槽作为装配基准面。

（2）确定装配顺序　根据各个零件与装配基准件的依赖关系和远近程度确定装配顺序。先装配零件要有利于后续零件的定位和固定，不得影响后续零件的装配。

（3）控制冲裁间隙　装配时要严格控制凸、凹模间的冲裁间隙，保证间隙均匀。

（4）位置正确，动作无误　模具内各活动部件必须保证位置尺寸要求正确，活动配合部位动作灵活可靠。

（5）试冲　试冲是模具装配的重要环节，通过试冲发现问题，并采取措施排除故障。

（五）复合模的装配

复合模是在压力机的一次行程中，完成两个或两个以上的冲压工序的模具。复合模结构紧凑，内、外型表面相对位置精度高，冲压生产效率高，对装配精度的要求也高。现以图 4-24 所示的落料冲孔复合模为例说明复合模的装配过程。

1. 组件装配

① 将压入式模柄 15 装配于上模座 14 内，并磨平端面。

② 将凸模 11 装入凸模固定板 18 内，为凸模组件。

③ 将凸凹模 4 装入凸凹模固定板 3 内，为凸凹模组件。

2. 确定装配基准件

落料冲孔复合模应以凸凹模为装配基准件，首先确定凸凹模在模架中的位置。

① 安装凸凹模组件，加工下模座漏料孔。确定凸凹模组件在下模座上的位置，然后用平行夹板将凸凹模组件和下模座夹紧，在下模座上划出漏料孔线。

② 加工下模座漏料孔，下模座漏料孔尺寸应比凸凹模漏料孔尺寸单边大 0.5～1mm。

③ 安装固定凸凹模组件，将凸凹模组件在下模座重新找正定位，用平行夹板夹紧。钻、铰销孔和螺孔，装于定位销 2 和螺钉 23。

3. 安装上模部分

① 检查上模各个零件尺寸是否能满足装配技术条件要求，如推板 9 顶出端面应凸出落料凹模端面等。打料系统各零件尺寸是否合适，动作是否灵活等。

② 安装上模、调整冲裁间隙。将上模系统各零件分别装于上模座 14 和模柄 15 孔内。用平行夹板将落料凹模 8、空心垫板 10、凸模组件、垫板 12 和上模座 14 轻轻夹紧，然后调整凸模组件和凸凹模 4 冲孔凹模的冲裁间隙，以及调整落料凹模 8 和凸凹模 4 落料凸模的冲裁间隙。可以采用垫片法调整，并对纸片进行手动试冲，直至内、外形冲裁间隙均匀。再通过平行夹板将上模各板夹紧夹牢。

③ 钻铰上模销孔和螺孔。上模部分通过平行夹板夹紧，在钻床上以凹模 8 上的销孔和螺钉作为引钻孔，钻铰销钉孔和螺纹穿孔。然后安装定位销 13 和螺钉 19。拆掉平行夹板。

4. 安装弹压卸料部分

① 安装弹压卸料板，将弹压卸料板套在凸凹模上，弹压卸料板和凸凹模组件端面垫上平行垫板，保证弹压卸料板上端面与凸凹模上平面的装配位置尺寸，用平行夹板将弹压卸料板和下模夹紧。然后在钻床上同钻卸料螺钉孔，拆掉平行夹板。最后将下模各板卸料螺钉孔加工到规定尺寸。

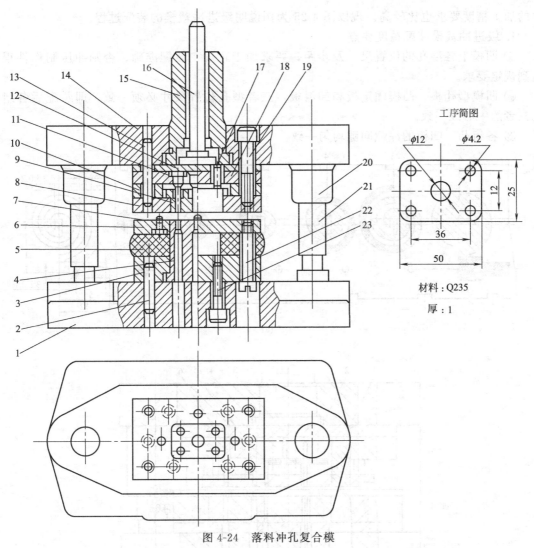

图 4-24 落料冲孔复合模

1—下模座；2,13—定位销；3—凸凹模固定板；4—凸凹模；5—橡皮弹性件；6—卸料板；7—定位钉；8—凹模；9—推板；10—空心垫板；11—凸模；12—垫板；14—上模座；15—模柄；16—打料杆；17—顶料销；18—凸模固定板；19,22,23—螺钉；20—导套；21—导柱

② 安装卸料橡皮和定位钉，在凸凹模组件上和弹压卸料板上分别安装卸料橡皮 5 和定位钉 7，拧紧卸料螺钉 22。

5. 自检

按冲模技术条件进行总装配检查。

6. 检验

7. 试冲

说明：图 4-24 所示的上模部分，最佳设计方案为两组圆柱销和螺钉，分别对凸模组件和凹模进行定位、固紧。使装配容易并使装配精度易保证。

（六）级进模的装配

级进模是在送料方向上设有多个冲压工位，在不同工位上进行连续的冲压，压力机每次行程完成一部分冲压，通过连续的多次冲压，完成制件的冲压加工。不仅可以进行冲裁，还能进行弯曲、拉深和成形等。级进模对步距精度和定位精度要求比较高，装配难度大，对零件的加工精度要求也比较高。现以图 4-25 为例说明级进冲裁模的装配过程。

1. 级进冲裁模装配精度要点

① 凹模上各型孔的位置尺寸及步距,要求加工正确、装配准确,否则冲压制作件很难达到规定要求。

② 凹模型孔板、凸模固定板和卸料板,三者型孔位置尺寸必须一致,即装配后各组型孔三者的中心线一致。

③ 各组凸、凹模的冲裁间隙均匀一致。

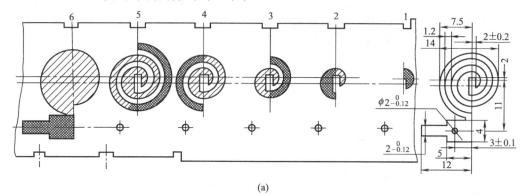

(a)

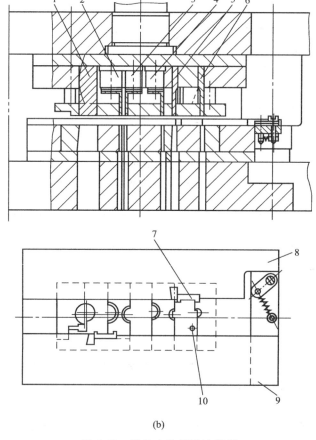

(b)

图 4-25　游丝支片级进冲裁模

1—落料凸模；2~6—凸模；7—侧刃；8,9—导料板；10—冲孔凸模

2. 装配基准件

级进冲压模应该以凹模为装配基准件。级进模的凹模分成两大类：整体凹模和拼块凹模。整体凹模各型孔的孔径尺寸和型孔位置尺寸在零件加工阶段已经保证。拼块凹模的每一个凹模拼块虽然在零件加工阶段已经很精确了。但是装配成凹模组件后，各型孔的孔径尺寸和型孔位置尺寸不一定符合规定要求。必须在凹模组件上对孔径和孔距尺寸重新检查、修配和调整。并且与各凸模实配和修整，保证每型孔的凸模和凹模有正确尺寸和冲裁间隙。经过检查、修配和调整合格的凹模组件才能作为装配基准件。

3. 组件装配

（1）凹模组件　以图 4-26 所示的凹模组件说明凹模组件的装配过程。

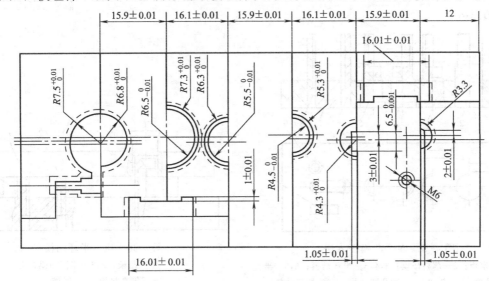

图 4-26　凹模组件

该凹模组件由 9 个凹模拼块和 1 个凹模模套拼合而成，形成 6 个冲裁工位和 2 个侧刃孔。各个凹模拼块都以各型孔中心分段，即拼块宽度尺寸等于步距尺寸。

① 初步检查修配凹模拼块，组装前检查修配各个凹模拼块的宽度尺寸（即步距尺寸）和型孔孔径和位置尺寸。并要求凹模、凸模固定板和卸料板相应尺寸一致。

② 按图示要求拼接各凹模拼块，并检查相应凸模和凹模型孔的冲裁间隙，不妥之处进行修配。

③ 组装凹模组件，将各凹模拼块压入模套（凹模固定板），并检查实际装配过盈量，不当之处修整模套。将凹模组件上下面磨平。

④ 检查修配凹模组件，对凹模组件各型孔的孔径和孔距尺寸再次检查，发现不当之处进行修配，直至达到图样规定要求。

⑤ 复查修配凸凹模冲裁间隙。

说明：在组装凹模组件时，应先压入精度要求高的凹模拼块，后压入易保证精度要求的凹模拼块。例如有冲孔、冲槽、弯曲和切断的级进模，可先压入冲孔、冲槽和切断凹模拼块，后压入弯曲凹模拼块。视凹模拼块和模套拼合结构不同，也可按排列顺序，依次压入凹模拼块。

（2）凸模组件　级进模中各个凸模与凸模固定板的连接，依据模具结构不同有单个凸模压入法、单个凸模低熔点合金浇注或粘接剂粘接法，也有多个凸模依次相连压入法。

① 单个凸模压入法，以图 4-27 为例说明装配过程。

凸模压入固定板顺序：一般先压入容易定位，同时压入后又能作为其他凸模压入安装基准的凸模，再压入难定位凸模。如果各凸模对装配精度要求不同时，先压入装配精度要求高和较难控制装配精度的凸模，再压入容易保证装配精度的凸模。如不属上述两种情况，对压入的顺序无严格的要求。

图 4-27 所示凸模的压入顺序是：先压入半圆凸模 6 和 8（连同垫块 7 一起压入），再依次压入半环凸模 3、4 和 5，然后压入侧刃凸模 10 和落料凸模 2，最后压入冲孔圆凸模 9。首先压入半圆凸模（连同垫块），是因为压入容易定位，而且稳定性好。有压入半环凸模 3 时，以已压入的半圆凸模为基准，并垫上等高垫块，插入凹模型孔，调整好间隙，同时将半环凸模以凹模型定位进行压入，如图 4-28 所示。用同样办法依次压入，压入时要边检查凸模垂直度边压入。

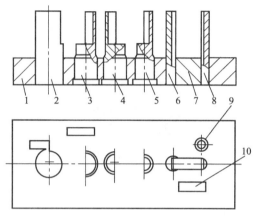

图 4-27　单个凸模压入法
1—固定板；2—落料凸模；3,4,5—半环凸模；6,8—半圆凸模；7—垫块；9—冲孔圆凸模；10—侧刃凸模

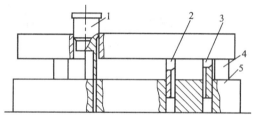

图 4-28　压入半环凸模
1—半环凸模；2,3—半圆凸模；4—等高垫块；5—凹模

复查凸模与固定板的垂直度，检查凸模与卸料板型孔配合状态以及固定板和卸料板的平行度精度，最后磨削凸模组件上下端面。

② 单个凸模粘接法要点。优点是：固定板型孔的孔径和孔距精度要求低，减轻了凸模装配后的调整工作量。粘接前，将各个凸模套入相应凹模型孔，并调整好冲裁间隙，然后套入固定板，检查粘接间隙是否合适，然后进行浇注固定。其他要求同前述。

③ 多凸模整体压入法。多凸模整体压入法的凸模拼接位置和尺寸原则上和凹模拼块一致。在凹模组件已装配完毕并检查修配合格后，以凹模组件的型孔为定位基准，多凸模整体压入后，检查位置尺寸，有不当之处进行修配直至全部合格。这种压入法可以设计一个尺寸调整压紧斜块。

4. 总装配要点

① 装配基准件，以凹模组件为基准，首先安装固定凹模组件。
② 安装固定凸模组件，以凹模组件为基准安装固定凸模组件。
③ 安装固定导料板，以凹模组件为基准安装导料板。
④ 安装固定承料板和侧压装置。
⑤ 安装固定上模弹压卸料装置及导正销。
⑥ 自检，钳工试冲。
⑦ 检验。
⑧ 试冲。

三、设计与制造全程实例

冲模制造是模具设计过程的延续，它以冲模设计图样为依据，通过原材料的加工和装配，转变为具有使用功能的成形工具的过程。其过程如图4-29所示。它主要包含以下三方面的工作：

① 工作零件（凸、凹模等）的加工；
② 配购通用、标准件及进行补充加工；
③ 模具的装配与试模。

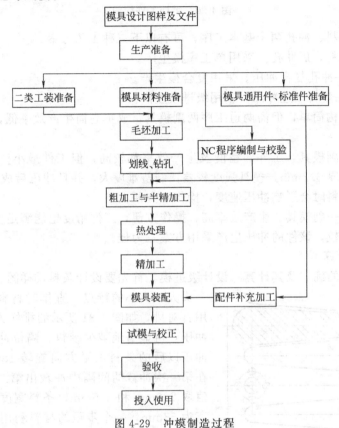

图 4-29 冲模制造过程

随着模具标准化和生产专业化程度的提高，现代模具制造已比较简化。模具标准件精度和质量已能满足使用要求，并可从市场购买；而工作零件的坯料，也可从市场购买，因此模具制造的关键和重点是工作零件的加工和模具装配。

（一）冲裁模设计与制造实例

工件名称：手柄。工件简图：如图4-30所示。生产批量：中批量。材料：Q235-A钢。材料厚度：1.2mm。

1. 冲压件工艺性分析

此工件只有落料和冲孔两个工序。材料为Q235-A钢，具有良好的冲压性能，适合冲裁。工件结构相对简单，有一个$\phi 8mm$的孔和5个$\phi 5mm$的孔；孔与孔、孔与边缘之间的距离也满足要求，最小壁厚为3.5mm（大端4个$\phi 5mm$的孔与$\phi 8mm$孔、$\phi 5mm$的孔与$R16mm$外圆之间的壁厚）。工件的尺寸全部为自由公差，可看作IT14级，尺寸精度较低，普通冲裁完全能满足要求。

2. 冲压工艺方案的确定

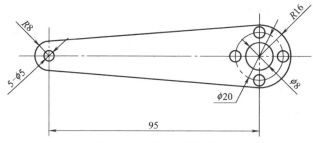

图 4-30 手柄工件简图

该工件包括落料、冲孔两个基本工序,可有以下三种工艺方案。

方案一:先落料,后冲孔。采用单工序模生产。

方案二:落料-冲孔复合冲压。采用复合模生产。

方案三:冲孔-落料级进冲压。采用级进模生产。

方案一模具结构简单,但需两道工序两副模具,成本高而生产效率低,难以满足中批量生产要求。

方案二只需一副模具,工件的精度及生产效率都较高,但工件最小壁厚 3.5mm,接近凸凹模许用最小壁厚 3.2mm,模具强度较差,制造难度大,并且冲压后成品件留在模具上,在清理模具上的物料时会影响冲压速度,操作不方便。

方案三也只需一副模具,生产效率高,操作方便,工件精度也能满足要求。通过对上述三种方案的分析比较,该件的冲压生产采用方案三为佳。

3. 主要设计计算

(1) 排样方式的确定及其计算 设计级进模,首先要设计条料排样图。手柄的形状具有一头大一头小的特点,直排时材料利用率低,应采用直对排,如图 4-31 所示的排样方法,设计成隔位冲压,可显著地减少废料。隔位冲压就是将第一遍冲压以后的条料水平方向旋转 180°,再冲第二遍,在第一次冲裁的间隔中冲裁出第二部分工件。搭边值取 2.5mm 和 3.5mm,条料宽度为 135mm,步距离为 53mm,一个步距的材料利用率为 78%(计算过程略)。查板材标准,宜选 950mm×1500mm 的钢板,每张钢板可剪裁为 7 张条料(135mm×1500mm),每张条料可冲 56 个工件,故每张钢板的材料利用率为 76%。

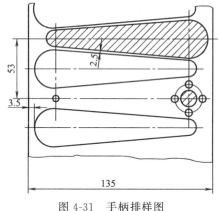

图 4-31 手柄排样图

(2) 冲压力的计算 该模具采用级进模,拟选择弹性卸料、下出件。冲压力的相关计算见表 4-8。根据计算结果,冲压设备拟选 J23-25。

表 4-8 条料及冲压力的相关计算

项目分类	项 目	公 式	结果	备 注
排样	冲裁件面积 A	$A=[(16^2+8^2)\pi+95\times(16+32)]/2$	2782.4mm²	查表 3-7 得:最小搭边值 $a=3.5$mm,$a_1=2.5$mm;采用无侧压装置,条料与导料板间间隙 $C_{min}=1$mm
	条料宽度 B	$B=95+2\times16+2\times3.5+1$	135mm	
	步距 S	$S=32+16+2\times2.5$	53mm	
	一个步距的材料利用率 η	$\eta=\dfrac{nA}{BS}\times100\%=\dfrac{2\times2782.4}{135\times53}\times100\%$	78%	

续表

项目分类	项 目	公 式	结果	备 注
冲压力	冲裁力 F	$F=KLt\tau_b=1.3\times370\times1.2\times300$	173160N	$L=370\text{mm},\tau_b=300\text{MPa}$
	卸料力 F_X	$F_X=K_XF=0.04\times173160$	6926.4N	查表 3-5 得 $K_X=0.055$
	推件力 F_T	$F_T=NK_TF=7\times0.055\times173160$	66666.6N	$n=h/t=8/1.2=7$
	冲压工艺总力 F_Z	$F_Z=F+F_X+F_T$ $=173160+6926.4+66666.6$	246753N	弹性卸料,下出件

(3) 压力中心的确定及相关计算 计算压力中心时,先画出凹模型口图,如图 4-32 所示。在图中将 XOY 坐标系建立在图示的对称中心线上,将冲裁轮廓线按几何图形分解成 $L_1 \sim L_6$ 共 6 组基本线段,用解析法求得该模具的压力中心 C 点的坐标 (13.57, 11.64)。有关计算见表 4-9。

表 4-9 压力中心数据表

基本要素长度 L/mm	各基本要素压力中心的坐标值		基本要素长度 L/mm	各基本要素压力中心的坐标值		基本要素长度 L/mm	各基本要素压力中心的坐标值	
	x	y		x	y		x	y
$L_1=25.132$	-52.592	26.5	$L_4=50.265$	57.856	26.5	合计 369.75	13.57	11.64
$L_2=95.34$	0	38.5	$L_5=15.708$	-47.5	-26.5			
$L_3=95.34$	0	14.5	$L_6=87.965$	47.5	-26.5			

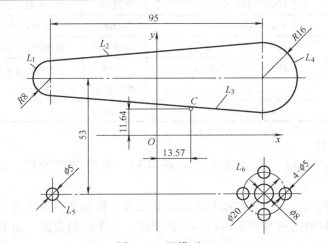

图 4-32 凹模型口

由以上计算结果可以看出,该工件冲裁力不大,压力中心偏移坐标原点 O 较小,为了便于模具的加工和装配,模具中心仍选在坐标原点 O。若选用 J23-25 冲床,C 点仍在压力机模柄孔投影面积范围内,满足要求。

(4) 工作零件刃口尺寸计算 在确定工作零件刃口尺寸计算方法之前,首先要考虑工作零件的加工方法及模具装配方法。结合该模具的特点,工作零件的形状相对较简单,适宜采用线切割机床分别加工落料凸模、凹模、凸模固定板以及卸料板,这种加工方法可以保证这些零件各个孔的同轴度,使装配工作简化。因此工作零件刃口尺寸计算就按分开加工的方法来计算,具体计算见表 4-10。

(5) 卸料橡胶的设计 卸料橡胶的设计计算见表 4-11。选用的四块橡胶板的厚度务必一致,不然会造成受力不均匀,运动产生歪斜,影响模具的正常工作。

表 4-10 工作零件刃口尺寸的计算

尺寸及分类		尺寸转换	计算公式	结果	备注
落料	$R16$	$R16_{-0.43}^{0}$	$R_A = (R_{max} - X\Delta)_0^{+\delta_A}$ $R_T = (R_A - Z_{min}/2)_{-\delta_T}^{0}$	$R_A = 15.79_0^{+0.027}$	查表 3-3 得：冲裁双面间隙 $Z_{max} = 0.18$mm，$Z_{min} = 0.126$mm；磨损系数 $x = 0.5$，模具按 IT8 级制造。校核满足 $\delta_A + \delta_T \leq (Z_{max} - Z_{min})$
				$R_T = 15.72_{-0.027}^{0}$	
	$R8$	$R8_{-0.36}^{0}$		$R_A = 7.82_0^{+0.022}$	
				$R_T = 7.76_{-0.022}^{0}$	
冲孔	$\phi5$	$\phi5_0^{+0.3}$	$d_T = (d_{min} + X\Delta)_{-\delta_T}^{0}$ $d_A = (d_T + Z_{min}/2)_0^{+\delta_A}$	$d_T = 5.15_{-0.018}^{0}$	
				$d_A = 5.21_0^{+0.018}$	
	$\phi8$	$\phi8_0^{+0.36}$		$d_T = 8.18_{-0.022}^{0}$	
				$d_A = 8.24_0^{+0.022}$	
孔心距	95	95 ± 0.44	$L_A = L \pm \Delta/8$	$L_A = 95 \pm 0.011$	
	$\phi20$	$\phi20 \pm 0.26$		$L_A = 20 \pm 0.065$	

表 4-11 卸料橡胶的设计计算

项目	公式	结果	备注
卸料板工作行程 h_1	$h_1 = h_1 + t + h_2$	4.2mm	h_1 为凸模凹进卸料板的高度 1mm，h_2 为凸模冲裁后进入凹模的深度 2mm
橡胶工作行程 H_1	$H_1 = h_1 + h_{修}$	9.2mm	$h_{修}$ 为凸模修磨量，取 5mm
橡胶自由高度 $H_{自由}$	$H_{自由} = 4H_1$	36.8mm	取 H_1 为 $H_{自由}$ 的 25%
橡胶的预压缩量 $H_{预}$	$H_{预} = 15\% H_{自由}$	5.52mm	一般 $H_{预} = 10\% \sim 15\% H_{自由}$
每个橡胶承受的载荷 F_1	$F_1 = F_X/4$	1731.6N	选用四个圆筒形橡胶
橡胶的外径 D	$D = [d^2 + 1.27(F_1/p)]^{0.5}$	68mm	d 为圆筒形橡胶的内径，取 $d = 13$mm；$p = 0.5$MPa
校核橡胶自由高度 $H_{自由}$	$0.5 \leq H_{自由}/D = 0.54 \leq 1.5$	满足要求	
橡胶的安装高度 $H_{安}$	$H_{安} = H_{自由} - H_{预}$	31mm	

4. 模具总体设计

(1) 模具类型的选择　由冲压工艺分析可知，采用级进冲压，所以模具类型为级进模。

(2) 定位方式的选择　因为该模具采用的是条料，控制条料的送进方向采用导料板，无侧压装置。控制条料的送进步距采用挡料销初定距，导正销精定距。而第一件的冲压位置因为条料长度有一定余量，可以靠操作工目测来定。

(3) 卸料、出件方式的选择　因为工件料厚为 1.2mm，相对较薄，卸料力也比较小，故可采用弹性卸料。又因为是级进模生产，所以采用下出件比较便于操作与提高生产效率。

(4) 导向方式的选择　为了提高模具寿命和工件质量，方便安装调整，该级进模采用中间导柱的导向方式。

5. 主要零部件设计

(1) 工作零件的结构设计

① 落料凸模。结合工件外形并考虑加工，将落料凸模设计成直通式，采用线切割机床加工，2 个 M8 螺钉固定在垫板上，与凸模固定板的配合按 H6/m5。其总长 $L = 20 + 14 + 1.2 + 28.8 = 64$mm。具体结构可参见图 4-33 (a)。

② 冲孔凸模。因为所冲的孔均为圆形，而且都不属于需要特别保护的小凸模，所以冲

孔凸模采用台阶式，一方面加工简单，另一方面又便于装配与更换。其中冲 5 个 $\phi 5$ 的圆形凸模可选用标准件（尺寸为 5.15×64）。冲 $\phi 8$mm 孔的凸模结构如图 4-33 (b) 所示。

③ 凹模。凹模采用整体凹模，各冲裁的凹模孔均采用线切割机床加工，安排凹模在模架上的位置时，要依据计算压力中心的数据，将压力中心与模柄中心重合。其轮廓尺寸计算如下：

凹模厚度 $H=kb=0.2\times 127$mm$=25.4$mm（查模具设计手册，取 $k=0.2$）

凹模壁厚 $c=(1.5\sim 2)H=38\sim 50.8$mm

取凹模厚度 $H=30$mm，凹模壁厚 $c=45$mm

凹模宽度 $B=b+2c=(127+2\times 45)$mm$=217$mm

凹模长度 L 取 195mm（送料方向）

凹模轮廓尺寸为 195mm×217mm×30mm，结构如图 4-33（c）所示。

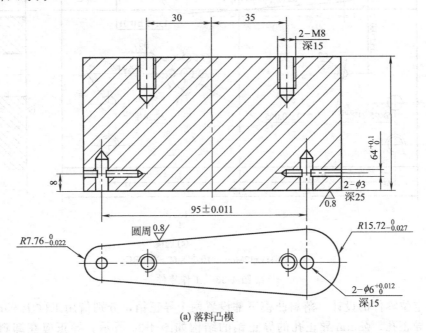

(a) 落料凸模

材料：Cr12MoV　　热处理：58～62HRC　　技术要求：尾部与凸模固定板按H6/m5配合

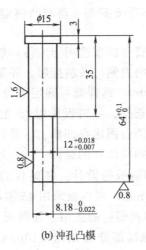

(b) 冲孔凸模

材料：Cr12MoV　　热处理：58～62HRC

图 4-33

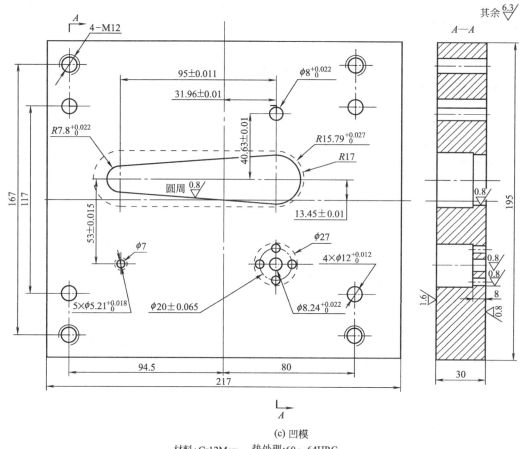

(c) 凹模

材料：Cr12MoV　热处理：60～64HRC

图 4-33　工作零件

(2) 定位零件的设计　落料凸模下部设置两个导正销，分别借用工件上 φ5mm 和 φ8mm 两个孔作导正孔。φ8mm 导正孔的导正销的结构如图 4-34 所示。导正应在卸料板压紧板料之前完成导正，考虑料厚和装配后卸料板下平面超出凸模端面 1mm，所以导正销直线部分的长度为 1.8mm。导正销采用 H7/r6 安装在落料凸模端面，导正销导正部分与导正孔采用 H7/h6 配合。

起粗定距的活动挡料销、弹簧和螺塞选用标准件，规格为 8×16。

(3) 导料板的设计　导料板的内侧与条料接触，外侧与凹模齐平，导料板与条料之间的间隙取 1mm，这样就可确定了导料板的宽度，导料板的厚度按模具设计手册选择。导料板采用 45 钢制作，热处理硬度为 40～45HRC，用螺钉和销钉固定在凹模上。导料板的进料端安装有承料板。

(4) 卸料部件的设计

① 卸料板的设计。卸料板的周界尺寸与凹模的周界尺寸相同，厚度为 14mm。卸料板采用 45 钢制造，淬火硬度为 40～45HRC。

② 卸料螺钉的选用。卸料板上设置 4 个卸料螺钉，公称直径为 12mm，螺纹部分为 M10×10mm。卸料钉尾部应留有足够的行程空间。卸料螺钉拧紧后，应使卸料板超出凸模端面 1mm，有误差时通过在螺钉与卸料板之间安装垫片来调整。

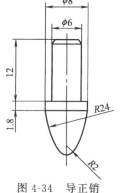

图 4-34　导正销

(5) 模架及其他零部件设计　该模具采用中间导柱模架,这种模架的导柱在模具中间位置,冲压时可防止由于偏心力矩而引起的模具歪斜。以凹模周界尺寸为依据,选择模架规格。

导柱 $d/\text{mm} \times L/\text{mm}$ 分别为 $\phi 28 \times 160$, $\phi 32 \times 160$；导套 $d/\text{mm} \times L/\text{mm} \times D/\text{mm}$ 分别为 $\phi 28 \times 115 \times 42$, $\phi 32 \times 115 \times 45$。上模座厚度 $H_{上模}$ 取 45mm,上模垫板厚度 $H_{垫}$ 取 10mm,固定板厚度 $H_{固}$ 取 20mm,下模座厚度 $H_{下模}$ 取 50mm,那么,该模具的闭合高度：

$$H_{闭} = H_{上模} + H_{垫} + L + H + H_{下模} - h_2 = (45 + 10 + 64 + 30 + 50 - 2)\text{mm} = 197\text{mm}$$

式中　L——凸模长度,$L = 64\text{mm}$;
　　　H——凹模厚度,$H = 30\text{mm}$;
　　　h_2——凸模冲裁后进入凹模的深度,$h_2 = 2\text{mm}$。

可见该模具闭合高度小于所选压力机 J23-25 的最大装模高度（220mm）,可以使用。

6. 模具总装图

通过以上设计,可得到如图 4-35 所示的模具总装图。模具上模部分主要由上模板、垫板、凸模（7个）、凸模固定板及卸料板等组成。卸料方式采用弹性卸料,以橡胶为弹性元件。下模部分由下模座、凹模板、导料板等组成。冲孔废料和成品件均由漏料孔漏出。

条料送进时采用活动挡料销 13 作为粗定距,在落料凸模上安装两个导正销 4,利用条料上 $\phi 5\text{mm}$ 和 $\phi 8$ 孔作导正销孔进行导正,以此作为条料送进的精确定距。操作时完成第一步冲压后,把条料抬起向前移动,用落料孔套在活动挡料销 13 上,并向前推紧,冲压时凸模上的导正销 4 再作精确定距。

活动挡料销位置的设定比理想的几何位置向前偏移 0.2mm,冲压过程中粗定位完成以后,当用导正销作精确定位时,由导正销上圆锥形斜面再将条料向后拉回约 0.2mm 而完成精确定距。用这种方法定距,精度可达到 0.02mm。

7. 冲压设备的选定

通过校核,选择开式双柱可倾压力机 J23-25 能满足使用要求。其主要技术参数如下：
公称压力　　　250kN
滑块行程　　　65mm
最大闭合高度　270mm
最大装模高度　220mm
工作台尺寸（前后×左右）　370mm×560mm
垫板尺寸（厚度×孔径）　50mm×200mm
模柄孔尺寸　$\phi 40\text{mm} \times 60\text{mm}$
最大倾斜角度　30°

8. 模具零件加工工艺

本副冲裁模,模具零件加工的关键在工作零件、固定板以及卸料板,若采用线切割加工技术,这些零件的加工就变得相对简单。

图 4-33（a）所示落料凸模的加工工艺过程见表 4-12。凹模、固定板以及卸料板都属于板类零件,其加工工艺比较规范。图 4-33（c）所示凹模的加工过程与图 4-4 所示落料凹模的加工过程完全类似,见表 4-4,在此不再重复。

9. 模具的装配

根据级进模装配要点,选凹模作为装配基准件,先装下模,再装上模,并调整间隙、试冲、返修。具体装配见表 4-13。

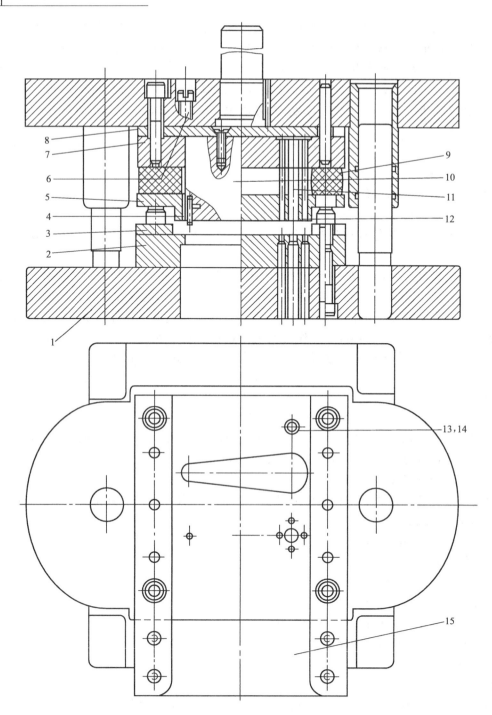

图 4-35 手柄级进模装配图
1—模架；2—凹模；3—导料板；4—导正销；5—卸料板；6—卸料螺钉；7—凸模固定板；8—垫板；
9—弹性橡胶体；10—外形凸模；11—大孔凸模；12—小孔凸模；13—活动挡料销；
14—弹簧；15—承料板

（二）拉深模设计与制造实例

零件简图：如图 4-36 所示。生产批量：大批量。材料：镀锌铁皮。材料厚度：1mm。

1. 冲压件工艺性分析

表 4-12　落料凸模加工工艺过程

工序号	工序名称	工序内容	工序简图(示意图)
1	备料	将毛坯锻成长方体 128×38×72	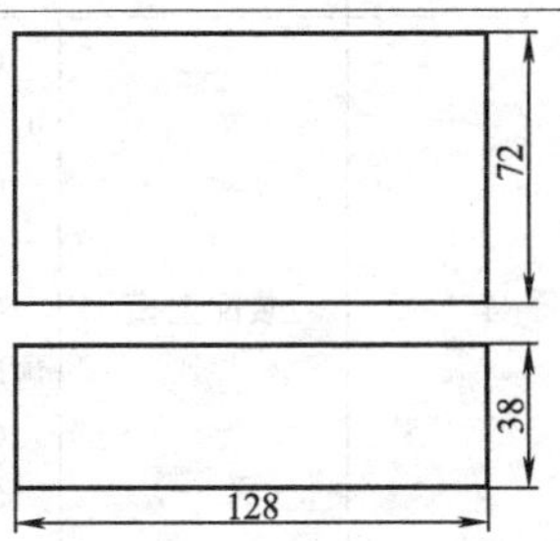
2	热处理	退火	
3	刨	刨六面,互为直角,留单边余量0.5	
4	热处理	调质	
5	磨平面	磨六面,互为直角	
6	钳工划线	划出各孔位置线	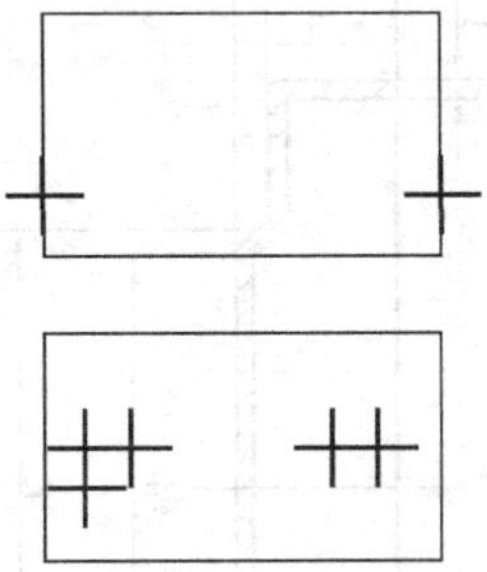
7	加工螺钉孔、安装孔及穿丝孔	按位置加工螺钉孔、销钉孔及穿丝孔等	
8	热处理	按热处理工艺,淬火回火达到58～62HRC	
9	磨平面	精磨上、下平面	
10	线切割	按图线切割,轮廓达到尺寸要求	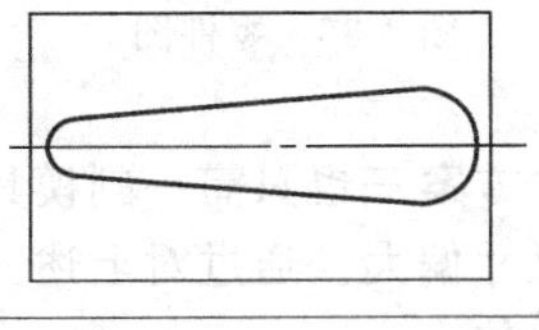
11	钳工精修	全面达到设计要求	
12	检验		

表 4-13　手柄级进模的装配

序号	工序	工艺说明
1	凸、凹模预配	(1)装配前仔细检查各凸模形状及尺寸以及凹模型孔,是否符合图纸要求尺寸精度、形状 (2)将各凸模分别与相应的凹模孔相配,检查其间隙是否加工均匀。不合适者应重新修磨或更换
2	凸模装配	以凹模孔定位,将各凸模分别压入凸模固定板7的型孔中,并挤紧牢固
3	装配下模	(1)在下模座1上划中心线,按中心预装凹模2、导料板3 (2)在下模座1、导料板3上,用已加工好的凹模分别确定其螺孔位置,并分别钻孔,攻丝 (3)将下模座1、导料板3、凹模2、活动挡料销13、弹簧14装在一起,并用螺钉紧固,打入销钉

续表

序号	工序	工艺说明
4	装配上模	(1) 在已装好的下模上放等高垫铁,再在凹模中放入 0.12mm 的纸片,然后将凸模与固定板组合装入凹模 (2) 预装上模座,划出与凸模固定板相应螺孔、销孔位置并钻铰螺孔、销孔 (3) 用螺钉将固定板组合、垫板 8、上模座连接在一起,但不要拧紧 (4) 将卸料板 5 套装在已装入固定板的凸模上,装上橡胶 9 和卸料螺钉 6,并调节橡胶的预压量,使卸料板高出凸模下端约 1mm (5) 复查凸、凹模间隙并调整合适后,紧固螺钉 (6) 安装导正销 4、承料板 15 (7) 切纸检查,合适后打入销钉
5	试冲与调整	装机试冲并根据试冲结果作相应调整

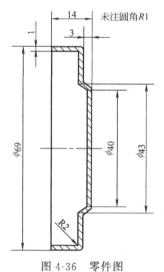

图 4-36 零件图

该工件属于较典型圆筒形件拉深,形状简单对称,所有尺寸均为自由公差,对工件厚度变化也没有作要求,只是该工件作为另一零件的盖,口部尺寸 $\phi 69$ 可稍作小些。而工件总高度尺寸 14mm 可在拉深后采用修边达要求。

2. 冲压工艺方案的确定

该工件包括落料、拉深两个基本工序,可有以下三种工艺方案。

方案一:先落料,后拉深。采用单工序模生产。
方案二:落料-拉深复合冲压。采用复合模生产。
方案三:拉深级进冲压。采用级进模生产。

方案一模具结构简单,但需两道工序两副模具,生产效率低,难以满足该工件大批量生产的要求。

方案二只需一副模具,生产效率较高,尽管模具结构较方案一复杂,但由于零件的几何形状简单对称,模具制造并不困难。

方案三也只需一副模具,生产效率高,但模具结构比较复杂,送进操作不方便,加之工件尺寸偏大。通过对上述三种方案的分析比较,该件若能一次拉深,则其冲压生产采用方案二为佳。

3. 主要设计计算

(1) 毛坯尺寸计算 根据表面积相等原则,用解析法求该零件的毛坯直径 D,具体计算见表 4-14。

(2) 排样及相关计算 采用有废料直排的排样方式,相关计算见表 4-14。查板材标准,宜选 750mm×1000mm 的冷轧钢板,每张钢板可剪裁为 8 张条料(93mm×1000mm),每张条料可冲 10 个工件,故每张钢板的材料利用率为 68%。

(3) 成形次数的确定 该工件底部有一台阶,按阶梯形件的拉深来计算,求出 h/d_{min} = 15.2/40=0.38,根据毛坯相对厚度 t/D=1/90.5=1.1,查模具设计手册发现 h/d_{min} 小于表中数值,能一次拉深成形。所以能采用落料-拉深复合冲压。

(4) 冲压工序压力计算 该模具拟采用正装复合模,固定卸料与推件,具体冲压力计算见表 4-14 所示。根据冲压工艺总力计算结果并结合工件高度,初选开式双柱可倾压力机 J23-25。

(5) 工作部分尺寸计算 落料和拉深的凸、凹模的工作尺寸计算见表 4-15。

表 4-14 主要设计计算

项目分类	项目	公式	结果	备注
毛坯	毛坯直径 D	$D = \sqrt{Ad_3[(h+\Delta h)-r-h_1]+[2\pi r(d_3-2r)+8r^2]+[d_1^2+2L(d_1+d_2)]+\sqrt{[(d_3-2r)^2-d_2^2]}}$	90.5mm	查设计手册取:修边余量 $\Delta h=1.2$mm; 查设计手册取:最小搭边值 $a=0.8$mm,$a_1=1$mm; 条料与导料板间隙 $C_{min}=0.5$mm;$n=1$。
排样	冲裁件面积 A	$A = \pi \times D^2/4$	64293mm²	
排样	条料宽度 B	$B = D+2a+c$	93mm	
排样	步距 S	$S = D+a_1$	91.3mm	
排样	一个步进距的材料利用率 η	$\eta = \dfrac{nA}{BS} \times 100\%$	76%	
冲压力	落料力 $F_{落}$	$F_{落} = KLt\tau_b$	110826N	$\tau_b=300$MPa,$L=\pi D=2842$mm
冲压力	拉深力 F	$F = \pi d_3 t \sigma_b K_1$	41599N	查设计手册取:$K_1=0.6$, $\sigma_b=320$MPa
冲压力	压边力 F_Y	$F_Y = \pi[D^2 \cdot (d_3+2r_A)^2]p/4$	1743N	初定 $r_A=8$mm,查设计手册取:$p=2.3$MPa
冲压力	冲压工艺总力 F_Z	$F_Z = F_{落}+F+F_Y$	154168N	刚性卸料与推件

表 4-15 工作部分尺寸计算

尺寸及分类	凸、凹模间双面间隙	尺寸偏差与磨损系数	计算公式	结果	备注
落料 ϕ90.5	查表 3-3 得, $Z_{max}=0.18$mm $Z_{min}=0.12$mm	$\Delta=0.87$ $X=0.5$	$D_A=(D_{max}-X\Delta)^{+\delta_A}_{0}$	$\phi 90.07^{+0.035}_{0}$	模具制造公差是查设计手册所得,满足 $\delta_A+\delta_T \leqslant (Z_{max}-Z_{min})$
落料 ϕ90.5			$D_T=(D_A-Z_{min})^{0}_{-\delta_T}$	$\phi 89.95^{0}_{-0.025}$	
拉深 ϕ69	查模具设计手册知 $Z=2$mm	$\Delta=0.74$	$D_A=(D_{max}-0.75\Delta)^{+\delta_A}_{0}$	$\phi 68.4^{+0.08}_{0}$	模具制造公差是查设计手册所得
拉深 ϕ69			$D_T=(D_A-Z)^{0}_{-\delta_T}$	$\phi 66.4^{0}_{-0.05}$	

其中因为该工件口部尺寸要求要与另一件配合,所以在设计时可将其尺寸作小些,即拉深凹模尺寸取 $\phi 68.1+0.08$mm,相应拉深凸模尺寸取 $\phi 66.1-0.05$mm。工件底部尺寸 $\phi 43$mm、$\phi 40$mm、3mm 与 $R2$mm 因为属于过渡尺寸,要求不高,为简单方便,实际生产中直接按工件尺寸作拉深凸、凹模该处尺寸。

4. 模具的总体设计

(1) 模具类型的选择　由冲压工艺分析可知,采用复合冲压,所以模具类型为落料-拉深复合模。

(2) 定位方式的选择　因为该模具使用的是条料,所以导料采用导料板(本副模具固定卸料板与导料板一体),送进步距控制采用挡料销。

(3) 卸料、出件方式的选择　模具采用固定卸料,刚性打件,并利用装在压力机工作台下的标准缓冲器提供压边力。

(4) 导向方式的选择　为了提高模具寿命和工件质量,方便安装调整,该复合模采用中间导柱的导向方式。

5. 主要零部件设计

（1）工作零件的结构设计　由于工件形状简单对称，所以模具的工作零件均采用整体结构，拉深凸模、落料凹模和凸凹模的结构如图 4-37 所示。

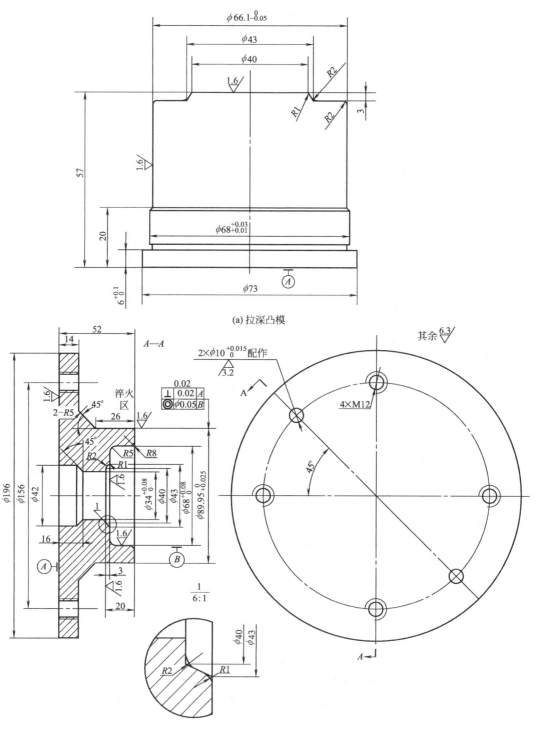

(a) 拉深凸模

(b) 凸、凹模

图 4-37

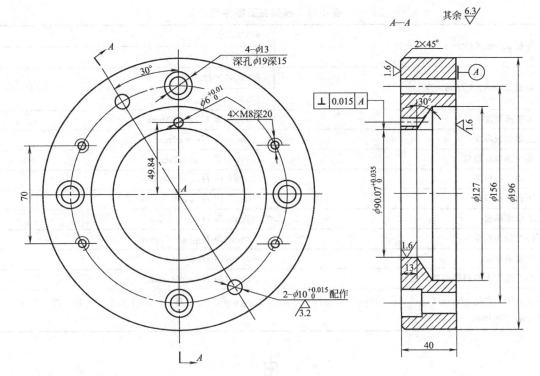

(c) 落料凹模

材料：CrWMn　　热处理：工作部分局部淬火，硬度60～64HRC

图 4-37　主要工作零件

为了实现先落料后拉深，模具装配后，应使拉深凸模的端面比落料凹模端面低。所以图4-37（a）所示拉深凸模，其长度 L 可按下式计算

$$L = H_固 + H_凹 - H_低 = 20\text{mm} + 40\text{mm} - 3\text{mm} = 57\text{mm}$$

式中　$H_固$——凸模固定板的厚度，$H_固 = 20\text{mm}$；

　　　$H_凹$——凹模的厚度，$H_凹 = 40\text{mm}$；

　　　$H_低$——装配后，拉深凸模的端面低于落料凹模端面的高度，根据板厚大小，决定 $H_低 = 3\text{mm}$。

图4-37（b）所示凸凹模因为型孔较多，为了防止淬火变形，除了采用工作部分局部淬火（硬度58～62HRC）外，材料也用淬火变形小的CrWMn模具钢。

（2）其他零部件的设计与选用

① 弹性元件的设计。顶件块在成形过程中一方面起压边作用，另一方面还可将成形后包在拉深凸模上的工件卸下。其压力由标准缓冲器提供。

② 模架及其他零部件的选用。模具选用中间导柱标准模架，可承受较大的冲压力。为防止装模时，上模误转180°装配，将模架中两对导柱与导套作成粗细不等，模架主要零件尺寸见表4-16。

6. 模具总装图

由以上设计，可得到如图4-38所示的模具总装图。为了实现先落料，后拉深，应保证模具装配后，拉深凸模6的端面比落料凹模5端面低3mm。

模具工作过程：将条料送入固定卸料板3下长条形槽中，平放在凹模面上，并靠槽的一侧，压力机滑块带着上模下行，凸凹模1下表面首先接触条料，并与顶件块4一起压住条

表 4-16 模架主要零件尺寸

导柱 $d/mm \times L/mm$	$\phi 25 \times 170$
	$\phi 28 \times 170$
导套 $d/mm \times L/mm \times D/mm$	$\phi 25 \times 90 \times 41$
	$\phi 28 \times 90 \times 45$
上模座厚度	35mm，即 $H_{上模}=35mm$
上模垫板厚度	20mm，即 $H_{垫}=20mm$
固定卸料板厚度	15mm，即 $H_{固}=15mm$
下固定板厚度	20mm，即 $H_{下固}=20mm$
下模垫板厚度	10mm，即 $H_{下垫板}=10mm$
下模座厚度	45mm，即 $H_{下模}=45mm$
凸凹模的高度	52mm，即 $H_{凸凹模}=52mm$
凹模的厚度	40mm，即 $H_{凹模}=40mm$
凸凹模进入落料凹模的深度	19mm，即 $H_{下模}=45mm$

模具闭合高度 $H_{闭}=H_{上模}+H_{垫}+H_{下固}+H_{凸凹模}+H_{凹模}+H_{下垫板}+H_{下模}-H_{入}=(35+20+52+40+20+10+45-19)mm=203mm$

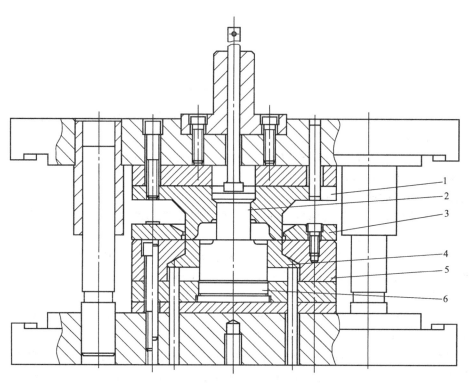

图 4-38 盖落料-拉深复合模
1—凸凹模；2—推件块；3—固定卸料板；4—顶件块；5—落料凹模；6—拉深凸模

料，先落料，后拉深；当拉深结束后，上模回程，落料后的条料由固定卸料板 3 从凸凹模上卸下，拉深成形的工件由压力机上活动横梁通过推件块 2 从凸凹模中刚性打下，用手工将工件取走后，将条料往前送进一个步距，进行下一个工件的生产。

7. 冲压设备的选定

通过校核，选择开式双柱可倾压力机 J23-25 能满足使用要求。

8. 工作零件的加工工艺

本副模具工作零件都旋转体，形状比较简单，加工主要采用车削。

图 4-37（b）所示凸凹模的加工工艺过程见表 4-17。拉深凸模和落料凹模的加工方法与凸凹模相似，限于篇幅，在此就不介绍了。

表 4-17　凸凹模加工工艺过程

工序号	工序名称	工序内容	工序简图(示意图)
1	备料	将毛坯锻成圆棒 $\phi 206 \times 58$	
2	热处理	退火	
3	车削	按图车削外形	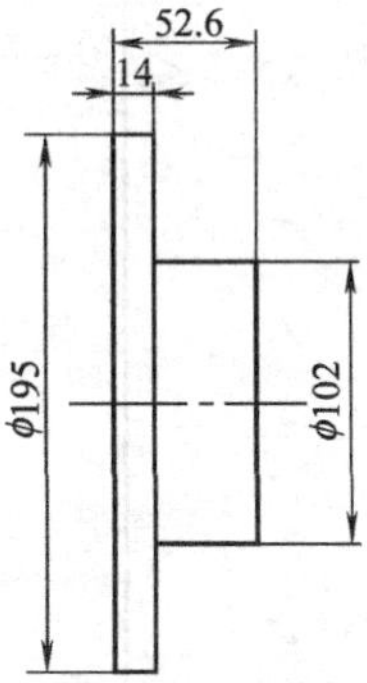
4	热处理	调质	
5	磨端面	工作端留单边余量 0.3	
6	钳工划线	划出各孔位置线	
7	加工螺钉孔、销钉孔	按位置加工螺钉孔、销钉孔	
8	车削	按零件图车削内、外形，$\phi 89.95$、$\phi 68$、$\phi 34$ 留单边余量 0.3，其余车至尺寸	
9	热处理	按热处理工艺，淬火回火达到 58~62HRC	
10	磨削	精磨内、外圆、端面至尺寸，保证端面与轴线垂直	
11	钳工精修	全面达到设计要求	
12	检验		

9. 模具的装配

本模具的装配选凸凹模为基准件，先装上模，再装下模。装配后应保证间隙均匀，落料凹模刃口面应高出拉深凸模工作端面 3mm，顶件块上端面应高出落料凹模刃口面 0.5mm，以实现落料前先压料，落料后再拉深。

第二节　实训课题

一、实训课题 1——冲裁模制造

（一）课题说明

图 4-39～图 4-49 为一套冲压模具的主要零件图，表 4-18～表 4-24 为该模具设计与制造的工艺文件，按要求完成实习内容。

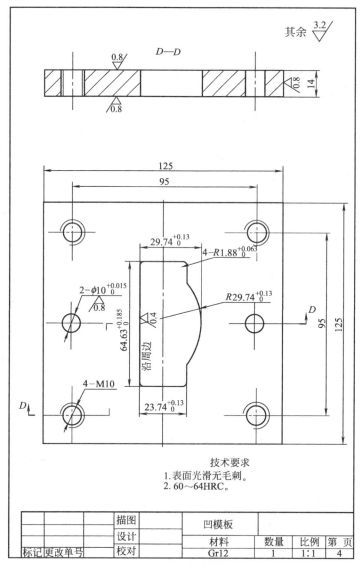

图 4-39 凹模板

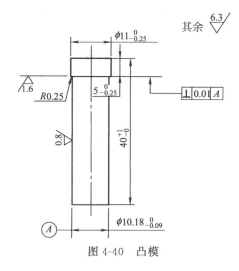

图 4-40 凸模

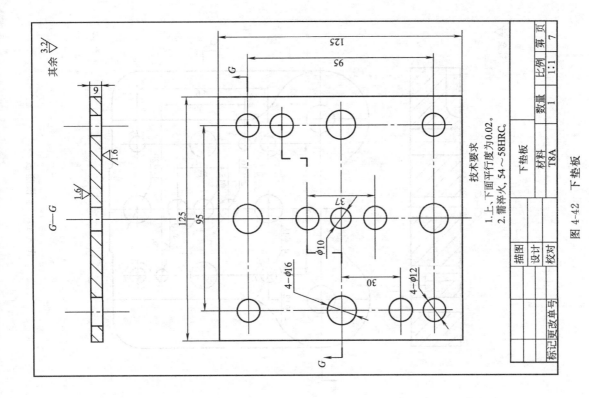

图 4-42 下垫板

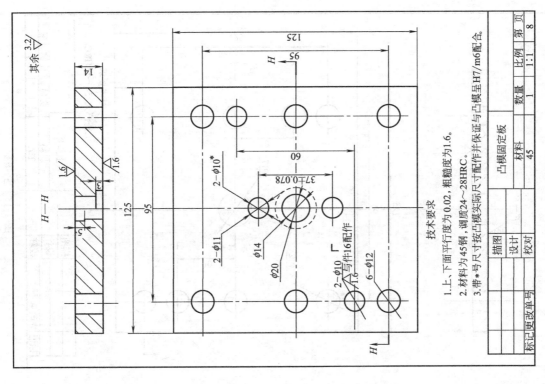

图 4-41 凸模固定板

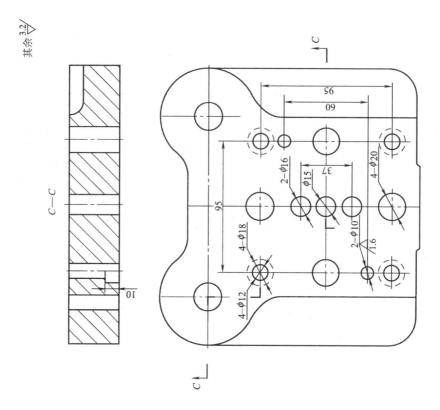

图 4-44 下模座板

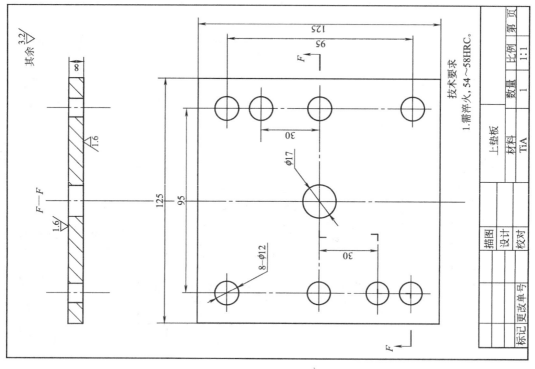

图 4-43 上垫板

第四章 冲压模具制造

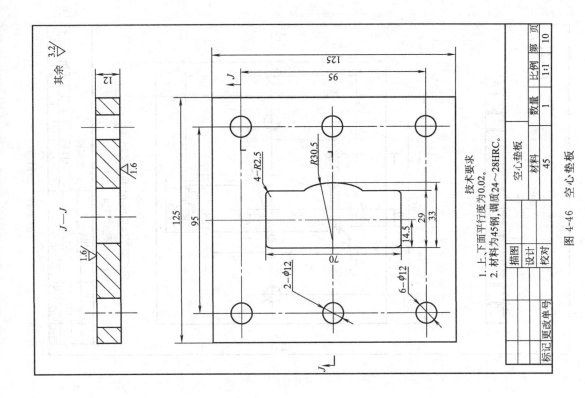

图 4-46 空心垫板

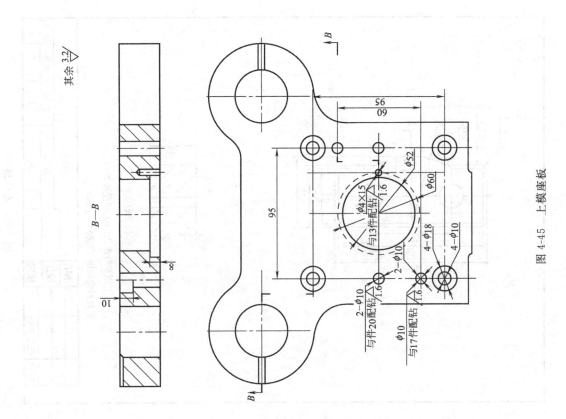

图 4-45 上模座板

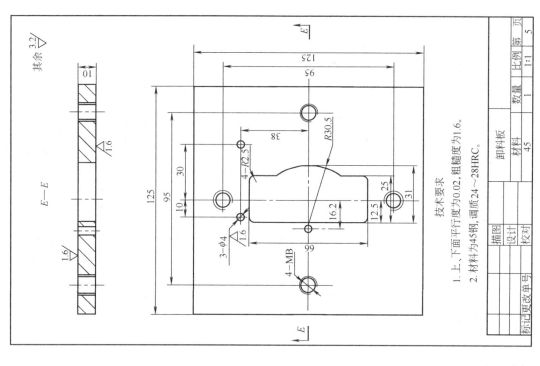

图 4-48 卸料板

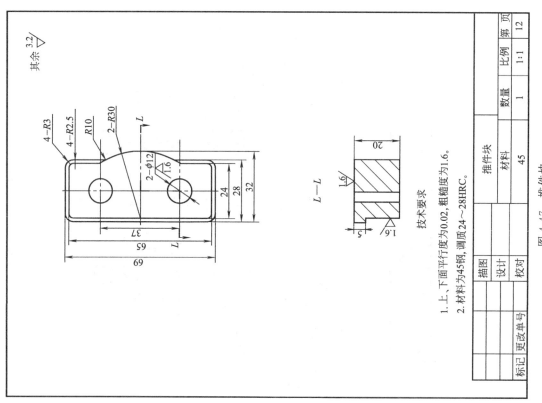

图 4-47 推件块

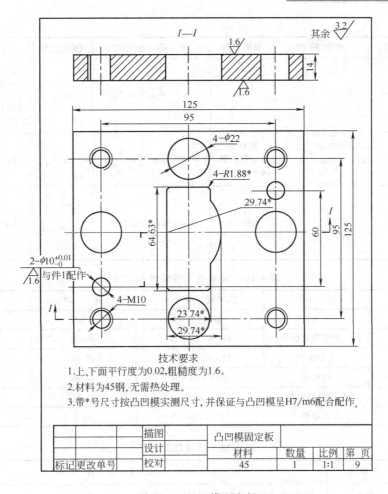

图 4-49 凸凹模固定板

表 4-18 模具刃口尺寸计算

基本尺寸及分类		冲裁间隙	磨损系数	计 算 公 式	制造公差	计 算 结 果
落料凹模	$D_{max-\Delta}^{\ 0}=65_{-0.74}^{\ \ 0}$	$Z_{min}=0.246$ $Z_{max}=0.36$ $Z_{max}-Z_{min}$ $=0.36-0.246$ $=0.11mm$	制件精度为：IT14级，故 $x=0.5$	$D_d=(D_{max}-x\Delta)_{\ 0}^{+\frac{\Delta}{4}}$	$\Delta/4$	$D_d=64.63_{\ 0}^{+0.185}$ 相应凸模尺寸按凹模尺寸配作，保证双面间隙在 0.246～0.36 之间
	$D_{max-\Delta}^{\ 0}=24_{-0.52}^{\ \ 0}$					$D_d=23.74_{\ 0}^{+0.13}$ 相应凸模尺寸按凹模尺寸配作，保证双面间隙在 0.246～0.36 之间
	$D_{max-\Delta}^{\ 0}=30_{-0.52}^{\ \ 0}$					$D_d=29.74_{\ 0}^{+0.13}$ 相应凸模尺寸按凹模尺寸配作，保证双面间隙在 0.246～0.36 之间
	$D_{max-\Delta}^{\ 0}=30_{-0.52}^{\ \ 0}$					$D_d=29.74_{\ 0}^{+0.13}$ 相应凸模尺寸按凹模尺寸配作，保证单面间隙在 0.123～0.18 之间
	$R2_{-0.25}^{\ \ 0}$					$D_d=1.88_{\ 0}^{+0.063}$ 相应凸模尺寸按凹模尺寸配作，保证单面间隙在 0.123～0.18 之间

续表

基本尺寸及分类		冲裁间隙	磨损系数	计算公式	制造公差	计算结果
冲孔凸模	$d_{\min}{}^{+\Delta}_{0}=10^{+0.36}_{0}$	$Z_{\min}=0.246$ $Z_{\max}=0.36$ $Z_{\max}-Z_{\min}$ $=0.36-0.246$ $=0.11$mm	制件精度为IT11级,故 $x=0.75$	$d_p=(d_{\min}+x\Delta)^{0}_{-\frac{\Delta}{4}}$	$\Delta/4$	$d_p=10.18^{0}_{-0.09}$ 相应凹模尺寸按凸模刃口尺寸配作,保证双面间隙在 $0.246\sim 0.36$ 之间
孔边距	$L^{0}_{-\Delta}=12^{0}_{-0.11}$			$B_j=(B_{\min}+x\Delta)^{0}_{-\frac{1}{4}\Delta}$	$\Delta/4$	$L_p=11.97^{0}_{-0.028}$
孔心距	$L\pm\Delta/2=$ 37 ± 0.31		$x=0.5$	$L_d=(L_{\min}+0.5\Delta)$ $\pm\frac{1}{8}\Delta$	$\frac{1}{8}\Delta$ $=\frac{1}{8}\times 0.62$ $=0.078$	$L_d=37\pm 0.078$

表 4-19 模架主要零件外观尺寸

序 号	名 称	长×宽×厚/mm	材 料	数 量
1	上垫板	125×125×6	T8A	1
2	凸模固定板	125×125×14	45钢	1
3	空心垫板	125×125×12	45钢	1
4	卸料板	125×125×10	45钢	1
5	凸凹模固定板	125×125×16	45钢	1
6	下垫板	125×125×6	T8A	1

表 4-20 凹模加工工艺

序 号	工序名	工 序 内 容
1	备料	锻件(退火状态);130mm×130mm×16mm
2	粗铣	铣六面到尺寸125.3mm×125.3mm×15mm,注意两大平面与两相邻侧面用标准角尺测量达基本垂直
3	平面磨	磨光两大平面厚度达14.6mm,并磨两相邻侧面达四面垂直,垂直度0.02mm/100mm
4	钳	(1)划线 划出各孔径中心线,并划出凹模洞口轮廓尺寸 (2)钻孔 钻螺纹底孔、销钉底孔、凹模洞口穿线孔 (3)铰孔 铰销钉孔到要求 (4)攻丝 攻螺纹丝到要求
5	热处理	淬火,使硬度达60~64HRC
6	平面磨	磨光两大平面,使厚度达14.3mm
7	线切割	割凹模洞口,并留0.01~0.02mm研余量
8	钳	(1)研磨洞口内壁侧面达0.8μm (2)配推件块到要求
9	钳	用垫片层保证凸凹模与凹模间隙均匀后,凹模与上模座配作销钉孔
10	平磨	磨凹模板上平面厚度达要求
11	钳	总装配

表 4-21　凸模加工工艺

序号	工序名称	工序内容
1	备料	锻件(退火状态):$\phi15mm \times 55mm$
2	热处理	退火,硬度达 180~220HB
3	车	(1)车一端面,打顶尖孔,车外圆至 $\phi12mm$;掉头车另一端面,长度至尺寸 50mm;打顶尖孔。 (2)双顶尖顶,车外圆尺寸 $\phi11.4mm \pm 0.4mm$,$\phi10.6mm \pm 0.4mm$ 至要求;车尺寸 $5_{-0.25}^{0}mm$ 至要求
4	检验	检验
5	热处理	淬火,硬度至 56~60HRC
6	磨削	磨削外圆尺寸 $\phi11_{-0.25}^{0}mm$,$\phi10.18_{-0.044}^{0}mm$ 至要求
7	线切割	切除工作端面顶尖孔,长度尺寸至 $40_{0}^{+1}mm$ 要求
8	磨削	磨削端面至 $R_a 0.8\mu m$
9	检验	
10	钳工	装配(钳修并装配,保证　)

表 4-22　凸凹模加工工艺

序号	工序名	工序内容
1	备料	锻件(退火状态):$70mm \times 40mm \times 55mm$
2	粗铣	铣六面见光
3	平磨	磨高度两平面到尺寸 51mm
4	钳	(1)划线,在长度方一侧留线切割夹位 6mm 后,分中划凸模轮廓线,并划两凹模洞口中心线 (2)钻孔,按凹模洞口中心钻线切割穿丝孔 (3)锪扩凹模落料沉孔到要求,钻螺纹底孔并攻丝到要求
5	热处理	淬火,硬度达 60~64HRC
6	平磨	磨高度到 50.4mm
7	线切割	割凸模及两凹模,单边留 0.01~0.02mm 研磨余量
8	钳	(1)研配,研凸凹模并配入凸模固定板 (2)研各侧壁到 $0.8\mu m$
9	平磨	磨高度到要求
10	钳	总装配

表 4-23　凸模固定板加工工艺

序号	工序名	工序内容
1	备料	气割下料 $130mm \times 130mm \times 16mm$
2	热处理	调质,硬度 24~28HRC
3	粗铣	铣六面达 $125.3mm \times 125.3mm \times 14.8mm$,并使两大平面和相邻两侧面相互基本垂直
4	平磨	磨光两大平面厚度达 14.4mm;并磨两相邻侧面使四面垂直,垂直度 0.02mm/100mm
5	钳	(1)划线　凸模固定孔中心线,销钉孔中心线,螺纹过孔中心线,销钉过孔中心线 (2)钻孔　凸模固定孔穿丝线,螺纹过孔和销钉过孔到要求
6	线切割	割凸模安装固定孔单边留 0.01~0.02mm 研余量
7	铣	铣凸模固定孔背面沉孔到要求
8	钳	研配凸模
9	平磨	磨模厚度到要求
10	钳	总装配,用透光层使凸模、凹模间隙均匀后,与上模座板配作销孔

表 4-24 凸凹模固定板加工工艺

序 号	工序名	工 序 内 容
1	备料	气割下料 130mm×130mm×18mm
2	热处理	调质，硬度 24～28HRC
3	粗铣	铣六面达 125.3mm×125.3mm×16.8mm，并使两大平面和相邻两侧面基本垂直
4	平磨	磨光两大平面，厚度达 16.4mm，并磨两相邻侧面使四面垂直，垂直度 0.02mm/100mm
5	钳	(1) 划线 螺纹孔中心线，螺纹过孔中心线，销钉孔中心线，凸凹模固定孔轮廓线 (2) 钻孔 螺纹底孔、螺纹过孔到要求，凸凹模固定孔线切割穿线孔 (3) 攻丝 攻螺纹底丝到要求
6	线切割	割凸凹模安装固定孔，单边留研余量 0.01～0.02mm
7	钳	研配，将凸凹模配入安装固定孔
8	平磨	磨厚度到要求
9	钳	装配，与下模座配作销钉孔

（二）实训步骤

① 根据模具工作零件图样及工作零件刃口尺寸计算表给定的数据，绘出冲压工件图样，并标注尺寸；

② 根据已给的资料及已绘制的工件图，绘制模具装配图样；

③ 拆画模具所有的未知零件图，并制定其加工工艺表格；

④ 按五人一组制造该模具或按合适的缩小比例制作该模具的模型，也可仅加工模具的工艺零件。

二、实训课题 2——弯曲模制造

（一）课题说明

1. 零件

名称：托架（见图 4-50）。生产批量：2 万件/年。材料：08 冷轧钢板。

2. 工艺方案

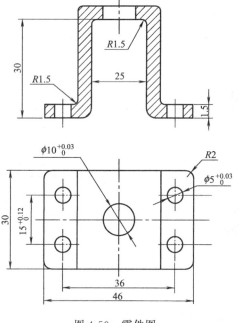

图 4-50 零件图

制成该零件所需的基本工序为冲孔、落料和弯曲。其中冲孔和落料属于简单的分离工序，弯曲成形的方式可以有图 4-51 所示的三种。

零件上的孔，尽量在毛坯上冲出，以简化模具结构，便于操作。该零件上的 φ10 孔的边与弯曲中心的距离为 6mm，大于 $1.0t(1.5mm)$，弯曲时不会引起孔变形，因此 φ10 孔可以在压弯前冲出，冲出的 φ10 孔可以做后续工序定位孔用。而 4-φ5 孔的边缘与弯曲中心的距离为 1.5mm，等于 $1.5t$，压弯时易发生孔变形，故应在弯后冲出。

完成该零件的成形，可能的工艺方案有以下几种。

方案一：落料与冲 φ10 孔复合，见图 4-52 (a)，压弯外部两角并使中间两角预弯 45°，见图 4-52 (b)，压弯中间两角，见图 4-52 (c)，冲 4-φ5 孔，见图 4-52 (d)。

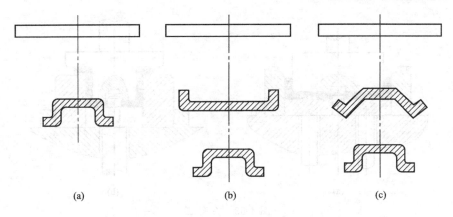

图 4-51 弯曲工艺方案

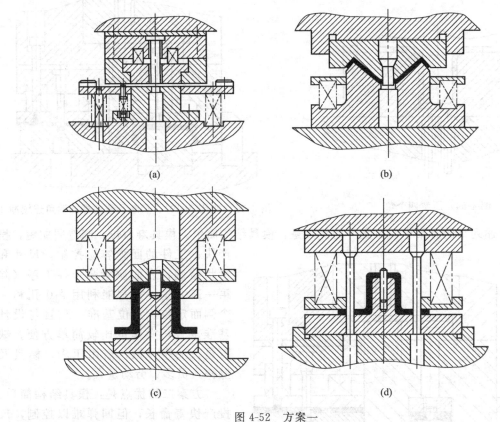

图 4-52 方案一

方案二：落料与冲 $\phi10$ 孔复合，见图 4-52（a），压弯外部两角，见图 4-53（a），压弯中间两角，见图 4-53（b），冲 4-$\phi5$ 孔，见图 4-52（d）。

方案三：落料与冲 $\phi10$ 孔复合，见图 4-52（a），压弯四个角，见图 4-54，冲 4-$\phi5$ 孔，见图 4-52（d）。

方案四：冲 $\phi10$ 孔，切断及弯曲外部两角，见图 4-55，压弯中间两角，见图 4-53（b），冲 4-$\phi5$ 孔，见图 4-52（d）。

方案五：冲 $\phi10$ 孔，切断及压弯四个角连续冲压，见图 4-56，冲 4-$\phi5$ 孔，见图 4-52（d）。

方案六：全部工序组合采用带料连续冲压，如图 4-57 所示的排样图。

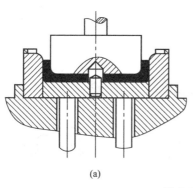
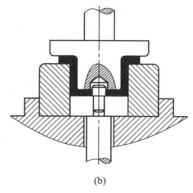

(a)   (b)

图 4-53 方案二

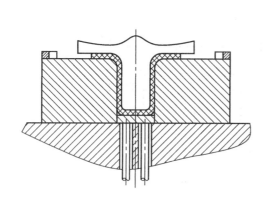

图 4-54 压弯四个角

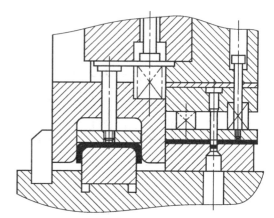

图 4-55 冲孔（φ10）、切断及弯曲外部两角连续冲压

在上述列举的方案中，方案一的优点是：模具结构简单，模具寿命长，制造周期短，投产快；工件的回弹容易控制，尺寸和形状精确，表面质量高；各工序（除第一道工序外）都能利用 φ10 孔和一个侧面定位，定位基准一致且与设计基准重合，操作也比较简单方便。缺点是：工序分散，需用压床，模具及操作人员多，劳动量大。

方案二的优点是：模具结构简单，投产快寿命长，但回弹难以控制，尺寸和形状不精确，且工序分散，劳动量大，占用设备多。

方案三的工序比较集中，占用设备和人员少，但模具寿命短，工件质量（精度与表面粗糙度）低。

方案四的优点是工序比较集中，从工件成形角度看，本质上与方案二

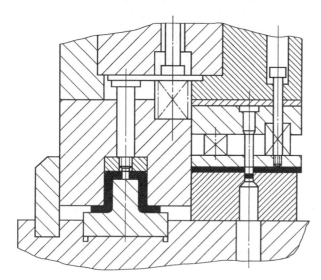

图 4-56 冲孔（φ10）、切断及压弯四个角连续冲压

相同，只模具结构较为复杂。

方案五本质上与方案三相同，只是采用了结构复杂的级进模。

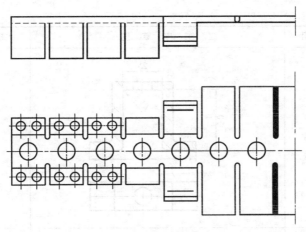

图 4-57 级进冲压排样图

方案六的优点是工序最集中，只用一副模具完成全部工序，由于它实质上是把方案一的各工序分别布置到连续模的各工位上，所以它还具有方案一的各项优点。缺点是模具结构复杂，安装、调试、维修困难、制造周期长。

综上所述，考虑到该零件的批量不大，为保证各项技术要求，选用方案一。其工序如下：落料和冲 ϕ10 孔—压弯端部两角—压弯中间两角—冲 4-ϕ5 孔。具体内容见表 4-25。

表 4-25 托架工序

工 序	工序说明	工 序 草 图	冲床规格/t	模具形式
1	落料与冲孔		25	落料冲孔复合模
2	一次弯曲（带顶弯）		16	弯曲模

工 序	工序说明	工 序 草 图	冲床规格/t	模具形式
3	二次弯曲	25, R1.5, 30, 46	16	弯曲模
4	冲四个小孔	$\phi 5^{+0.05}_{0}$, 15, 35	16	冲孔模

（二）实训步骤

① 按选定的方案一绘制一次弯曲模具结构图，拆画模具主要零件，并制定模具各零件的加工工艺；

② 按选定的方案一绘制二次弯曲模具结构图，拆画模具主要零件，并制定模具各零件的加工工艺；

③ 按五人一组制造该模具或按合适的缩小比例制作该模具的模型，也可仅加工模具的工艺零件。

三、实训课题 3——拉深模制造

（一）课题说明

1. 零件

名称：190柴油机通风口座子。生产批量：大批量。材料：08酸洗钢板。零件简图：如图 4-58 所示。

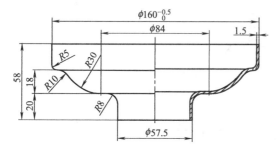

图 4-58 通风口座子

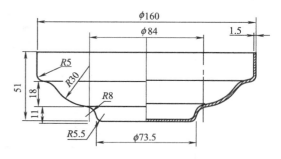

图 4-59 第一次拉深工序图

2. 零件的工艺性

这是一个不带底的阶梯形零件，其尺寸精度、各处的圆角半径均符合拉深工艺要求。该零件形状比较简单，可以采用：落料—拉深成二阶形阶梯件和底部冲孔—翻边的方案加工。但是能否一次翻边达到零件所要求的高度，需要进行计算。

3. 第一次拉深工序图（见图 4-59）

4. 模具总图（见图 4-60）与零件明细表（见表 4-26）

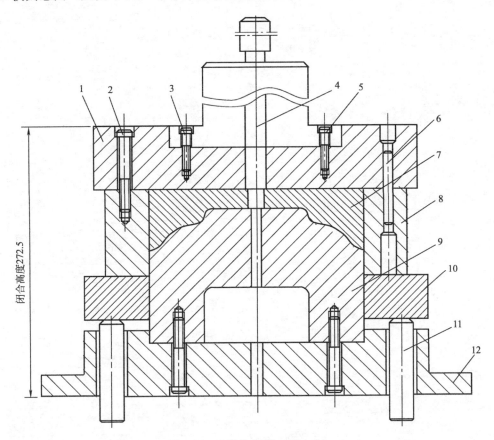

图 4-60 座子拉深模（第一次）

1—上模座；2—内六角螺钉；3—内六角螺钉；4—顶杆；5—模柄；6—圆柱销；7—凹模式推件板；
8—凹模；9—凸模；10—卸料板；11—顶杆；12—下模座

表 4-26 零件明细

序号	名　　称	数量	材料	热 处 理
1	上模座	1	HT200	
2	内六角螺钉 M12×70	10	45	40～45HRC
3	内六角螺钉 M12×25	6	45	40～45HRC
4	顶杆	1	45	40～45HRC
5	模柄	1	Q235(A5)	
6	圆柱销 $\phi 12n6 \times 100$	2	45	40～45HRC
7	凹模式推件板	1	T8A	56～60HRC
8	凹模	1	T8A	56～60HRC
9	凸模	1	T8A	56～60HRC
10	卸料板	1	Q235(A3)	
11	顶杆	4	45	40～45HRC
12	下模座	1	HT200	

（二）实训步骤

① 拆画图 4-60 模具主要零部件；

② 制定图 4-60 模具各零件的加工工艺；

③ 按五人一组制造该图 4-60 所示模具或按合适的缩小比例制作该模具的模型，也可仅加工模具的工艺零件。

参 考 文 献

[1] 许发樾. 实用模具设计与制造手册. 第2版. 北京：机械工业出版社，2005.
[2] 冯炳尧. 模具设计简明手册. 上海：上海科学技术出版社，1985.
[3] 欧圣雅. 冷冲压与塑料成型机械. 北京：机械工业出版社，1998.
[4] 李贵胜. 模具机械制图. 北京：电子工业出版社，2006.
[5] 陈为. 数控铣床及加工中心编程与操作. 北京：化学工业出版社，2007.
[6] 翁其金. 模具设计与制造实验指导书. 第2版. 北京：机械工业出版社，2004.
[7] 郝滨海. 冲压模具简明设计手册. 北京：化学工业出版社，2005.